中国当代
青年建筑师 VIII

下册

CHINESE CONTEMPORARY
YOUNG ARCHITECTS VIII

何建国 主编

天津大学出版社
TIANJIN UNIVERSITY PRESS

图书在版编目（CIP）数据

中国当代青年建筑师. Ⅷ. 下册 / 何建国主编. —
天津 ：天津大学出版社，2020.1
ISBN 978-7-5618-6588-0

Ⅰ．①中… Ⅱ．①何… Ⅲ．①建筑师－生平事迹－中
国－现代②建筑设计－作品集－中国－现代 Ⅳ.
①K826.16②TU206

中国版本图书馆CIP数据核字(2019)第276170号

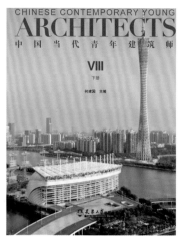

封面：广州市城市规划勘测设计研
究院/作品
——2010年第十六届亚洲运动
会开闭幕z式场地——海
心沙
[详见上册内文P203]

中国当代青年建筑师Ⅷ（下册）
ZHONGGUO DANGDAI QINGNIAN JIANZHUSHI Ⅷ

顾　　问　程泰宁　何镜堂　黄星元　刘加平　罗德启　马国馨　张锦秋　钟训正
主　　任　彭一刚
委　　员　戴志中　蒋涤非　李保峰　李翔宁　刘克成　刘宇波　梅洪元
　　　　　覃　力　仝　晖　魏春雨　吴　越　徐卫国　翟　辉　郑　炘
编　　辑　中联建文（北京）文化传媒有限公司
支持单位　筑博设计股份有限公司
统　　筹　何显军
编辑部主任　王红杰
编　　辑　丁海峰　李天华　雷方　刘享　宋玲　唐然　汪杰　赵晶晶　张瑞
美术设计　何世领
策划编辑　油俊伟　田　园
责任编辑　油俊伟
投稿热线　13920487878

封底：浙江大学建筑设计研究院有
限公司/作品
——宁海县会展中心
[详见下册内文P9]

出版发行　天津大学出版社
地　　址　天津市卫津路92号天津大学内（邮编：300072）
电　　话　发行部：022—27403647　邮购部：022—27402742
网　　址　publish.tju.edu.cn
印　　刷　北京盛通印刷股份有限公司
经　　销　全国各地新华书店
开　　本　230mm×300mm
印　　张　23
字　　数　696千
版　　次　2020年1月第1版
印　　次　2020年1月第1次
定　　价　380.00元

中国当代青年建筑师VIII

CHINESE CONTEMPORARY YOUNG ARCHITECTS VIII

战略合作伙伴

 中国建筑设计院有限公司
CHINA ARCHITECTURE DESIGN GROUP

www.cadri.cn

 中国中元国际工程有限公司

www.ippr.com.cn

 上海建筑设计研究院有限公司

www.isaarchitecture.com

 北京市建筑设计研究院有限公司
BEIJING INSTITUTE OF ARCHITECTURAL DESIGN

www.biad.com.cn

 广东省建筑设计研究院
Architectural Design and Research Institute of Guangdong Province

www.gdadri.com

 中国联合工程有限公司
China United Engineering Corporation Limited

www.chinacuc.com

 同济大学建筑设计研究院（集团）有限公司

www.tjadri.com

 上海中房建筑设计有限公司

www.shzf.com.cn

 佛山市顺德建筑设计院股份有限公司

www.sdadi.com

 新疆建筑设计研究院

www.xadi.com.cn

 西安建筑科技大学
建筑设计研究院

www.xjdsjy.com

 浙江大学建筑设计研究院有限公司
Architectural Design & Research Institute of Zhejiang University Co., Ltd.

www.zuadr.com

 清华大学建筑设计研究院有限公司
ARCHITECTURAL DESIGN & RESEARCH INSTITUTE
OF TSINGHUA UNIVERSITY CO., LTD.

www.thad.com.cn

 航天建筑设计研究院有限公司

www.jzsj.casic.cn

东南大学建筑设计研究院有限公司
ARCHITECTS & ENGINEERS CO., LTD. OF SOUTHEAST UNIVERSITY

adri.seu.edu.cn

 重庆大学建筑设计研究院有限公司

sjy.cqu.edu.cn

 ZHUBO DESIGN
筑|博|设计

www.zhubo.com

 哈尔滨工业大学建筑设计研究院
The Architectural Design and Research Institute of HIT

www.hitadri.cn

中国当代青年建筑师Ⅷ
CHINESE CONTEMPORARY YOUNG ARCHITECTSⅧ
战略合作伙伴

上海现代建筑设计（集团）有限公司
现代都市建筑设计院
www.xd-ad.com.cn

中机中联工程有限公司
www.cmtdi.com

中国中建设计集团有限公司
www.ccdg.cscec.com

北京清华同衡规划设计研究院有限公司
www.thupdi.com

启迪设计集团股份有限公司
Tus-Design Group Co., Ltd.
www.tusdesign.com

深圳市建筑设计研究总院有限公司
www.sadi.com.cn

广州市城市规划勘测设计研究院
www.gzpi.com.cn

中衡设计集团股份有限公司
www.artsgroup.cn

华南理工大学建筑设计研究院
ARCHITECTURAL DESIGN & RESEARCH INSTITUTE OF SCUT
www.scutad.com.cn

广西城乡规划设计院
Guangxi Urban-rural Planning Design Institute
以服务赢取客户，以实力成就未来
www.gxupdi.com

杭州中联筑境建筑设计有限公司
www.acctn.com

CCDI悉地国际
www.ccdi.com.cn

中旭建筑设计有限责任公司
www.zpad.cc

上海三益建筑设计有限公司
www.sunyat.com

中广电广播电影电视设计研究院
www.drft.com.cn

浙江南方建筑设计有限公司
www.zsad.com.cn

重庆市设计院
www.cqadi.com.cn

山东省建筑设计研究院有限公司
Shandong Provincial Architectural Design & Research Institute Co., Ltd.
www.sdad.cn

中国当代青年建筑师 VIII

下册目录

CHINESE CONTEMPORARY YOUNG ARCHITECTS VIII

中国当代青年建筑师 VIII

CHINESE CONTEMPORARY YOUNG ARCHITECTS VIII

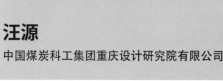

王丹 142
大连风云建筑设计有限公司

王凯 150
重庆市设计院

王少晖 158
青岛时代建筑设计有限公司

王滔 164
广东中山建筑设计院股份有限公司

王莹 170
天津中天建都市建筑设计有限公司

魏鹏 178
青岛腾远设计事务所有限公司

吴斌 188
中旭建筑设计有限责任公司

吴宜夏 196
中国中建设计集团有限公司

吴沅沅 206
中衡卓创国际工程设计有限公司

中国当代青年建筑师 VIII

CHINESE CONTEMPORARY YOUNG ARCHITECTS VIII

286

张斌
启迪设计集团股份有限公司

292

张会明
北京宗禹建筑设计有限公司

298

张一宏
华汇工程设计集团股份有限公司

304

张益
珠海艺蓁工程设计有限公司

312

赵国华
上海交通大学规划建筑设计有限公司

318

周文
广东省建筑设计研究院

330

周亚东
合肥工业大学设计院(集团)有限公司

338

朱飞
新疆四方建筑设计院有限公司

344

庄磊
浙江工业大学工程设计集团有限公司

352

邹勋
上海建筑设计研究院有限公司

范须壮

职务： 浙江大学建筑设计研究院有限公司第六建筑设计
研究院副院长、副总建筑师
职称： 高级工程师
执业资格： 国家一级注册建筑师

教育背景
1994年—1999年　浙江大学建筑学学士
2001年—2004年　浙江大学城市与规划硕士

工作经历
2004年至今　浙江大学建筑设计研究院有限公司

主要设计作品
杭州高级中学钱江新城校区
荣获：2009年浙江省优秀工程咨询成果奖
　　　2018年浙江省优秀工程勘察设计二等奖
开化县1101工程及城市档案馆
荣获：2018年浙江省优秀工程勘察设计一等奖
浙江商会大厦
荣获：2017年浙江省优秀工程勘察设计二等奖
浙江省气象防灾减灾中心建设工程
杭州第二中学萧山分校
宁波鄞州中河商会大厦
浙江大学教育学院附属学校

杭州市滨江区奥体单元小学及幼儿园
舟山市电力调度大楼
宁波双鹿金座集团总部
乐清市荆山公学
中国（温州）国际激光与光电产业联合研究院建设工程
威海南海新区国际会议中心超五星级超高层酒店

钱锡栋

职务： 浙江大学建筑设计研究院有限公司第四建筑设计
研究院院长、副总建筑师
职称： 高级工程师
执业资格： 国家一级注册建筑师

教育背景
1994年—1999年　浙江大学建筑学学士

工作经历
1999年至今　浙江大学建筑设计研究院有限公司

个人荣誉
中国建筑学会地下空间学术委员会理事
入选2013年度杭州市"131"中青年人才培养计划

主要设计作品
杭州运河旅游集散中心
荣获：2018年WA中国建筑奖城市贡献奖入围奖
　　　2017年米兰设计周中国高等院校设计学科师生
　　　优秀作品展入围奖
杭州高新区（滨江）阳光家园社会福利中心
荣获：2018年浙江省优秀工程勘察设计三等奖
　　　2018年杭州市优秀工程勘察设计二等奖

象山商会大厦
荣获：2018年杭州市优秀工程勘察设计二等奖
象山县行政商务中心一期EF、GH楼
荣获：2017年全国优秀工程勘察设计行业奖优秀建筑
　　　智能化专业二等奖
钱江国际时代广场
荣获：2014年杭州市优秀工程勘察设计二等奖
中国科学院宁波材料技术与工程研究所
荣获：2008年全国优秀工程勘察设计行业奖三等奖
杭州五常中学
杭州吉利汽车总部大楼
山东省委党校
杭州城北老年活动中心
杭州公交指挥中心
杭州汽车西站公交枢纽
杭州庆春广场
象山中医院
绍兴市中医院
杭州市第一福利院
杭州EFC欧美金融城

地址： 浙江省杭州市天目山路148号
　　　浙江大学西溪校区内
电话： 0571-85891018
传真： 0571-85891080
网址： www.zuadr.com

 **浙江大学建筑设计研究院有限公司**
Architectural Design & Research Institute of Zhejiang University Co., Ltd.

　　浙江大学建筑设计研究院有限公司始建于1953年，是国家重点高校最早成立的甲级设计研究院之一，至今已
有60余年的历史。现有员工近1 100名，其中全国工程勘察设计大师1名，浙江省工程勘察设计大师4名，中国当
代百名建筑师2名，中国建筑学会青年建筑师奖获得者10名。
　　该公司坚持"营造和谐、放眼国际、产学研创、高精专强"的办院方针，依托浙江大学，定聘中国工程院院

邱文晓

职务： 浙江大学建筑设计研究院有限公司分院副总建筑师
职称： 高级工程师
执业资格： 国家一级注册建筑师

教育背景
1996年—2001年　烟台大学建筑学学士
2010年—2017年　浙江大学建筑学硕士

工作经历
2001年—2003年　杭州市建筑设计研究院
2003年—2004年　中国联合工程公司
2004年—2005年　杭州中联程泰宁建筑设计有限公司
2005年—2006年　杭州安成建筑设计策划有限公司
2006年至今　　　浙江大学建筑设计研究院有限公司

个人荣誉
2017年中国景观照明奖优秀设计师

主要设计作品
中国大连高级经理学院
荣获：2014年中国建筑学会建筑创作奖（公共建筑类）
　　　银奖
　　　2013年中国勘察设计协会优秀建筑设计一等奖
　　　2013年教育部优秀建筑设计一等奖

宁海县会展中心
荣获：2016年中国建筑学会建筑创作奖入围奖
　　　2015年全国优秀工程勘察设计行业奖建筑工程
　　　类一等奖
　　　2015年教育部优秀建筑设计一等奖
义乌市文化广场
荣获：2018年浙江省优秀工程勘察设计一等奖
　　　2017年中国景观照明奖景观照明工程（建筑）
　　　设计一等奖
李叔同（弘一大师）纪念馆
荣获：2009年中国建筑学会建筑创作大奖
绍兴鲁迅纪念馆
荣获：2006年浙江省优秀工程勘察设计一等奖
浙江大学紫金港校区文科类组团二（管理学院大楼）
长兴行政服务中心
武义县文化中心
玉环县中等职业技术学校迁建工程
浙江大学国际校区教工俱乐部
万银国际大厦

张永青

职务： 浙江大学建筑设计研究院有限公司分院主任建筑师
职称： 高级工程师
执业资格： 国家一级注册建筑师

教育背景
1992年—1997年　浙江大学建筑学学士
1997年—2000年　浙江大学建筑学硕士

工作经历
2000年至今　浙江大学建筑设计研究院有限公司

主要设计作品
杭州金成竹海水韵——荷塘轩、芦花洲组团
荣获：2008年詹天佑大奖住宅小区优秀科技奖
　　　2009年教育部优秀城镇住宅与住宅小区设计二
　　　等奖
　　　2009年全国优秀工程勘察设计行业奖住宅与住
　　　宅小区二等奖
嵊泗海洋文化中心
荣获：第三届中国威海国际建筑设计大奖赛优秀奖
　　　2011年浙江省优秀工程勘察设计一等奖
杭州CBD——尊宝大厦
荣获：2011年教育部优秀建筑设计三等奖

金华市体育中心
荣获：2014年浙江省优秀工程勘察设计一等奖
　　　2015年全国优秀工程勘察设计行业奖建筑工程
　　　类二等奖
广孚联合国际中心
温州机场综合业务用房工程
宁波大学科技学院迁建工程
建德市农村信用合作联社新建综合大楼
绍兴市南部综合交通枢纽建设工程
浙江大学国际联合学院教学南区
金华新能源汽车产业园展示中心

士、中国科学院院士等高科技人才作为技术支撑，繁荣建筑创作，广泛开展国际学术交流与工程联合设计，在各个领域均有大量优秀作品问世。历年来获得共900余项国家、部、省级优秀设计奖、工程奖及科技成果奖。 积极参与市场竞争，先后获得当代中国建筑设计百家名院、中国勘察设计行业创新型优秀企业、杭州市十佳勘察设计企业称号，是第一批国家级工程实践教育中心建设单位。

杭州高级中学钱江新城校区

Qianjiang New Town Campus of Hangzhou High School

项目业主：杭州市钱江新城建设指挥部
建设地点：浙江 杭州
建筑功能：教育建筑
用地面积：88 691平方米
建筑面积：132 283平方米
设计时间：2008年—2009年
项目状态：建成
设计单位：浙江大学建筑设计研究院有限公司
设计团队：董丹申、范须壮、陈瑜、柳青、朱恺、王溯、方涛

　　浙江省杭州高级中学，从浙江最早的官立普通中学到浙江新文化运动中心，从浙江规模最大的综合中学到享誉全国的江浙"四大名中"，创造过众多的全市、全省乃至全国之"最"，涌现出一代又一代推动近现代中国发展进步的卓越人才，至今培养出的中外院士有51位。

　　新校园规划提出"两轴一线""筑台观景""学术方院""教学综合体"等设计理念。按杭州市政府的要求将杭州高级中学钱江新城校区打造成软硬件双一流的"世纪精品、传世之作"，建成以来已经成为杭州市乃至全国公办中小学校硬件建设的示范校园。

　　校园整体建筑形态并不是一味地追求创新，而是在传承与创新间寻找恰当的平衡点，建成后很好地实现了新校区建新如旧的视觉效果，并将杭州高级中学的校园文化和精神继续延续下去。

开化县1101工程及城市档案馆

Kaihua 1101 Project and Urban Archives

项目业主：开化县人民防空办公室
建设地点：浙江 衢州
建筑功能：档案馆、办公、人防指挥中心
用地面积：7 118平方米
建筑面积：9 005平方米
设计时间：2012年
项目状态：建成
设计单位：浙江大学建筑设计研究院有限公司
设计团队：范须壮、施明化、朱恺

　　基地内原有一条小路连通北侧山体，作为人们日常上下山的通道，设计为了充分尊重场地现状和诸多外围的景观资源，提出了不同标高平台的解决方案。即将人流量较大的城市档案馆布置在底部一、二层，通过坡道与楼梯等连接不同标高的平台，犹如北侧山体等高线的延续，使下部的建筑与山体自然融为一体。这不仅恢复了原有的上下山通道，同时多标高平

台又成为当地市民和使用者驻足观赏周边风景的理想场所。

　　建筑主要的办公部分为一个"漂浮"在折板平台上的三层高的长方体盒子，纯粹而简洁的形体顺应南侧折板平台的走势，并与北侧山体等高线平行布置；同时，盒子在东侧悬挑于三层以外约12米，与下部的折板平台形成了在错动中取得平衡的一种形体组合。

杭州运河旅游集散中心

The Visitor Center of Hangzhou Grand-Canal

项目业主：杭州运河集团
建设地点：浙江 杭州
建筑功能：商业建筑
用地面积：20 534平方米
建筑面积：32 110平方米
设计时间：2013年
项目状态：建成
设计单位：浙江大学建筑设计研究院有限公司
合作单位：浙江经纬工程设计有限公司
设计团队：沈济黄、钱锡栋、宣万里、胡剑锋

　　杭州运河旅游集散中心是包括水上巴士码头、陆上公交首末站及配套商业休闲设施的地标性综合体。廊桥作为跨越河流连接两地的架空构筑物，兼具交通和游憩的功能，又以其优美的形态成为地区标志。设计师以廊桥为概念，设计了一种连接码头和公交站的兼具交通和休闲功能的流线型建筑。桥上提供从公交站到码头的换乘路径，桥下形成遮阴通风的灰空间，为市民提供活动场所。

　　通过廊桥组织立体交通，妥善处理不同的流线，使人们各行其道，互不干扰。建筑形体呈与地形契合的"ㄅ"形，底层架空空间主要作为城市空间的渗透和延续。屋顶则设计成起伏绵延的折线，结合绿化，既丰富了城市的天际线，又蕴含着生态绿色的理念。

三门剧院

Sanmen Theater

项目业主：三门县文化广电新闻出版局
建设地点：浙江 台州
建筑功能：文化建筑
用地面积：18 125平方米
建筑面积：13 967平方米
设计时间：2010年
项目状态：建成
设计单位：浙江大学建筑设计研究院有限公司
设计团队：董丹申、钱锡栋、彭荣斌

本项目是以大剧院为主要使用功能的文化性建筑，附带电影超市、文化展示等配套用房。建筑的不同功能体块通过整体的屋盖造型相互连通。剧院是一个很专业的功能性建筑，从观众席、舞台到后台，有很多专业的功能需求，从而导致对高度及形体的要求不同。因此设计师选择了极具雕塑感的连续转折面，把分散的建筑功能以及它们彼此之间形成的有顶的半室外交流空间完整地罩在下面，形成了极具视觉冲击力的建筑形象。"三门青蟹"是三门当地非常有影响力的特产，我们在塑造建筑形体时，利用连续转折面，使用青黄色的穿孔金属板材，取形"青蟹"，使它犹如放置在滨海大道边的大型现代雕塑，通过抽象表达成为一个展示城市文化的独特窗口。剧院是城市公共空间的一部分，即使在不开放使用的情况下，人们仍可进入其中，就像进入景观公园一样，生动地展现了城市艺术与生活的结合之美。

义乌市文化广场

Yiwu Cultural Square

项目业主：义乌经济技术开发区管理委员会
建设地点：浙江 义乌
建筑功能：文化建筑
用地面积：52 314平方米
建筑面积：82 360平方米
设计时间：2010年—2014年
项目状态：建成
设计单位：浙江大学建筑设计研究院有限公司
设计团队：董丹申、邱文晓、陈 瑜、郑茂恩、章嘉琛

　　本项目位于义乌经济技术开发区的核心区，是集文化观演、教育培训、体育健身等多种功能于一体的大型文化综合体。

　　项目的中心不是宏大的厅堂，而是自下沉广场通过坡道、经大台阶蜿蜒至屋顶花园的立体庭院。观演、培训、健身三大功能区块围绕立体庭院有序展开。立体庭院的空间与动线，起承转合，步移景异，在时尚的外观下，体现着对江南传统园林空间的继承与发扬。主入口巨大的屋顶如云垂天际，屋顶下巨大的灰空间正是源于戏台、祠堂等江南地区传统的公共空间。三层的"市民舞台"最为市民喜爱，这里遮风避雨、视野开阔，又无道路嘈杂之虞，登台远眺，义乌江景与繁华都市尽入眼帘。

宁海县会展中心

Ninghai Convention and Exhibition Center

项目业主：宁海县城市建设投资开发有限公司

建设地点：浙江 宁海

建筑功能：会展、商业、办公建筑

用地面积：52 314平方米

建筑面积：73 603平方米

设计时间：2009年—2011年

项目状态：建成

设计单位：浙江大学建筑设计研究院有限公司

设计团队：邱文晓、柳青、陈瑜、徐新华

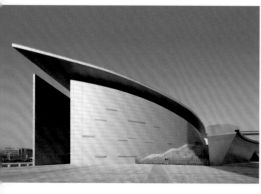

　　宁海县会展中心是集会展、商贸、餐饮、旅游、办公、健身等多种功能于一体的现代化、综合性会展中心。设计探索了如何以形态语言表达建筑的滨水特色，舒展流畅的外形呼应了水的特质、岸的形态；建筑似乎是岸的延伸，层层叠退，又像是岸边的山体。设计通过建筑与东侧的城市广场空间互借解决了用地紧张的问题，巨大的景观平台和架空骑楼都成为市民十分喜爱的去处。在小尺度的城市环境里建设大体量建筑，化整为零是设计在建筑体量处理上的基本考量。

　　由于建筑密度大、功能密集，不可能把体量明显分散，为此设计采取"差异化"策略，三个主要的建筑分别采用椭球形、拱形和翼形，在布局紧密的情况下通过形态差异达到了"体量分解"的目的。

浙江大学国际联合学院教学南区

South Teaching Area of the International Union College of Zhejiang University

项目业主：浙江大学

建设单位：海宁市社会发展建设投资集团有限公司

建设地点：浙江 海宁

建筑功能：教育建筑

用地面积：109 690平方米

建筑面积：117 164平方米

设计时间：2014年—2015年

项目状态：建成

设计单位：浙江大学建筑设计研究院有限公司

设计团队：董丹申、劳燕青、张永青、孙啸宇、陈泽、张木子

浙江大学海宁国际校区是以国际化办学为理念，与世界一流大学联合办学、与领先学科无缝对接的高水平校区。项目为其中的教学南区，整个建筑群分为东西两个教学科研组团，以中央大草坪为核心，呈对称的"弓"字形布局，分列于学校南大门两侧。建筑在底层靠近广场侧设置连续架空连廊，连接各底层门厅、公共报告厅及散落的休闲学习服务空间。

基于国际化办学性质，以体现大学浓厚的人文气息为出发点，设计借鉴国外名校建筑朴素且学术气息浓厚的风格，运用现代工艺结合清水砖外墙做法让很多墙面细部设计得以实现，红砖材质的自身魅力和人文气息得以充分展现，同时也与浙江大学老校区的建筑外墙材质、色彩取得呼应和延续。

金华新能源汽车产业园展示中心

Exhibition Center of Jinhua New Energy Automobile Industrial Park

建设单位：金华融盛投资发展集团有限公司
建设地点：浙江 金华
建筑功能：展览、商业建筑
用地面积：20 408平方米
建筑面积：11 356平方米
设计时间：2016年
项目状态：建成
设计单位：浙江大学建筑设计研究院有限公司
设计团队：马迪、张永青、钱乃琦

　　本项目位于金华市新能源汽车小镇的门户区域，是专为全国新能源汽车产业峰会打造的永久性主会场。项目为全钢结构装配式构造，建筑主体呈长方形，位于场地的中部，使场地在建筑东西两侧自然形成举办大型展览和庆典活动的人行前广场、集中停车的车行后广场，实现了"人车分流"。

　　造型为长方体，先按会展空间的高度要求抬升局部体量，再对室内的两部主要大型阶梯所对应的顶部与底部的"多余空间"进行剪切，并通过白色铝板线条强化形体的动态感，从而在立面上形成线性的连续扭转与抬升。设计通过理性的逻辑演变，使建筑在视觉上呈现出一种循环往复且充满张力的动势，与新能源汽车所倡导的"可循环利用"和"可再生能源"的概念形成了巧妙的契合。

茅晓东

职务： 日宏（上海）建筑设计咨询有限公司副董事长
株式会社日本设计执行董事、设计代表
日本建筑学会注册会员（JIA）

教育背景
1983年—1987年　东南大学（南京工学院）建筑学学士
1990年—1993年　东京大学建筑学硕士

工作经历
1987年—1990年　浙江省建筑设计研究院
1993年至今　　　日宏（上海）建筑设计咨询有限公司
株式会社日本设计

主要设计作品

东京中小企业投资育成总部	荣获：1998年日本GOOD DESIGN奖
上海浦东图书馆新馆	荣获：2011年上海市优秀工程设计一等奖
	2010年—2011年度中国建设工程鲁班奖
上海漕河泾现代服务业集聚区	荣获：2013年上海市优秀工程设计一等奖
	2013年全国优秀工程勘察设计公建三等奖
天津市滨海新区泰达广场	荣获：2013年全国优秀工程勘察设计公建三等奖
	2013年天津市优秀工程勘察设计二等奖
	LEED金奖
厦门海峡交流中心及国际会议中心	荣获：2011年上海市优秀工程设计一等奖
	2013年全国优秀工程勘察设计公建二等奖

广州绿地中心
上海漕河泾科技绿洲三期
上海漕河泾科技绿洲南桥园区
上海漕河泾科技绿洲康桥园区项目二期
廊坊丝绸之路国际文化交流中心
上海大宁久光商业综合体

NIHON SEKKEI

　　株式会社日本设计是日本最具实力的设计公司之一。公司在生态环保、超高层、TOD复合型城市更新以及医疗、研究设施等板块的设计业绩最为突出。

　　公司2003年进入中国市场，茅晓东先生作为公司派驻中国的第一个设计开拓者，统筹公司所有中国业务的设计、经营和组织管理等工作。在上海组建了代表处和在中国的落地法人公司日宏（上海）建筑设计咨询有限公司，从一个人开始逐渐发展为近60人的设计机构。

　　茅晓东先生成功地将日本设计东京总部的国际化设计思维和严谨精细的设计管理体系与中国的国情相结合，摸索出一套中日结合、能高效实施的设计与技术管理模式。

　　十多年来，公司业务的开拓和发展一直保持强劲的势头，完成了一批得到业主高度评价的设计作品。其中包括厦门海峡交流中心及国际会议中心、上海浦东图书馆新馆、天津市滨海新区泰达广场、厦门口岸联检与物流运营中心、无锡中央车站TOD综合开发、上海大宁久光商业综合体、上海漕河泾等近十个大规模科技园区及廊坊丝绸之路国际文化交流中心、广州绿地中心、广州国际航运大厦等设计项目。

地址：上海市延安西路2201号
上海国际贸易中心305室
邮编：200336
电话：021-62702763
网址：www.nihonsekkei.co.jp

上海漕河泾科技绿洲南桥园区

Shanghai Caohejing Science and Technology Oasis Nanqiao Park

项目业主：上海漕河泾奉贤科技绿洲建设发展有限公司
建设地点：上海
建筑功能：研发办公、总部园区、商业建筑
用地面积：252 748平方米
建筑面积：530 000平方米
设计时间：2015年
项目状态：建成
设计单位：日宏（上海）建筑设计咨询有限公司
合作设计：上海市机电设计研究院有限公司
上海联创建筑设计有限公司
主创设计：茅晓东、平本哲也、金波、植木贞彦、凌莉、
王小月、葛尉平、向旻、藤井和典
图片出处：SS东京

上海漕河泾科技绿洲南桥园区所在的奉贤南桥新城是上海"十二五"重点发展的新城之一，定位为综合性功能导入的生产性服务业集聚区。基地距离上海市中心约35千米。

园区规划设计秉承加快产业转型，加快总部经济和企业研发的汇聚，培育发展新型的"产城融合"模式，以自然环境、激发创造力的工作场所、可持续发展的社区这三点为主要设计理念，以宛若翡翠项链的环状道路为骨架，串联3个广场与10个组团。在进行各个功能区的开发时，分别在水广场和绿丘地下建设能源中心，独立向客户提供冷热源，既达到了总体节能效果，也是一种未来型的能源商务模式。另外还有雨水利用、太阳能发电、渗透性铺地等一系列环保节能措施。

上海漕河泾科技绿洲康桥园区项目二期

Shanghai Caohejing Science and Technology Oasis Kangqiao Park Project Phase II

项目业主：上海漕河泾康桥科技绿洲建设发展有限公司
建设地点：上海
建筑功能：研发办公、总部园区、商业建筑
用地面积：77 838平方米
建筑面积：174 304平方米
设计时间：2015年
项目状态：建成
设计单位：日宏（上海）建筑设计咨询有限公司
合作设计：上海工程勘察设计有限公司
主创设计：茅晓东、平本哲也、向旻、石林大、
　　　　　宫城雄司、金波、王小月、藤井健、
　　　　　植木贞彦、凌莉、葛尉平
图片出处：SS东京

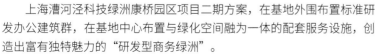

上海漕河泾科技绿洲康桥园区项目二期方案，在基地外围布置标准研发办公建筑群，在基地中心布置与绿化空间融为一体的配套服务设施，创造出富有独特魅力的"研发型商务绿洲"。

为展现研发办公的多样性，二期方案1设计了平面及立面形状各异的两种类型，并采用符合各建筑类型的核心筒形式（两端核心筒、偏心核心筒）。中央配套服务设施采用屋顶绿化，并结合下沉广场，在基地内演绎连续的立体绿化景观。

二期方案2在与二期方案1形成呼应的同时，追求立面的丰富多样化，并充分利用上海郊外独特的亲水景观要素，打造功能完备、环境优越、生态环保的现代科技服务产业示范园区。

天津市滨海新区泰达广场

Tianjin Binhai New Area TEDA Square

项目业主：天津泰达发展有限公司

建设地点：天津

建筑功能：城市综合体

用地面积：93 731平方米

建筑面积：508 000平方米

设计时间：2009年—2012年

项目状态：建成

设计单位：日宏（上海）建筑设计咨询有限公司

合作设计：天津市建筑设计院

设计团队：茅晓东、清水里司、小林利彦、葛海瑛、
石川周一、赤堀彰彦、喜田隆、佐藤正利、
王翊、王丹旸、徐敏迪、金在虎、余洁萍

本项目位于天津市滨海新区核心区域，是超大型城市综合体，由4栋130米高的金融办公楼、配套商业和中心公园组成。4栋塔楼分别位于基地东西两侧，以宏伟的体量勾勒出CBD的天际轮廓线，从视觉上凸显CBD的中心地位。由4栋塔楼围合而成的地块中心为巨大的开放空间，连接南侧的中央公园和北侧的文化建筑群及绿化带。塔楼的高度和立面与开发区内周边的高层建筑群保持和谐统一，中央的开放空间与周边的广场、绿化带连为一体，形成了超越基地范围的城市骨架。4栋办公楼采用CFT钢管混凝土柱、钢梁，实现了超大办公空间，通过灵活地分割和组合，可以满足大型企业的办公要求。

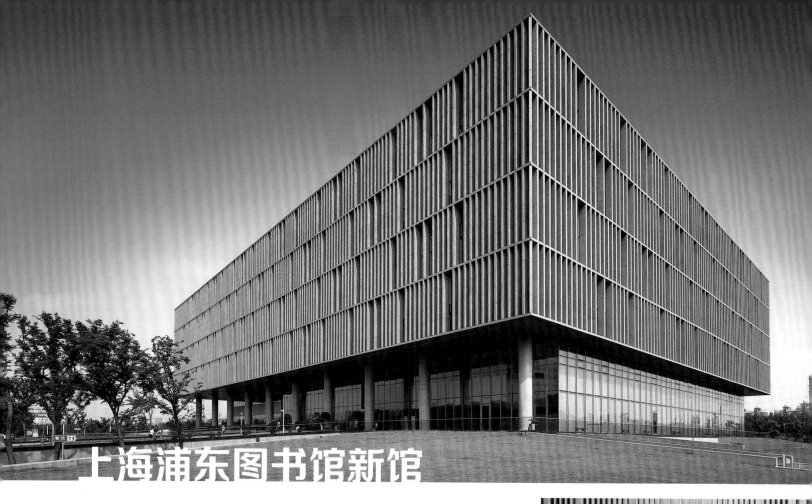

上海浦东图书馆新馆

Shanghai Pudong Library New Hall

项目业主：上海浦东新区政府文广局
建设地点：上海
建筑功能：文化建筑
用地面积：30 000平方米
建筑面积：60 885平方米
设计时间：2007年
项目状态：建成
设计单位：日宏（上海）建筑设计咨询有限公司
主创设计：茅晓东、加藤庆、石川周一、石林大、向旻

本项目是一个综合性、多功能、多载体、国际化、智能化的大型公共图书馆，藏书容量为250万至300万册，阅览座位约有4 000个，接待读者能力为8 000人次/日。图书馆以学习、交流、支持三大部分组成图书馆的功能体系，这三部分有机联系而又相对独立，形成了完整的服务与业务高效配合的运作态势。

知识与学习——保证图书馆主体的基本功能。该部分的主要功能包括大众基础借阅和专题专业阅读，各个年龄层、各种类别、具有不同使用目的的读者会聚一堂，不同载体介质、不同学科类别、不同阅读手段的文献集中于此。

交流与活动——突出图书馆的社会教育功能。学术交流和读者活动区，汇集各类学术报告、讲座、展览、读者活动以及文化娱乐休闲。该区域属于动（闹）区，人员流动峰谷差异明显，易产生噪声，功能要求主要是实用、舒适。

支持与服务——支撑图书馆运行的核心区域。该区域包括浦东新区图书馆的文献加工中心、计算机网络文献信息中心、读者指导和馆际协作中心、物业设备和后勤保障区，功能要求为安全、可靠。

上海漕河泾现代服务业集聚区

Shanghai Caohejing Modern Service Industry Agglomeration Area

项目业主：上海漕河泾开发区高科技园发展有限公司
建设地点：上海
建筑功能：办公、商业建筑
用地面积：45 924平方米
建筑面积：320 000平方米
设计时间：二区（2006年—2008年）、四区2015年
项目状态：二区2009年建成、四区2019年建成
设计单位：日宏（上海）建筑设计咨询有限公司
合作设计：上海建筑设计研究院有限公司
主创设计：茅晓东、小林利彦、石川周一、金波、向旻、
　　　　　宫城雄司、金晶雪

　　上海漕河泾新兴技术开发区作为未来上海都市圈高科技园区城中城，充分体现了现代化、高科技特色，体现了整体性和共享性，体现了超前意识和国际性，体现了城市发展的和谐性。以现代、时尚、生态、高科技为特征，积极营造出一个现代化、国际化、智能化、集群化的高档综合商务区。

上海大宁久光商业综合体

Shanghai Daning Jiuguang Commercial Complex

项目业主：利福集团
建设地点：上海
建筑功能：办公、商业建筑
用地面积：50 153平方米
建筑面积：346 733平方米
设计时间：2012年
项目状态：在建
设计单位：日宏（上海）建筑设计咨询有限公司
主创设计：茅晓东、加藤庆、金波、沈莉、阵内徹、
　　　　　李文杰、姚婉瑜、叶建伟、倪光宇、李汪南

　　建筑是由2栋100米高的办公塔楼、1栋百货大楼和地下2层至地上7层的购物中心组成的商业办公综合体，旨在打造一个能和周边的大宁国际、大宁公园等设施和谐发展、相互促进的新商业地标，也是典型的TOD开发。

　　设计以广中公园优美的自然环境为起点，努力实现商业办公景观与公园景观的一体化布局，引入"溪谷"的建筑设计概念，采用屋顶绿化平台、立体绿化等多种设计手法，打造高效率、高品质的商业节能空间。在保障商业成功运营的同时，使项目成为一处连接城市和自然的纽带，一座能使人们休闲放松的"城市溪谷"，最终实现区域效益的最大化。

广州绿地中心

Guangzhou Greenland Center

项目业主：绿地集团
建设地点：广东 广州
建筑功能：城市综合体
用地面积：39 780平方米
建筑面积：242 397平方米
设计时间：2008年—2012年
项目状态：建成
设计单位：日宏（上海）建筑设计咨询有限公司
合作设计：广东省设计院
设计团队：茅晓东、加藤庆、向旻、祖父江贵、
　　　　　栃原琢己、今井亮介、余洁萍

　　本项目位于从新机场进入市中心的门户地区。建筑高度达200米，地上45层、地下4层，是高层塔楼为办公室、公寓和SOHO，裙房为商业设施的超大型城市综合体。高层塔楼以极简的形体与变化丰富的裙房形成鲜明的对比，强化了高层塔楼的地标性与裙房的生活感。极简的立面设计使精美的细部处理成为可能，实现了高品质的外观，缔造了永不过时的经典建筑。

广州国际航运大厦

Guangzhou International Shipping Building

项目业主：中远集团
建设地点：广东 广州
建筑功能：办公 建筑
用地面积：5 055平方米
建筑面积：92 400平方米
设计时间：2018年
项目状态：在建
设计单位：日宏（上海）建筑设计咨询有限公司
主创设计：茅晓东、加藤庆、沈莉、姚婉瑜、刘桐、向旻、
　　　　　长谷川孝文、薛源、李文杰、许有万、余洁萍

　　本项目位于广州互联网产业和总部集聚区——琶洲地区。业主中远海运散运、散货船队综合运力居世界第一。设计将建筑风格和企业文化有机结合，意在高密度的城市里打造自己的特色，树立城市地标，并且以建筑为媒介，将自然与公园融为一体。在形态上采用非对称的体块展现建筑的动感，给人们带来丰富的观感。

廊坊丝绸之路国际文化交流中心

Langfang Silk Road International Cultural Exchange Center

项目业主：新奥文化产业发展有限公司
建设地点：河北 廊坊
建筑功能：文化建筑
用地面积：121 212平方米
建筑面积：258 000 平方米
设计时间：2010年—2018年
项目状态：在建
设计单位：日宏（上海）建筑设计咨询有限公司
合作设计：广州珠江外资建筑设计院有限公司
主创设计：茅晓东、李文杰、石林大、宫城雄司、
　　　　　王小月、徐敏迪、王炜、吴菁怡

本项目位于廊坊市文化主题园区的中央。建筑由中央大厅、大剧院、音乐厅、中剧场和东西礼仪厅构成。方案充分体现了天、地、人的规划理念，象征天、地、人和谐相处的自然城市空间，打造以人为本的城市环境和文化空间。体量恢宏而场景细腻的主体建筑有机地融合于主题园区的自然之中，为该地区的文化设施增添了影响力和亮点。

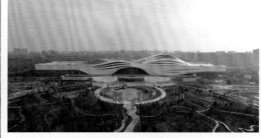

金地北京大兴EOD总部港

Golden Land Beijing Daxing EOD Headquarters Port

项目业主：金地商置
建设地点：北京
建筑功能：办公建筑
用地面积：57 703平方米
建筑面积：216 320平方米
设计时间：2018年
项目状态：在建
设计单位：日宏（上海）建筑设计咨询有限公司
主创设计：茅晓东、加藤庆、乔鑫、刘桐、王小月、
　　　　　宫城雄司

本项目位于北京南五环，建筑包括5座高层办公楼和10座独栋办公楼，形成了高低错落的建筑群体，旨在打造高端办公示范产业园。通过底层架空、下沉庭院、屋顶露台等串联起办公大堂、商业、配套等设施，打造贯穿整个园区的公共活力轴和生态景观轴，形成积极的外部空间。

南在国

职务：北京市建筑设计研究院有限公司
　　　第五建筑设计院副院长
职称：教授级高级工程师
执业资格：国家一级注册建筑师

教育背景
1995年—2000年　东南大学建筑学学士

工作经历
2000年至今　北京市建筑设计研究院有限公司

个人荣誉
2017年全国十佳医院建筑设计师
卫生部心血管病医院扩建工程"国家优质工程突出贡献者"

主要设计作品
北京市支持河北雄安新区建设医院项目
广东省工伤康复中心
北京市海淀疾病预防控制中心
首都医科大学宣武医院
首都医科大学附属北京天坛医院
卫生部阜外心血管病医院
厦门市爱鹭老年养护中心
广西医科大学东盟国际口腔医学院
运城市中心医院
北京怡德医院
北京达美颐养中心

鲁晟

职务：北京市建筑设计研究院有限公司
　　　第五建筑设计院创研中心主任、院长助理
职称：高级工程师
执业资格：国家一级注册建筑师

教育背景
1997年—2002年　华中科技大学建筑学学士

工作经历
2002年至今　北京市建筑设计研究院有限公司

主要设计作品
通用电气医疗中国研发试产运营科技园
六盘水梅花山剧场
中船重工南海（深远海）试验研究中心
京能五间房电厂厂前区
三亚市国土规划大厦
冀东油田勘探开发研究中心
橄榄坝傣族水乡特色小镇核心游憩商业区
北京文投文化科技融合产业园
北京CBD央视北地块概念设计
白塔寺宫门口四条42号院改造设计

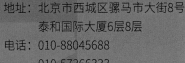

张晋伟

职务：北京市建筑设计研究院有限公司
　　　第五建筑设计院建筑一所副所长
职称：高级工程师
执业资格：国家一级注册建筑师

教育背景
2001年—2006年　清华大学建筑学学士
2007年—2009年　英国卡迪夫大学建筑学硕士

工作经历
2009年至今　北京市建筑设计研究院有限公司

主要设计作品
国家体育馆改扩建工程
北京恒通创新木塑研发楼
房山区群众文化活动中心
天津塘沽海洋科技商务园
沧州天成熙园二期项目
橄榄坝傣族水乡特色小镇核心游憩商业区
北京朝阳凯文学校
威海财信保利名著
北京中关村嘉运网络科技园
北京南海子体育产业园

BIAD
北京市建筑设计研究院有限公司
BEIJING INSTITUTE OF ARCHITECTURAL DESIGN
第 五 建 筑 设 计 院
BIAD Architectural Design Division No. 5

　　北京市建筑设计研究院有限公司第五建筑设计院是BIAD直属的大型设计院之一，拥有规划、策划、建筑、结构、设备、电气、室内、经济等专业的近200位设计师。五院一贯秉承"开放、包容、合作、共赢"的理念，凝聚了资深设计总监、中层设计骨干、青年设计师梯队，具备事业发展、成功的坚实的人才基础。
　　第五建筑设计院在城市综合体、总部园区办公、酒店建筑、居住建筑、医疗养老、教育建筑、特色小镇等多个领域有所建树，并以建筑、结构、机电三大中心为基础，拓展了前期策划及可研分析、规划设计、室内设计、结构机电咨询、经济咨询等产业链条，以为建设方提供更加完善、便捷的服务。"客户导向，产品导向"引导公司不断改进设计管理，通过营销—运营—技术分工协作以及不断提升设计与管理的信息化手段，推动了对产品和设计流程的不断优化。
　　"建筑服务社会，设计创造价值"。第五建筑设计院直面产业发展对设计团队提出的要求与挑战，不断更新自我，持续打造健康的、有头脑的、开放的平台型设计院！

主要项目（部分项目为单位内部合作完成）

■综合类项目
天津旺海广场
大族广场
蓝色港湾
银河SOHO
新中关
鸿坤理想城商业中心
大兴创依荟商业中心
鄂尔多斯亿利城
■办公类项目
经开科技园BDA国际企业大道
亚信联创研发中心
济南浪潮科技园
丽泽SOHO
荣华国际中心
通州区金融街园中园三期
航星科创新楼
北京经开国际企业大道
■医养类项目
北京市支持河北雄安新区建设医院项目
首都医科大学宣武医院
首都医科大学附属北京天坛医院
北京天士力医院
中国医学科学院阜外医院院区整体改造
广西医科大学东盟国际口腔医学院
协和医院东院血液净化中心改造
运城市中心医院
北京达美颐养中心
国寿健康园

■酒店类项目
北戴河华贸喜来登酒店
长白山万达假日酒店
北海银滩皇冠假日酒店
崇礼翠云山皇冠假日&智选酒店
平谷御马坊希尔顿逸林&花园酒店
郑州阳光城希尔顿花园酒店
桂林万达文华&嘉华酒店
■人居类项目
龙湖高碑店列车新城
保利首创旧宫
天津旺海公馆
华瀚国际公寓
西山壹号院
百旺杏林湾
沧州天成熙园名筑
威海财信保利名著
■文教类项目
北京朝阳凯文学校
北大附中朝阳未来学校
人大附中初中部
六盘水梅花山剧场
长白山万达剧场
■特色小镇
橄榄坝傣族水乡特色小镇核心游憩商业
长白山万达国际旅游度假区商业街
崇礼太舞四季文化旅游度假区
新雪国一期公寓

地址：北京市西城区骡马市大街8号
　　　泰和国际大厦6层8层
电话：010-88045688
　　　010-57366333
传真：010-57366332
网址：www.biad.com.cn
电子邮箱：biadtsh-sw@vip.sina.com

广西医科大学东盟国际口腔医学院

Guangxi Medical University ASEAN International School of Stomatology

项目业主：广西医科大学口腔医学院
建设地点：广西 南宁
建筑功能：医疗、教育建筑
用地面积：122 166平方米
建筑面积：106 000平方米
设计时间：2014年—2019年
项目状态：在建
设计单位：北京市建筑设计研究院有限公司
第五建筑设计院

建筑具有东盟国际文化交流、医科大学和口腔医疗多种复合功能。方案力图展现其独特的自然、现代与文化特征，提出国际、医疗、教研、自然"交汇"的理念。建筑形象完整大气，展现了现代、开放的国际形象。内部空间采用小体量的单元模块，既符合医院门诊单元的使用需求，又创造了亲切宜人的空间尺度。

从地域环境出发，尊重现状地貌，将规划设计与地形结合，利用地形高差设计半开放的停车场地，同时建筑空间与山地环境紧密结合。通过多维度的景观平台、架空设计使空间充满绿意，与自然环境融为一体。

大族广场

Han's Plaza

项目业主：大族环球科技股份有限公司

建设地点：北京

建筑功能：商业、办公建筑

用地面积：65 012平方米

建筑面积：316 900平方米

设计时间：2009年—2012年

项目状态：建成

设计单位：北京市建筑设计研究院有限公司第五建筑设计院

本项目位于北京市亦庄开发区核心区域，共有6栋主楼，建筑群兼有商务和商业、工作和生活的双重功能，形成了丰富的城市景观。在搭建这样的商业空间平台的同时，通过结合有序的商业发展和商务服务、发达完善的轨道交通，发挥出商务和商业的聚合倍增效应，构建引导潮流的时尚前卫城和北京南部娱乐生活的灯塔。

北京朝阳凯文学校

Beijing Chaoyang Kevin School

项目业主：北京文凯兴教育投资有限责任公司

建设地点：北京

建筑功能：教育建筑

用地面积：141 484平方米

建筑面积：284 035平方米

设计时间：2015年—2017年

项目状态：建成

设计单位：北京市建筑设计研究院有限公司第五建筑设计院

　　建筑是一座大型综合国际学校，包含有800名学生的小学部、有3 000名学生的中学部（初中及高中）及配套教研办公等功能。各功能区块按照分区围绕中心轴线依次展开，各区结合紧密、流线清晰、分区明确，在确保校园整体性的同时实现了各教学空间的相对独立性，同时实现了较强的空间序列感。

　　校园采用学院与现代相结合的整体风格，在实现了学院整体文化氛围的同时，使校园具备了与当代精神相符合的气质，形成了自成一体的校园风格，结合分区明确的功能流线，布置灵活的教学及交流空间、丰富多样的体育场馆空间、舒适的学生住宿空间，将校园打造成为北京首屈一指、引领当代教育潮流的高水准国际学校。

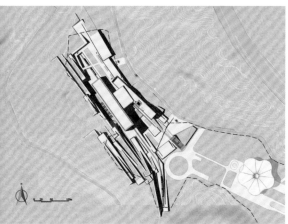

六盘水梅花山剧场

Meihuashan Theater in Liupanshui

项目业主：	贵州钟山扶贫旅游文化投资有限公司
建设地点：	贵州 六盘水
建筑功能：	文化建筑
用地面积：	52 377平方米
建筑面积：	38 200平方米
设计时间：	2018年
项目状态：	设计中
设计单位：	北京市建筑设计研究院有限公司第五建筑设计院

　　本项目位于贵州省六盘水市梅花山旅游景区，由剧场、演员配套、观众配套等功能组成。场地和建筑的建筑造型融于自然景观中，充分体现了工业与自然共生的关系。

　　建筑空间序列与剧目结构呼应，将观众到达剧场的整个路径设计为沉思、感叹、求索、期待等特定空间场景，引导观众穿越时空，进入剧目氛围，并最终在观众厅与剧目产生共鸣。

　　剧场北侧的园区既是文化公园，又是文创园区，以煤矿、铁路、堆场、熔炉和月台等三线建设时期独具特色的视觉元素作为原型，提供山地公园、市民广场、展示交流、文化创作等丰富多样的空间使用模式，成为市民的一处文化生活目的地。

龙湖高碑店列车新城

Longhu Gaobeidian Train New Town

项目业主：龙湖集团
建设地点：河北 高碑店
建筑功能：居住建筑
用地面积：134 569平方米
建筑面积：435 516平方米
设计时间：2017年
项目状态：在建
设计单位：北京市建筑设计研究院有限公司
第五建筑设计院

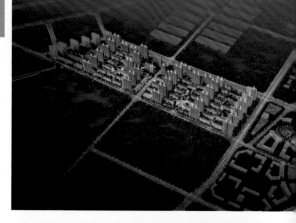

　　本项目位于河北省高碑店市高铁站附近，距离雄安新区仅半小时车程，是未来工作生活、休闲娱乐的新城中心，将打造成国家级以被动式超低能耗技术为主的居住示范区、生态海绵社区和绿色智慧健康生活的典范区。

　　规划设计优选出充分利用自然采光、通风、绿色景观的规划布局形态，形成高低起伏、错落有致的城市天际线和光、风、绿的通廊。

　　建筑形象融汇北方宅院的精髓，体现了端正秩序之美，打造了龙行水韵府院，创建了礼制理想人居。该项目已经获得中国被动式超低能耗设计标识及德国被动房研究所（PHI）设计阶段认证。

牛丽文

职务：中广电广播电影电视设计研究院建筑设计二所
　　　副所长
职称：高级工程师
执业资格：国家一级注册建筑师
　　　　　注册咨询工程师

教育背景
1995年—2000年　武汉水利电力大学建筑学学士
2000年—2003年　西安建筑科技大学建筑学硕士

工作经历
2003年至今　中广电广播电影电视设计研究院

主要设计作品
安哥拉三大奇迹项目
莫桑比克TVM国家电视中心
安哥拉公共安全一体化平台项目国家中心
安哥拉国家制证中心
孟加拉五个地方电视台
安哥拉葡语国家财政经济管理培训学院
联合国葡语国家信息中心
厄瓜多尔ECU911项目
安哥拉二地宾馆

安哥拉对外情报局办公大楼
科特迪瓦外交部会议厅
松滋融媒体中心
邯郸新媒体中心
西藏有线数字电视总前端灾备中心
天津市广播影视监测系统项目
四川省广播影视少数民族语言译制播出中心
扬州广播电视发射塔
宝鸡市广电中心
汉中广电中心
合肥广电中心

工作与学术成果
自参加工作以来，带领团队在广电中心、广播电视塔、文化教育建筑、办公建筑、高层建筑等领域积累了丰富的经验，尤其是海外工程积累了多项经验。作品多次获设计院奖项，发表学术论文8篇，参与编制规范2部，参与广电总局和设计院课题研究2项。
关注建筑设计的过程重于结果，关注建筑的内涵重于形式，善于在设计及建造过程中处理技术与经济及地域性交叉问题。以城市的眼光看待建筑，从投资者、建造者、使用者、参与者等多个角度出发进行建筑设计与持续优化。

蔡风华

职务：中广电广播电影电视设计研究院建筑设计二所
　　　主任工程师
职称：高级工程师
执业资格：国家一级注册建筑师

教育背景
1996年—2001年　西南交通大学建筑学学士

工作经历
2001年至今　中广电广播电影电视设计研究院

主要设计作品
唐山广电中心改造项目
宜昌长江国际创业汇
山西转型综合改革示范区唐槐信息产业园
冈比亚国际机场贵宾楼及五星级度假商务酒店
郑州市广播电视中心
国家中影数字制作基地
赤道几内亚马拉博电视中心

设计理念
爱建筑，做设计；让城市因此更美、更安全、更舒适。

工作与学术成果
2001年毕业于西南交通大学建筑系，同年就职于中广电广播电影电视设计研究院。主持或参与国内外广播电视中心、影视基地、文化中心、政府办公楼等公共建筑项目的设计工作。在《建筑学报》《建筑知识》等刊物上发表相关论文，参与译著《催化形制——建筑与数字化设计》，由中国建筑工业出版社出版发行。

地址：北京市西城区南礼士路13号
电话：010-68028380
传真：010-68020071
网址：www.drft.com.cn

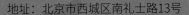

　　中广电广播电影电视设计研究院（DRFT）成立于1952年，隶属于国家广播电视总局，为国家级综合性工程勘察、设计、研发、咨询单位，连续当选"国家文化出口重点企业"，获"当代中国建筑设计百家名院"称号。设计项目及综合建筑服务范围覆盖广电中心、融媒体中心、影剧院、音乐厅、文化中心、影视产业基地、办公

吴冰

职务：中广电广播电影电视设计研究院建筑设计二所
　　　建筑室主任
职称：高级工程师
执业资格：国家一级注册建筑师

教育背景
1999年—2004年　青岛理工大学建筑学学士

工作经历
2004年至今　中广电广播电影电视设计研究院

主要设计作品
江阴广播电视中心改扩建工程
荣获：中国建设工程鲁班奖
新疆生产建设兵团传媒基地
遵义市广电新闻中心
贵阳广播电视中心
唐山广电中心
青岛藏马山影视基地
三门峡传媒大厦
中国爱乐乐团音乐厅
驻马店广播电视中心
迁安新闻传媒大厦
安哥拉TPA中心

陆晫

职务：中广电广播电影电视设计研究院建筑设计二所
　　　建筑室主任
职称：高级工程师

教育背景
2001年—2006年　西南交通大学建筑学学士

工作经历
2006年至今　中广电广播电影电视设计研究院

个人荣誉
中直机关第十届青年岗位能手
2012年中广电广播电影电视设计研究院突出贡献奖

主要设计作品
斯里兰卡科伦坡莲花电视塔
荣获：2015年—2016年国家文化出口重点项目
北七家全向信标工程
荣获：2016年院级优秀工程设计一等奖

宿迁广播电视发射塔工程
扬中广播电视发射塔工程
金湖广播电视塔迁建工程
涡阳广播电视塔工程
涟水广播电视发射塔工程
五河广播电视发射塔工程
常熟广播电视发射塔工程
七师传媒中心项目（二期）
宁陵广播电视发射塔工程
日照广播电视发射塔工程

工作与学术成果
参加工作以来，完成了多座广播电视塔的方案设计及
施工图设计，其中高度在300米以上的广播电视塔2
座，高度200米以上的电视塔3座，高度在100米以上的
电视塔数十座。结合实践经验，发表了《浅谈莲花塔核
心筒建筑设计》等多篇论文，对发射塔的竖向疏散具
有一定指导意义。

楼、学校、援外公共文化建筑等。其中北京电视中心荣获北京当代十大建筑称号，国家中影数字制作基地获全国
优秀勘察设计奖，江阴广播电视中心改扩建工程荣获中国建设工程鲁班奖。建筑设计二所是建筑类综合性设计团
队，重点业务包含广播电视建筑、广播电视塔、文化类建筑、政府办公建筑及海外项目。

安哥拉某办公大楼
An Office Building in Angola

建设地点：安哥拉 罗安达
建筑功能：办公建筑
建筑面积：19 000平方米
占地面积：89 000平方米
项目状态：建成
设计时间：2007年—2008年
设计单位：中广电广播电影电视设计研究院
主创设计：牛丽文

　　建筑于2009年建成，目前正在申报部优。该项目在创新性的建筑设计，选用新型的建筑材料、技术以及先进的智能化设计方面，都代表了安哥拉建筑工程项目的最高水平，是目前安哥拉智能化程度最高的办公楼。

　　项目在2010年上海世博会的安哥拉馆介绍短片中作为安哥拉国家重点建筑工程项目进行了推介。

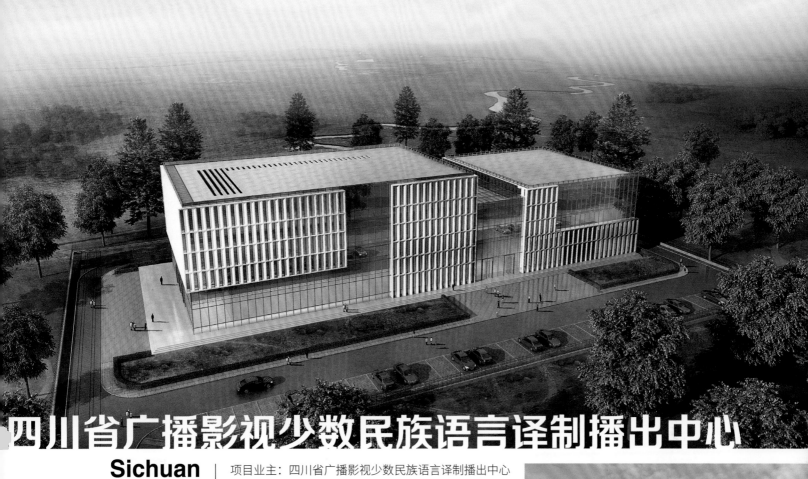

四川省广播影视少数民族语言译制播出中心

Sichuan Radio, Film and Television National Language Translation Broadcasting Center

项目业主：四川省广播影视少数民族语言译制播出中心
建设地点：四川 成都
建筑功能：影视建筑
建筑面积：7 567平方米
占地面积：9 660平方米
设计时间：2015年—2016年
项目状态：建成
设计单位：中广电广播电影电视设计研究院
主创设计：牛丽文

四川省广播影视少数民族语言译制播出中心在建筑设计上遵循了形式追随功能的设计理念，建筑造型与内部功能理性、简洁。在有限的建筑用地和规模条件下，营造了完整的外部形象和人性化的内部环境。

唐山广电中心改造项目

Tangshan Radio and Television Center Renovation Project

项目业主：唐山市广播电视台
建设地点：河北 唐山
建筑功能：广电建筑
用地面积：20 000平方米
建筑面积：29 000平方米
设计时间：2019年
项目状态：在建
设计单位：中广电广播电影电视设计研究院
设计团队：蔡风华、贾志坚、侯俊

　　建筑初建于20世纪70年代末，使用功能为宾馆。注重效率的平面布置及忠实于功能的现代主义立面手法，比例协调、形体优美的建筑外形，简单朴素的建筑外墙材料，是这个建筑的特点。此次改造的目的是整理建筑外观和释放公共空间。设计尊重原有建筑的形体比例，加强建筑细部的雕琢，外墙采用铝板提升建筑的时代感，做到既怀旧又现代、新颖。内部空间的设计增加了公共空间，加强了自然采光通风，提高了公共空间的舒适度。

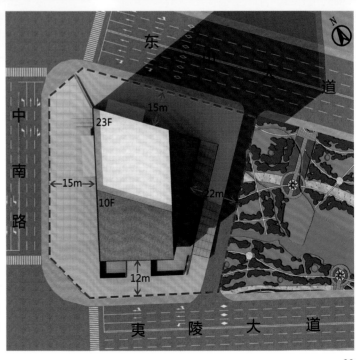

宜昌长江国际创业汇

Yichang Changjiang International Venture Capital

项目业主：宜昌广播电视台
建设地点：湖北 宜昌
建筑功能：商业综合体
用地面积：6 600平方米
建筑面积：52 000平方米
设计时间：2018年
项目状态：方案
设计单位：中广电广播电影电视设计研究院
主创设计：蔡凤华

本设计结合区域的自然环境特点，将项目打造成景观环境优雅、独具当地人文地理环境的都市文化综合体。在设计中充分考虑四周的优质景观资源，可远纳长江美景，近融公园绿洲。建筑本身也是一座绿色建筑，不仅是宜昌市的一处地标性建筑，还是居民、游人休闲娱乐的城市公园。

在项目设计中，建筑立面的个性化设计成为一个课题，利用简洁的形体构造整个建筑群，同时赋予建筑唯一的表皮，将有效地体现建筑的特色。

建筑的表皮由外层龙骨和保温隔热印花玻璃两层组成，印花面积随单体建筑的高度增加而增大，在视觉上将由高度和距离产生的边界模糊感和体量缩小感减弱，加重建筑端部的轮廓，从而实现均衡的视觉效果。这种按一定规律变化的立面体现了建筑的一种生长逻辑，使观者能感知其由地而生的状态。

唐山广电中心

Tangshan Radio and Television Center

项目业主：唐山市广播电视局
建设地点：河北 唐山
建筑功能：广电建筑
用地面积：30 015平方米
建筑面积：208 434平方米
设计时间：2009年
项目状态：投标阶段
设计单位：中广电广播电影电视设计研究院
主创设计：吴冰、李昊、赵尔思、刘欣鹏、杨陆峰

遵义市广电新闻中心

Zunyi Radio and Television News Center

项目业主：遵义市广播电视局

建设地点：贵州 遵义

建筑功能：广电建筑

用地面积：25 090平方米

建筑面积：45 861平方米

设计时间：2012年

项目状态：建成

设计单位：中广电广播电影电视设计研究院

主创设计：吴冰、付少慧、周文娟、魏娴

　　建筑师试图寻找一种新的方法来表达建筑的唯一性和标志性。而新闻中心自身蕴含的功能和行业特征即是这种唯一性的完美表达。在清晰的轴线关系和功能分区关系的基础上，新闻中心如微缩的城市模型般呈现，雕塑般的各个单体以一种超大体量的形式呈现在人们眼前，通过形体的错落创造出丰富的城市空间，体现了该建筑作为新区中的"传媒城"的创作理念。

　　"千尺为势，百尺为形"，建筑群落远观形成"城"之势，同时模糊的细部造型使传媒城的设计不只停留在视觉印象之上，而是创造一种建筑多尺度的可识别性，体现一种从整体到细节的设计过程。

北七家全向信标工程

Beiqijia Omnidirectional Beacon Project

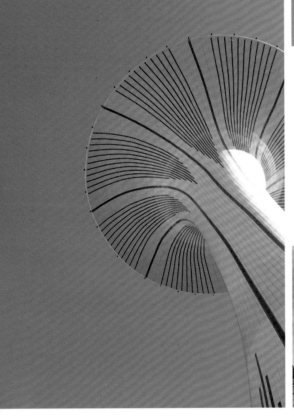

项目业主：北京未来科技城开发建设有限公司
建设地点：北京
建筑功能：通信、导航建筑
用地面积：5 333平方米
建筑面积：1 962平方米
设计时间：2013年
项目状态：建成
设计单位：中广电广播电影电视设计研究院
主创设计：陆晖

本项目位于北京市昌平区未来科技城内，是未来科技城的标志性建筑之一，也是世界上最高的信标。全向信标台是民用航空飞机起降的重要支点，在提供飞行器的方向信息的同时，还能提供飞行器到导航台的距离信息。建筑师希望这不仅仅是一个功能性建筑，还能够充分体现未来科技城"科技、创新"的理念。造型立意取自旋转的冰舞者，动感、飘逸，远观如少女在湖上翩翩起舞。

该方案将高度为70米的建筑与直径为50米的反射地网通过建筑的外表皮巧妙地融合在一起，形成了柔美的曲线，很好地解决了建筑高度不足造成的比例问题。该建筑表皮由5万块铝板幕墙及玻璃幕墙通过钢结构龙骨斜拼而成，具有相当大的施工难度。

斯里兰卡科伦坡莲花电视塔

Lotus TV Tower in Colombo, Sri Lanka

项目业主：斯里兰卡电信管理委员会（TRC）
建设地点：斯里兰卡 科伦坡
建筑功能：广电建筑
用地面积：29 968平方米
建筑面积：26 726平方米
设计时间：2010年—2012年
项目状态：建成
设计单位：中广电广播电影电视设计研究院
主创设计：陆晫

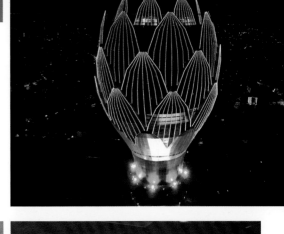

该建筑是南亚第一个高塔，也是中国走出国门建设的第一座电视塔。项目位于科伦坡中心区，紧邻贝拉湖区，电视塔建筑高度为352.4米。

电视塔造型以斯里兰卡的国花——莲花作为设计理念。塔楼形似盛开的莲花，塔身似莲花的秆茎，塔座造型取自佛教的莲花宝座，寓意着斯里兰卡人民对和平、安宁的向往，将莲花的造型与佛教的文化完美结合。塔楼设有发射机房、节传机房、旋转餐厅、宴会厅、总统套房、室内观光层以及配套设备用房。塔座设有商业用房及相关设施、设备用房等。

乔永学

职务： 山东省建筑设计研究院有限公司创作研究所所长
职称： 工程技术应用研究员
执业资格： 国家一级注册建筑师

教育背景

1990年—1995年　东南大学建筑学学士
2000年—2003年　清华大学建筑学硕士

工作经历

1995年至今　山东省建筑设计研究院有限公司

个人荣誉

山东省杰出青年勘察设计师

主要设计作品

济南西客站片区场站一体化（站区配套设施）工程
荣获：2014年全国工程建设项目优秀设计一等奖
　　　山东省优秀工程勘察设计一等奖
　　　2014年山东省优秀建筑设计项目评比一等奖
　　　济南市年度十佳优秀规划设计
济南市龙洞片区E地块配套学校工程
荣获：2014年全国人居经典综合大奖
山东省艺术学院实践中心工程
荣获：2016年第四届山东省优秀建筑设计方案一等奖
枣庄高铁换乘枢纽工程
荣获：2014年全国人居经典规划建筑双金奖
　　　2016年第四届山东省优秀建筑设计方案一等奖
泰安监狱整体迁建工程
荣获：2014年全国人居经典规划建筑双金奖
山东省生物药物研究院科研楼
荣获：2009年度山东省优秀工程勘察设计二等奖
广东省东莞市卫生学校新校区
荣获：2009年山东省优秀建筑设计方案评选一等奖
济南市高新区文化中心
荣获：2013年山东省第三届优秀建筑设计方案评选一
　　　等奖
山东城市建设职业学院图书馆信息中心
荣获：2008年度山东省优秀建筑方案设计一等奖

济南于家庄客运枢纽站
荣获：2009年山东省优秀建筑设计方案评选二等奖
东营市技术学院新校园西校区体育馆
荣获：2011年山东省"同圆杯"绿色建筑设计方案竞
　　　赛二等奖
山东省地震监测中心台规划建筑设计
荣获：2011年山东省第二届优秀建筑设计方案评选二
　　　等奖
沂南县客运中心
荣获：2011年山东省第二届优秀建筑设计方案评选二
　　　等奖
山东省鲁宁监狱迁建项目
荣获：2013年山东省第三届优秀建筑设计方案评选二
　　　等奖
济南火车站北场站一体化规划设计及研究
荣获：2013年济南市优秀工程勘察设计一等奖
平顶山市四馆（科技馆、党史馆、档案馆、方志馆）
荣获：2017年第四届山东省优秀建筑设计方案二等奖
济南市历城二中及稼轩学校唐冶校区规划设计
荣获：2017年第四届山东省优秀建筑设计方案二等奖
泰安文化交流中心
荣获：2009年山东省优秀建筑设计方案评选二等奖
绿色农房建设与危房改造住宅建筑设计方案——"两间
半"农村危房改造
荣获：2013年山东省绿色农房建设与危房改造住宅建
　　　筑设计方案竞赛三等奖
万科新里程杯住宅建筑色彩设计大赛
荣获：万科新甲程杯住宅建筑色彩设计大赛三等奖
济南龙洞路九年一贯制中小学
荣获：2014年山东省绿色建筑方案设计竞赛三等奖
潍坊规划测绘地产交易中心
荣获：2003年度山东省优秀工程勘察设计二等奖
菏泽银东家高层住宅太阳能集中热水系统
荣获：2007年山东省力诺瑞特杯太阳能建筑一体化住
　　　宅建筑设计方案竞赛三等奖

山东省建筑设计研究院有限公司

Shandong Provincial Architectural Design & Research Institute Co., Ltd.

地址：山东省济南市经四路小纬四
　　　路2号东3楼
电话：0531-87913010（综合办）
传真：0531-87913010
网址：www.sdad.cn
电子邮箱：sdad1953@163.com

　　山东省建筑设计研究院有限公司是由山东省建筑设计研究院改制的企业，公司的前身山东省建筑设计研究院成立于1953年，是国家甲级勘察设计单位、全国重信用守合同单位、全国建筑设计行业诚信单位、当代中国建筑设计百家名院。

　　公司现设有9个综合设计分院（所）、7个驻外分支机构、7个职能管理部门及方案创作和专业技术研究部门。现有职工800余人，其中专业技术人员700余人，高级职称近300人，工程技术应用研究员70余人，一级注册建筑师、一级注册结构师、其他专业注册师220余人，山东省工程设计大师7人。

　　公司主要从事建筑、规划、市政工程设计、工程勘察、工程测量、鉴定加固改造、工程咨询以及施工图审查等业务。拥有12种设计、咨询、勘察等资质，并取得了对外承包工程资格证书，其中建筑行业（建筑工程）、市政行业（排水工程）、工程勘察专业类（岩土工程）、城市规划编制为甲级资质，审图中心是建筑工程一类施工图设计文件审查机构。

张栋

职务： 山东省建筑设计研究院有限公司创作研究所副所长
职称： 高级工程师
职业资格： 国家一级注册建筑师
　　　　　　国家注册城市规划师

教育背景
1999年—2004年　山东建筑大学建筑学学士
2018年至今　　　哈尔滨工业大学城市规划专业在职研究生

工作经历
2004年至今　山东省建筑设计研究院有限公司

主要设计作品
泰安汽车总站
荣获：2011年山东省优秀方案二等奖
沂南县客运中心
荣获：2011年山东省第二届优秀建筑设计方案评选二等奖
济南火车站北场站一体化规划设计及研究
荣获：2013年济南市优秀工程勘察设计一等奖
济南日报报业集团迁建项目
荣获：2013年山东省优秀方案三等奖
泰安高铁新区公交枢纽站工程
荣获：2015年山东省优秀方案一等奖
枣庄高铁换乘枢纽工程
荣获：2014年全国人居经典规划建筑双金奖
　　　2016年第四届山东省优秀建筑设计方案一等奖
东营市技师学院新校区工程
荣获：2015年山东省优秀方案三等奖
济南市历城区便民服务中心
荣获：2015年山东省优秀方案三等奖

学术研究成果
《高校体育馆的复合化与生态化设计——以东营市技师学院体育馆设计为例》载《华中建筑》，2017（7）
《顺势、借势、造势——山地校园"济南市技师学院新校区设计"》载《城市建筑》，2014（5）
《连续的校园综合体——宁阳第三小学规划建筑设计》载《城市建筑》，2014（5）
《"零换乘"——长途客运站建筑中的人性化设计》，被评为山东省建筑专业优秀论文

　　公司的设计成果遍布国内各个省市、自治区，并在亚洲、非洲、大洋洲、北美洲等的十几个国家承揽过项目。累计完成6 000余个工程设计项目，设计总面积达1.4亿平方米。代表作品有山东剧院、山东省体育中心、京沪高铁济南西客站、山东大学齐鲁医院、山东省立医院、江苏省人民医院等。公司在医疗卫生项目设计方面形成了自己的专业优势，多年来已完成数百个优秀医院建筑设计项目，先后获得"中国医院建设十佳医院设计供应商""中国医院建设品牌服务企业"等荣誉称号。

　　公司重视建筑创新，技术力量雄厚，设计手段先进，设计质量和服务水平深得业内好评。几十年来，在建筑设计及科研领域荣获国家及省部级科技进步奖、国家及省部级优秀勘察设计奖等千余项。依靠雄厚的技术实力，公司成为山东大学、山东建筑大学的教学实践基地和工程硕士培养基地，是全国19个学术团体的理事单位，山东省12个专业学术团体的挂靠单位。

济南西客站片区场站一体化（站区配套设施）工程

Jinan West Railway Station Area Station Integration (Station Area Supporting Facilities) Project

项目业主：济南市西区建设投资有限公司

建筑功能：交通枢纽综合体建筑

建筑面积：421 080平方米

项目状态：建成

设计单位：山东省建筑设计研究院有限公司

主创设计：乔永学

建设地点：山东 济南

用地面积：153 920平方米

设计时间：2008年—2010年

建筑造型设计以"礼乐同庆"的传统文化意向为理念，以"T形广场+樽+古琴"为表达形式，兼顾建筑功能与文化理念，塑造出济南人民开拓进取、和谐融洽的精神风貌，展现了齐鲁文化的深厚底蕴。以尊贵的青铜器"樽"来代表"礼"的概念。"樽"是古代的饮酒器具，6个"樽"在火车站广场前左右排开，有"把酒相迎四方客"的含义，展现出济南人重视礼仪、豪迈好客。以儒雅的"古琴"来代表"乐"的概念。优美的古琴造型的屋顶象征着为往来宾客弹奏旋律。"樽"和"古琴"结合体现了礼乐广场的设计概念。

平顶山市四馆（科技馆、党史馆、档案馆、方志馆）

Four Museums of Pingdingshan City (Science and Technology Museum, Party History Museum, Archives, Lecal Chronicles Museum)

项目业主：平顶山中房建设集团有限公司 建设地点：河南 平顶山

建筑功能：文化建筑 用地面积：24 344平方米

建筑面积：83 800平方米 设计时间：2017年

项目状态：在建

设计单位：山东省建筑设计研究院有限公司

主创设计：乔永学

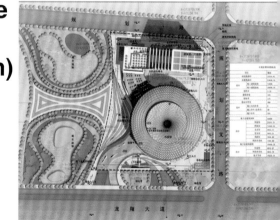

方案设计以北侧三馆高耸挺拔、棱角分明的形体拟山，以南侧科技馆舒展流畅、圆润细腻的形体喻水，两种形体曲直相依，和谐共处，共同营造出整体统一又变化丰富的独特建筑形象。

南侧的科技馆共有4层，每层都围绕中央核心空间设置周边的展览空间，中央核心空间设置标志性"科技之树"，融入绿色生态低碳的理念。其饱满优美的圆台造型和细腻传神的表皮肌理比拟汝瓷神韵，代表平顶山古代科技文化的悠久历史和伟大成就。北侧的形体为三馆及科技馆的办公功能，建筑自上而下以连续的折板线条形成整体造型，以"层叠的书"和"竹简"传达档案馆、方志馆、党史馆记载历史、传承文明的建筑功能。方案还在三馆高层的西侧结合建筑退台的造型设计室外观景平台，充分利用西侧城市公园的景观资源。

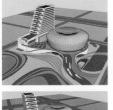
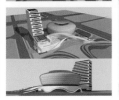
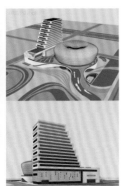

▼ 东营市技师学院西校区

东营市技师学院新校区工程

New Campus Project of Dongying Technician College

项目业主：东营市技师学院　　建设地点：山东 东营

建筑功能：教育建筑　　　　　用地面积：6 894平方米

建筑面积：12 540平方米　　　设计时间：2010年

项目状态：建成　　　　　　　设计单位：山东省建筑设计研究院有限公司

主创设计：张栋

营市技师学院东校区

设计目标：基于现状分析，西校区的规划目标是解决被城市道路分隔的两个大尺度校园的联系与分区问题；在空间组织上创造层次丰富、形式多样的一体化空间形态。从而完成从室内空间到公共空间的过渡，为师生提供充满活力、富有人情味的交流场所，即"现代特色教育与自然环境相结合"的人性化园林式校园。

设计理念：在设计上体现以人为本、绿色生态的概念，营造绿色、生态、人性化的校园空间；在风格上，运用体块变化突出建筑形体美感；在色彩上，采用红色与东校区统一。

武陟医养中心

Wuzhi Medical Care Center

项目业主：武陟县城市建设投资开发有限责任公司

建设地点：河南 焦作

建筑功能：医养建筑

用地面积：25 263平方米

建筑面积：33 924平方米

设计时间：2019年

项目状态：在建

设计单位：山东省建筑设计研究院有限公司

主创设计：张栋

本项目位于河南省武陟县，是在原武陟县人民医院旧址的基础上改造成医养结合一体化的养老中心，是武陟县及周边地区介护、介助及高端养老的机构，其医疗部分也将承担社区门诊的功能。其中，医院原有的病房大楼改造为介助及高端养老楼，新建社区门诊及介护老人休养楼、阳光房活动中心。

建筑师在设计的过程中追求将整齐、秩序的"中正"之美和变化、生动的"自然"之美结合在一起。希望塑造一个场景的序列，结合基地的自然条件，打造以景观为背景，以高低起伏的建筑为依托，掩映在绿树丛中，鸟语花香，富有古典美学精神，轴线明确，空间大气，体现秩序和围合的医养院区。

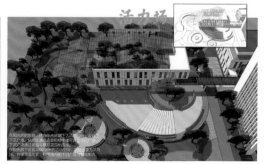

任坚

职务：上海创霖建筑规划设计有限公司总建筑师
职称：高级工程师
执业资格：国家一级注册建筑师

教育背景
1989年—1993年　同济大学建筑设计及其理论硕士

工作经历
1993年—1995年　上海城市建设学院（现并入同济大学）建筑系
1996年—2005年　上海江南建筑设计院有限公司
2005年至今　　　上海创霖建筑规划设计有限公司

主要设计作品
上海市嘉定区政府综合办公楼
奎屯市影剧院
奎屯市青少年活动中心
疏勒城遗址公园
奎屯市中金城市广场

　　上海创霖建筑规划设计有限公司（简称TDI）创立于2005年，是一家持有国家颁发的建筑工程甲级资质、城乡规划甲级资质、园林景观乙级资质，具有独立法人资格的建筑规划设计企业。

　　公司总部设于上海，目前有新疆、成都、西安、昆明、合肥、南京、烟台、南昌、江南、兰州、韶关、黔西南等多家分公司。公司共有员工880人，其中具有注册资格和中高级职称的专业人员占65%，公司拥有一批学深厚、经验独到的专业骨干，是公司立足于行业、承诺于社会的基本力量。

　　公司作为建筑全过程设计的实践者，积极从前期策划、规划设计、建筑设计、景观设计、室内设计和绿色建筑等各个环节为项目营建的全过程提供设计控制和服务支持，并建立起广泛的技术协作网络，倾心为客户和社会奉献符合专业标准的建筑作品。

　　公司曾获"2013年全国工程勘察设计50强企业"，据国内知名杂志《DI设计新潮》统计，在2014年—2015年中国设计市场排名中位列总榜第44名，民营企业榜第13名；在2016年—2017年中国设计市场排名中位列总榜第30名，民营企业榜第6名；在2017年—2018年中国设计市场排名中位列总榜第30名，民营企业榜第7名。

TDI使命
把"共创美好生活"作为自身的使命，实现人类、建筑、自然的和谐发展。

TDI愿景
卓越的、持续为社会提供具有价值的设计作品及为客户提供全过程设计服务的专业机构。

TDI设计理念
坚持全新的文化视角，力求专业与市场的无缝对接，作品和产品的二位一体，设计与社会的和谐共生，在设计优质建筑产品的同时，承担更多的社会责任与历史责任。

TDI企业精神
TDI是合伙人制的建筑设计公司，坚持与伙伴之间的合作关系，寻求"并肩携手、共创完美"的企业精神，相互信任、相互支持，齐心协力、共同进退，致力于建造最完美的空间，为客户创造最大化价值。

总部：上海
地址：上海市杨浦区国定东路275号
　　　8号楼3A03
电话：021-35315255/35315257
传真：021-35315258-8000
电子邮箱：shanghaichuanglin
　　　　　@163.com

分支机构：

新疆分公司　成都分公司
西安分公司　昆明分公司
合肥分公司　南京分公司
烟台分公司　南昌分公司
江南分公司　兰州分公司
韶关分公司　黔西南分公司

奎屯市影剧院

Kuitun Theater

项目业主：奎屯市建设局
建设地点：新疆 奎屯
建筑功能：文化建筑
用地面积：50 000平方米
建筑面积：150 000平方米
设计时间：2010 年
项目状态：建成
设计单位：上海创霖建筑规划设计有限公司
主创设计：任坚
获奖情况：新疆维吾尔自治区第十八届优秀工程设计二等奖
　　　　　第六届全国民营工程设计企业优秀工程设计"华彩奖"三等奖

　　奎屯市影剧院方案造型简洁，以现代材料体现中国建筑的特色。通过小品、雕塑、隔断、花窗、铺地、色彩等构造要素，充分表现建筑的地域文化与时代特征。方案力求将影剧院的室内外空间充分渗透，将人群及视线从建筑的外侧引近、引入、穿插、引出，通过半室外的灰空间与公园对话，与体育公园形成开放、交流的空间关系。

　　奎屯市影剧院是象征奎屯市人民在21世纪追求更高品位的生活的建筑，不仅体现了优雅的人文色彩，而且体现了强烈的文化特征。方案通过新材料、新技术的运用，表现出奎屯市经济建设蓬勃发展的景象，把影剧院建设成为体现新世纪创新精神、有着高技术含量、集艺术和科学技术于一体的时代建筑。

奎屯市青少年活动中心

Kuitun Youth Activity Center

项目业主：奎屯市人民政府

建设地点：新疆 奎屯

建筑功能：文化建筑

用地面积：22 252平方米

建筑面积：14 448平方米

设计时间：2011 年

项目状态：建成

设计单位：上海创霖建筑规划设计有限公司

主创设计：任坚

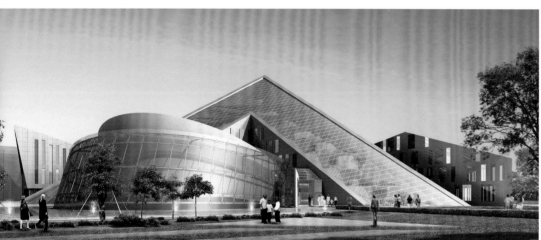

奎屯市青少年活动中心是集教育、活动、科普、游戏、交流、娱乐等多种功能于一体的现代综合体，也是奎屯市的标志性建筑，展现了这个年轻的城市奋发向上的姿态。项目位于奎屯市乌苏街东侧，靠近伊犁路口，基地东临曙光幼儿园，北面是教育局住宅区，南侧为农七师干休所，西隔伊犁路为奎屯市第一小学，西南为青年公园。建筑顺应城市的文脉，以基本几何体组合而成，象征着中国传统的"金木水火土"概念，创造出充满活力的文教建筑。

奎屯市中金城市广场

Kuitun Zhongjin City Plaza

项目业主：运通房地产开发有限公司

建设地点：新疆 奎屯

建筑功能：商业建筑

用地面积：45 000平方米

建筑面积：120 500平方米

设计时间：2013年

项目状态：建成

设计单位：上海创霖建筑规划设计有限公司

主创设计：任坚

  城市广场是社会多生态共生系统各种关系和作用在城市建筑中的生动体现，不仅仅是建筑数量、种类和功能的简单叠加，而是力图使它们相互之间的互动产生新的"1+1>2"的效果和新的机会。在技术上更加注重系统性、生态性、技术集成性和适用性。建筑单体力求形成丰富的住宅、商业、酒店类型和富有特点的外观造型，创造优美的建筑景观，并给客户提供丰富的选择。

疏勒城遗址公园

Shule Fortress Archaeological Park

建设地点：新疆 奇台
建筑功能：文化建筑
用地面积：250 000平方米
建筑面积：6 400平方米
设计时间：2017年
项目状态：完成施工图设计
设计单位：上海创霖建筑规划设计有限公司
主创设计：任坚

　　疏勒城遗址是新疆迄今发现的唯一的汉代建筑遗址，历史上气壮山河的疏勒城保卫战就发生在这里。遗址公园分为戍边文化展示区、游客中心、入口广场、疏勒城、博物馆（汉疏勒古城遗址）五个部分以及园路、观景台和原生态麦田等。游客中心设计以现代手法表现汉文化精华及古建筑意向，体现场所精神。疏勒城力图复原原汁原味的东汉戍边城池。

上海市嘉定区政府综合办公楼

Shanghai Jiading District Government Office Building

项目业主：嘉定区政府

建设地点：上海

建筑功能：办公建筑

用地面积：20 000万平方米

建筑面积：48 000平方米

设计时间：1996 年

项目状态：建成

设计单位：上海创霖建筑规划设计有限公司
　　　　　上海江南建筑设计院有限公司

主创设计：任坚

获奖情况：2001年上海市优秀工程设计（民用）三等奖

　　建筑风格融古典韵味和现代气息于一体，主体建筑犹如展翅的大鹏，寓意21世纪腾飞的嘉定。大楼分主楼、东辅楼、西辅楼、北辅楼和地下室5部分。主楼高14层，为区委、区政府及部分委办局办公区域；东辅楼高5层，为区人大及部分委办局办公区域；西辅楼高5层，为区政协及部分委办局办公区域。

沈钺

职务：上海建筑设计研究院有限公司
        创作中心副主任、Free Studio 主持建筑师
职称：高级工程师

教育背景
1996年—2001年　苏州城建环保学院建筑学学士

工作经历
2001年至今　上海建筑设计研究院有限公司

个人荣誉
2014年第十届中国建筑学会青年建筑师奖
2018年上海市杰出中青年建筑师提名奖

主要设计作品
中钞油墨生产基地
荣获：2005年上海市优秀工程设计二等奖
        2006年第一届上海市建筑学会建筑创作奖佳作奖
        2006年建设部城乡优秀勘察设计二等奖
上海洋山深水港展示中心
荣获：2008年第七届上海国际青年建筑师作品展建成类三等奖
        2009年第三届上海市建筑学会建筑创作奖佳作奖
        2009年上海市优秀工程设计一等奖
常州现代传媒大厦
荣获：2011年第四届上海市建筑学会建筑创作奖优秀奖
        2015年上海市优秀工程设计一等奖
        2017年全国优秀工程勘察设计三等奖
济南市西客站片区场站一体化（站前配套设施）工程
荣获：2012 年济南市十佳优秀规划设计优秀奖
        2015 年山东省优秀设计一等奖
杭政储出【2013】46号地块商业商务用房
荣获：2017年第七届上海市建筑学会建筑创作奖提名奖
西京湾田园餐厅
荣获：2018年入围美国建筑协会AIA Shanghai设计奖
        2019年第八届上海市建筑学会建筑创作奖佳作奖

　　上海建筑设计研究院有限公司（原名上海市民用建筑设计院，简称：上海院）成立于1953年，是一家具有工程咨询、建筑工程设计、城市规划、建筑智能化及系统工程设计资质的综合性建筑设计院，也是中国乃至世界最具规模的设计公司之一，被评为建筑设计行业"高新技术企业"，通过国际ISO9001质量保证体系认证，在国内外享有较高的知名度。公司已累计完成2万多项工程的设计和咨询，作品遍布全国各个省自治区直辖市及全球20余个国家和地区，其中700多项工程设计、科研项目、规范标准获国家、住建部以及上海市优秀设计和科技进步奖。60多年的积淀与发展将上海院的历史与国家、城市发展的各个时期紧紧联系在一起，在中华人民共和国建设史上留下了骄人篇章。

　　上海院拥有包括工程院院士、全国工程勘察设计大师、国务院批准享受政府特殊津贴专家、国家有突出贡献中青年专家、教授级高级工程师及国家一级注册建筑师、工程师、规划师、咨询师等一大批资深专家和技术人才。多年来累计主编、参编各类规范110余项，各类国家、上海市设计标准20余项，拥有授权发明专利3项、实用新型专利10项，拥有著作权的各专业软件20项，出版大量专业学术专著，有力地促进了上海及全国建筑设计行业技术水平的提高。上海院作为一家与城市同名、与国家的城市建设发展共同成长的设计院，在未来的岁月里将一如既往地以上海为原点，为全国乃至世界创作优秀的建筑作品。

　　创作中心 Free Studio 长期以来对各类城市公建进行原创、策划及研究，2015 年开始关注乡村，关注建筑边界与城市、人之间的关系，无论城市还是乡村，建筑不仅在物质层面，而且在人文层面都需与使用者产生美好关系，激发出有情感、有活力的场所。

地址：上海市石门二路258号
电话：021-62464308
传真：021-62464208
网址：www.isaarchitecture.com
电子邮箱：isa@isaarchitecture.com

黄浦区申贝地块综合服务设施

Integrated Service Facilities for Shenbei Site in Huangpu District

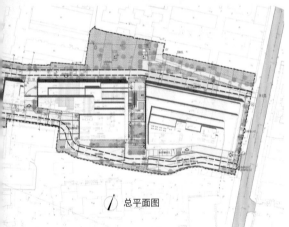

总平面图

项目业主：上海市黄浦区人民政府机关事务管理局
建设地点：上海
建筑功能：养老设施、区档案馆、社区文化活动中心、
　　　　　社区急救站
用地面积：14 874平方米
建筑面积：67 631平方米
设计时间：2018年至今
项目状态：在建
设计单位：上海建筑设计研究院有限公司 Free Studio
主创设计：沈钺
设计团队：王晔、陈静

设计概念

设计以"人文、绿色、科学"三大设计理念为指导，为黄浦区打造一个集养老院、档案馆、社区活动中心和急救中心为一体的综合文化服务中心。总体设计包括地上毗邻设置的西楼和东楼，两栋建筑在地下一层通过下沉广场相连，地下二层、三层贯通。建筑整体造型结合内部功能需求，体现以人为本的设计理念，体现城市空间对话与联系，符合城市可持续发展理念。地上建筑采用层层退台和屋顶绿化的建筑形式，营造丰富多样的

视觉效果。根据内部功能需求出发，西楼养老设施需要充足的日照，立面采用玻璃凸窗为其提供必要的采光需求。东楼结合档案馆库房相对避光功能需求和对外活动展示空间的文化属性，以"书简"为原型，提取竖向元素为母题，通过改变方向和虚实结合的手法，在立面效果上呈现韵律感及秩序变化。

中国（浙江）影视产业国际合作区

China (Zhejiang) Film and Television Industry International Cooperation Zone

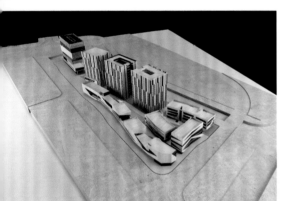

项目业主：浙江影视产业国际合作实验区西溪实业有限公司
建设地点：浙江 杭州
建筑功能：文化、办公建筑
用地面积：33 007平方米
建筑面积：12 179平方米
设计时间：2014年—2015年
项目状态：建成
设计单位：上海建筑设计研究院有限公司 Free Studio
主创设计：沈钺

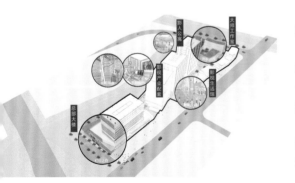

项目定位为影视产业园区、国家文化出口基地，是以影视文化为主题，集影视制作、创作、演播、发布、休闲、文创、电影人生活为一体的多功能大型街区式文化综合体。

从影视办公到影人生活之家再到影视生活馆，设计力求从社区的概念入手，创造一个能满足影视产业发展的"生活+工作"的文化集群，营造电影人生活、工作、交流、合作、商务的场所，同时也是都市人遇见电影的城市空间载体。"城市+影视创意文化"是项目作为城市注入创意文化的一次实践探索。

"光"，从放映电影打出的一束光到星光灿烂的舞台，再到影视创作中纷繁复杂的光线运用，激发了建筑立面肌理的设计灵感。将光影的虚实变化与雕塑性用设计语言表达于建筑之上，希望创造城市独特的"光"的社区。

象山——冷文化创意园

Xiangshan Cold Cultural and Creative Park

项目业主：象山县旅游集团有限公司
建设地点：浙江 象山
建筑功能：文旅、商业建筑
用地面积：9 415平方米
建筑面积：15 577平方米
设计时间：2017年—2018年
项目状态：在建
设计单位：上海建筑设计研究院有限公司
　　　　　Free Studio
主创设计：沈铖

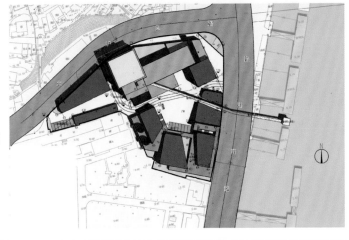

　　本项目包括既有建筑改造、扩建以及场地的总体规划与设计。基地现有保留建筑一幢（原石浦镇一冷冷冻厂旧址）、构件一组（原冷冻厂的输冰道及输冰塔）。对冷冻厂原址建筑完全保留，作为主体建筑，在场地东侧扩建5层南北向主题青旅，沿滨水道路侧以点状布置互相联系的2层商业建筑，围合出完整的内部广场。新建、扩建部分和保留部分在材质、色调、肌理上一脉相承，延续了原建筑的工业风格，不破坏建筑群的整体感。局部采用暖色、质感粗糙的耐候钢板进行点缀，与传统工业建筑的混凝土进行对比，产生新与旧、现在与过去的碰撞，营造创意而精致的园区氛围，打造符合当地渔业文化、工业文化的项目定位，提升滨海区域的城市活力。

山东省国家级田园综合体——沂南县柿子岭

Shandong National Pastoral Complex - Yinan County Persimmon Ridge

项目业主：山东朱家林乡建发展有限公司
建设地点：山东省沂南县柿子岭
建筑功能：文化、商业、民宿建筑
用地面积：99 900平方米
建筑面积：7 600平方米
设计时间：2017年—2018年
项目状态：在建
设计单位：上海建筑设计研究院有限公司 Free Studio
主创设计：沈钺
设计团队：王晔、李佳、陈佳园、高博

本项目选取了村东组团沿村路区域，在村舍原址上进行改造与建设。场地西高东低，呈线性，建筑布局以遵照原场地宅基地位置为原则，通过建筑体量以及景观化解高差较大的区域。以"柿子红了"为概念，发掘提取乡土元素，将当地文化融入建筑、建造和策划中，从建筑更新、空间活化、经济产业复兴、文旅产业发展等方面完成柿子岭的更新改造，激活原有村落，改善村民的生活品质，塑造中国北方的文旅乡村名片。设计遵循乡村的尺度、肌理，对乡土材料进行梳理、再利用，砖石、老瓦经过当地工匠的重新演绎，呈现出新的质感与纹理。将乡村产业与文化、旅游结合，对项目进行整体策划，让当地文化以实体业态输出，从空间到产业重新诠释了乡村生活，为乡村的可持续发展提供新的思路。

唐堡书院

Tangpu
Academy

项目业主：兴化市城市建设投资有限公司
建设地点：江苏 兴化
建筑功能：文化建筑
用地面积：2 777平方米
建筑面积：1 424平方米
设计时间：2017年
项目状态：建成
设计单位：上海建筑设计研究院有限公司 Free Studio
主创设计：沈钺

　　本项目坐落于陈堡镇唐庄村，地处江苏省兴化市，古称昭阳（又名楚水）。自古人才辈出，文化积淀深厚，前有元末施耐庵，后有清代"扬州八怪"之首的郑板桥。唐堡书院以传统地域文化为发展母体，通过建造一个乡村书院为当地孩童、村民以及游客开创文化活动增加了更多的可能性。场地中的自然村历经百年，沿着星罗棋布的河网水系自由发展，纵横穿插，错落有序，形成了"山水田园绕城郭，人居美景入画来"的村落景象。设计将"村落"与"水田"两种空间形态重新提炼，以多层次的穿插贯穿，创造出了既私密又丰富的院落、村巷空间。通过营造四通八达的灰空间，将传统村居中的"檐下空间"发扬光大。在这里，街巷、院落不仅是流动的交通空间，也是村民聊天、游客休憩的公共空间，展现了作为公共文化建筑的开放性，从而使建筑与人的互动收放自如。

西京湾田园餐厅

Xijing Bay Pastoral Restaurant

项目业主：苏州西部生态城发展有限公司
建设地点：江苏 苏州
建筑功能：餐厅
用地面积：1 419平方米
建筑面积：509平方米
设计时间：2016年
项目状态：建成
设计单位：上海建筑设计研究院有限公司 Free Studio
主创设计：沈钺

基地位于离苏州古城区以西30千米处，项目地块由北太湖大道进入，经过连续两次道路回转，进入零星种植着庄稼的上山村域，由闹及静，以一种戏剧性的方式呈现。项目地块为坡地，呈现出复杂的地形，又有相当的纵深空间。

内部空间的极致经营，打破层的界限，让客人上下自如，使空间流动性放大，是建筑师破解小体量建筑的策略。设计利用东西场地高差，将楼梯置于其中，破除半平台的常规逻辑，利用楼梯两端平台的不同标高自然消解楼层的存在，以餐区代替楼层，建筑空间向上延伸。

延续雪松与建筑之间的故事性，是设计师在场所精神层面的思考。设计对建筑与斜出的雪松故意制造了两次亲密关系，第一次在二层标高，挑出外廊，斜率与雪松保持一致，与树冠底部亲密接触。第二次在三层标高，旋转一处与楼梯联系的"小木屋"，与树冠直接对话。建筑与场地中的古树产生的亲密关系，使两者看起来像多年的好友，建筑与雪松近而不破的关系，仿佛它们之间的力量达到某种平衡而发生凝固。

浙江松阳榔树民宿综合体

Zhejiang Songyang Hammer Tree Residential Complex

项目业主：松阳乡伴旅游发展有限公司
建设地点：浙江 松阳
建筑功能：民宿、商业建筑
用地面积：18 116平方米
建筑面积：14 099平方米
设计时间：2017年—2019年
项目状态：在建
设计单位：上海建筑设计研究院有限公司 Free Studio
主创设计：沈铖
设计团队：王晔、李佳、陈佳园、高博

　　榔树村原为已严重空心化的自然村落，项目希望通过设计和运营的介入，以乡村文旅为模式，承载乡土人文情怀，引入新乡民，引进新业态，重现古朴的田园生活意境，实现空心村复活的探索。该项目以乡土要素为基石，充分表达村落的场所精神，始于建筑与村落空间的设计，终于当地文化的解读，从整体上提升空心村的面貌，完善空心村的功能价值，衍生各类消费需求，吸引原乡民回归和新乡民入驻，带动乡村的各类产业转型，从而完成空心村从实体空间到社会价值的复兴。

萨枫

职务： 浙江蓝城建筑设计有限公司总经理、总建筑师
职称： 高级工程师
执业资格： 国家一级注册建筑师

教育背景
1997年—2002年　天津大学建筑学学士

工作经历
萨枫先生，浙江蓝城建筑设计有限公司（baDesign）的创始人之一。于2004年9月进入浙江绿城建筑设计有限公司从事建筑设计工作。2014年追随宋卫平董事长，创立蓝城设计。在绿城集团和蓝城集团从事建筑设计的15年里，对小镇规划、别墅合院、度假精品酒店、超高层公寓等产品业态具有丰富的设计经验，并一直致力于集团产品线的创新。

主要设计作品
温州鹿城广场一期
荣获：2012年浙江省优秀工程勘察设计二等奖
　　　2013年杭州市优秀工程勘察设计一等奖
温州鹿城广场一、二期
荣获：2014年"广厦奖"一等奖
朱家尖度假村一期
荣获：2014年浙江省优秀工程勘察设计一等奖
杭州西溪诚园
荣获：2013年杭州市优秀工程勘察设计一等奖
绿城安吉桃花源未来山
蓝城北京桃李春风
绿城观云小镇
青岛涌泰水云间

浙江蓝城建筑设计有限公司

　　浙江蓝城建筑设计有限公司是一家依托绿城房地产集团有限公司和蓝城中国的专业建筑设计公司。于2014年由宋卫平董事长牵头成立，总部设于浙江杭州，是一家在杭州率先导入优秀设计师与房地产公司合作模式的股份制公司，由优秀设计师持股，引入合理的人才机制，为优秀设计师的成长提供了广阔的空间。

经营理念
　　公司以开放的态度对待建筑创作，推崇以集体参与的模式，为设计师提供极具成长的发展平台。
　　公司以妥帖的设计手法控制建筑设计，努力为建筑设计领域引入更高的行业标准，用国际化的形式和材料语言传递现代生活对雅致与格调的追求。
　　公司以虔诚的姿态跟踪建筑营造，使设计作品呈现更精致、更成熟和更多样化的特质。

创作团队和项目运作模式
　　公司在经营模式和实际操作思路中，创造了合伙人和资深设计师"集体创作"的概念，对优秀的设计人才资源进行充分整合，强调团队精神和精品意识，保持整体的设计质量标准，发挥更大的创造力。公司始终把优秀的设计人才作为公司最大的资源，主创设计人员均毕业于国内一流的建筑院系，均有在国内大型设计机构长期从业的经历。另外通过专业招聘、人才引进、优秀毕业生录用、海归招聘等多种形式，吸纳人才。
　　公司一向坚持以项目的设计品质为最高追求，希望通过努力，创造高品位、高质量的设计精品。

地址：杭州市余杭塘路803号冠苑
　　　双子座13幢3楼
电话：0571-89931655
网址：www.badesign.com
电子邮箱：mktd@badesign.com

绿城观云小镇

Greentown Guanyun Town

项目业主：绿城集团
建设地点：浙江 德清
建筑功能：商业建筑
用地面积：12 552平方米
建筑面积：8 410平方米
设计时间：2018年
项目状态：在建
设计单位：浙江蓝城建筑设计有限公司
主创设计：萨枫、朱伟

本项目位于浙江德清的莫干山脉南麓，依山傍水，交通便利。"其为山也，丘峦绵绵"的莫干山峰峦起伏，观云小镇建筑屋顶天际线与其相呼应，高低起伏，错落有致。"其相依也，轻波淡染"，山间云雾缭绕，如清波淡染，意蕴悠长。建筑二层露台嵌于建筑立面，如同山间云雾依附莫干山谷，情趣盎然。小镇的规划布局依托于学院礼制，遵循"山—水—街—舍"的格局布置。各功能区通过八进院落组织，曲折相连，空间大小、明暗、开合、高低参差对比，各具特色，而园景渗透，层次重叠，呈现出小镇特有的"观云八景"。

蓝城北京桃李春风

BlueTown Beijing Taoli Chunfeng

项目业主：蓝城集团

建设地点：河北 张家口

建筑功能：居住建筑

用地面积：85 460平方米

建筑面积：185 505平方米

设计时间：2017年

项目状态：在建

设计单位：浙江蓝城建筑设计有限公司

主创设计：萨枫、赵玥、曹梅圳

本项目位于河北省张家口市下花园区，东邻北京，西接晋蒙，毗邻国家4A级景区鸡鸣山，地理位置优越，交通便利。样板区处于桃李春风项目的中部区域，北侧为自然山体，直面鸡鸣山。基地主要为缓坡地带，是建设山地住宅的理想场所。原始地貌和独特的自然景观十分丰富，本项目充分依托极佳的自然环境优势，规划建设高标准、高品质、优雅宜居的新中式低层住区。造型上设计出更加符合北方中式韵味的合院产品，苍茫的鸡鸣山脚，依山生长出一方生机小院，强烈的形态以及色彩对比，凸显项目的独特魅力，助力桃李春风项目建设成为中式文化养老第一镇。

绿城安吉桃花源未来山（一期）

Greentown Anji Taohuayuan Future Mountain (Phase I)

项目业主：绿城集团

项目地点：浙江 安吉

建筑功能：居住建筑

用地面积：27 250平方米

建筑面积：7 875平方米

设计时间：2015年

项目状态：建成

设计单位：浙江蓝城建筑设计有限公司

主创设计：萨枫、赵玥

安吉桃花源未来山最大的优势，是巧妙借助外面的山景，实现了建筑与自然的融合。从设计理念到营造施工，都在追求"天、地、人"相融合的中国传统文化气质。这56幢从三山两谷间长出的建筑，在完整保留原有山水的基础上，突破传统别墅的建筑形态，用大面积玻璃窗代替传统门窗，最大限度地将外部自然景观引进室内。超大尺度露台与云天相亲，或独坐赏月朗星稀，或与挚友相聚享一段悠然时光。每一幢都有天井点缀其间，在收藏每一缕山风的同时，也营造了一处悠远开阔的诗意大境。而那一方下挂庭院，则是与大地共处的最佳场所。未来山在解决复杂的山形地貌所带来的营造难题之时，为了提升建筑美感，选择用更加轻盈的钢结构"悬浮"起建筑。而在选定悬挑高度时，以"山坡树尖高度为准，让别墅恰好浮于树尖上方"，完成与室外山景的共处，这才呈现出如今这56朵"山中浮云"的惊艳效果。

青岛涌泰水云间

Qingdao Yongtai Water Cloud

项目业主：青岛涌泰置业有限公司
项目地点：山东 青岛
建筑功能：居住建筑
用地面积：25 333平方米
建筑面积：8 100平方米
设计时间：2018年
项目状态：在建
设计单位：浙江蓝城建筑设计有限公司
主创设计：萨枫、赵玥、罗璇

本项目位于山东半岛东部、胶东半岛都市群中心，处于青岛市以北1小时经济圈内。基地所在的青岛涌泰文旅小镇自然资源保护完好，绝大部分为原始自然湿地。项目以质朴低调的建筑风格、简约线条刻画中式的风骨。结合北方建筑的特点，合院的外围是高大的实墙，厚实稳重，阻隔了外界的喧哗。景观面多门窗，在满足通风采光的同时，充分考虑观景、借景，增加人对于室外景观的参与性。同时结合湿地特性，做到了家家临水、户户有田、推窗即景，包揽四季不同景致。

销售中心的造型设计巧妙结合了北方的厚重大气和南方的轻盈灵动。建筑布局上，采用多重庭院层层递进的方式，分了三重庭院来设计，从落客前庭院（前奏），到禅意中庭院（主体），最后再到湿地庭院（高潮）。三个庭院具有各自的功能、属性和气质，让业主在行进过程中感受不同的庭院意境。

施旭东

职务： 柏涛建筑设计（深圳）有限公司
　　　　副总建筑师、助理董事

教育背景
1998年—1999年　澳大利亚新南威尔士大学建筑学硕士

工作经历
1992年—1998年　华侨大学建筑设计院第二设计室主任
1999年—2002年　澳大利亚Architectus中国区项目设
　　　　　　　　计主创建筑师
2002年—2008年　澳大利亚COX集团高级建筑师、中
　　　　　　　　国区项目负责人
2008年至今　　　柏涛建筑设计（深圳）有限公司副
　　　　　　　　总建筑师、助理董事

主要设计作品
扬州南部新城体育园
荣获：2019年中国威海国际建筑设计大奖优秀奖
　　　2019年广东省注册建筑师协会第九届建筑设计奖
　　　公共建筑奖二等奖
　　　2018年第九届国际空间设计大奖——艾特奖深
　　　圳赛区公共建筑设计金奖
南宁李宁体育园
荣获：2013年中国勘察设计协会公建一等奖
　　　2013年广西优秀工程设计一等奖
　　　2014年美居奖"中国最美文化建筑"

青岛奥林匹克帆船中心
荣获：2006年规划及方案单体国际竞赛一等奖
　　　2008年中国建筑学会第五届建筑创作佳作奖
福建海峡银行
荣获：2017年全国优秀工程勘察设计奖建筑环境与能
　　　源应用类三等奖
　　　2017年全国优秀工程勘察设计奖公建类三等奖
　　　2011年规划及方案单体国际竞赛一等奖
中铁三亚子悦薹
荣获：2014年美居奖"中国最佳综合体"二等奖
悉尼Macquarie大学体育及水上中心总体规划及改建设计
澳洲Macquarie大学40年控规及新地铁站区设计
悉尼大学Abercrombie区总体规划
北京李宁运营中心
阿联酋大学Al-Ain分校区
扬州李宁体育园
深圳康利总部综合体

PTAD 柏涛建筑
PT ARCHITECTURE DESIGN
PT DESIGN 柏涛

柏涛建筑设计（深圳）有限公司（简称：柏涛建筑）是一家注重创意、独具匠心的建筑方案设计公司，是在华外资建筑设计品牌——柏涛设计（PT DESIGN）中国机构创始成员及组建成员，是全球知名设计品牌澳大利亚柏涛（墨尔本）建筑设计有限公司的中国合作机构。

柏涛建筑与深圳市柏涛蓝森国际建筑设计有限公司（拥有中国建筑工程甲级资质）、柏涛国际工程设计顾问有限公司、深圳市柏涛环境艺术设计有限公司等共同组成柏涛设计中国机构的深圳区域团队，为中国建筑市场提供综合性的全产业链设计服务。

自1998年成立以来，柏涛建筑发展迅速，项目类型涉及区域规划、城市设计、大型城市综合体、办公建筑、城市及休闲度假酒店等，对体育建筑、主题特色小镇、住宅建筑设计有独到的见解和前瞻性的设计理念，并有专业的团队持续深入地进行相关研究。

柏涛建筑目前的业务范围覆盖了中国境内27个省、自治区、直辖市，设计建筑面积累计超过18 000万平方米，成功设计完成了许多令人瞩目的优秀工程项目，并多次获得国际或中国权威机构的荣誉奖项。主要作品有：中信佛山山语湖、华润三亚石梅湾、华润惠州小径湾、三亚雅居乐清水湾、滕王阁海峡国际社区；深圳中洲中央公园、成都中铁鹭岛艺术城、三亚中铁子悦台；深圳康利城、广州金茂湾办公综合体、福州海峡银行办公楼；中信庐山西海度假酒店、江苏无锡宜兴云湖酒店；南宁李宁体育园、扬州李宁体育园、柳州李宁体育园；安徽置地黎阳IN巷、广西陆川客家温泉小镇、芜湖古城、合肥滨湖徽街雨巷；深圳招商蛇口双玺、深圳华润银湖蓝山、南京正荣润峰、深圳万科第五园、深圳香蜜湖水榭花都、深圳中海香蜜湖一号、深圳中信红树湾、珠海中信红树湾、深圳绿景1866公馆、深圳卓越蔚蓝海岸、深圳波托菲诺纯水岸等等。

柏涛建筑尊重人才，一直致力于打造创意型人才平台，在这里聚集了众多高素质的中外建筑师，在项目设计中始终秉承国际化的先进设计理念与本地化的严谨规范性和实施性相结合的原则，将为中国建筑行业和房地产市场持续奉献有影响力的优秀作品。

创新为先、服务为本是柏涛建筑的设计宗旨；独特的设计思维、丰富的技术经验和卓越的市场判断是柏涛建筑的信誉所在。历经多年的沉淀，柏涛建筑树立起了深入人心的市场口碑和品牌形象，成为中国建筑方案设计领域的领军企业。

地址：深圳市南山区华侨城中旅广
　　　场华·生活馆201A
电话：0755-26928866
网址：www.ptadesign.cn

福建海峡银行

Fujian Haixia Bank

项目业主：福建海峡银行股份有限公司

建设地点：福建 福州

建筑功能：办公建筑

用地面积：8 487平方米

建筑面积：65 974平方米

设计时间：2011年

项目状态：建成

设计单位：柏涛建筑设计（深圳）有限公司

主创设计：施旭东、王烨冰

设计团队：孟亮、幸力、黎万灶、吴菲娜

福建海峡银行是福州北江滨金融区内的一座标志性建筑，同时对台江北岸的沿江城市景观产生积极的影响。作为银行办公建筑，设计遵循大气稳重的基本原则，实现银行建筑对公众形象展示的要求。

福建海峡银行是以原福州商业银行为主体，兼并其他多家金融机构后建立的一家综合性银行，立足于福建这个有着两岸渊源的地区，展现出积极进取、海纳百川、灵活通融的精神。该建筑设计的总体构思折射出这种历史和现状，将多重因素整合概括为两种积极向上的态势，象征海峡两岸以及银行自身和投资公众、投资需求和收益回报互相对应的关系，两种元素的融合交汇成为设计贯穿始终的基本理念。

南宁李宁体育园

Nanning Lining Sports Park

项目业主：李宁基金会
建设地点：广西 南宁
建筑功能：体育建筑
用地面积：351 742平方米
建筑面积：31 688平方米
设计时间：2009年
项目状态：建成
设计单位：柏涛建筑设计（深圳）有限公司
主创团队：施旭东、赵晓东、滕怡、艾巍

本项目是李宁先生在家乡投资的第一个体育主题公园工程，为了体现对家乡落叶归根的眷念和回报故土的情结，规划设计的立意以根和叶的生长及脉络关系引导整个园区的布局结构。这种生长关系不仅有积极意义的隐喻，也为本案在运营中根据变化拓展功能提供了良好的架构。

基地为丘陵山地，按照尊重自然、依山就势、化整为零的设计原则，规划分为标准单元的"综合馆及游泳馆"两部分，这种布局为使用和管理的独立性带来较大的便利。

从运营的结果来看，项目得到了各方面广泛的好评，不仅成为许多政府机构的考察对象，更成为南宁市民喜爱的一处场所、一道景观。

扬州李宁体育园

Yangzhou Lining Sports Park

项目业主：北京非凡领越房地产咨询有限公司

建设地点：江苏 扬州

建筑功能：体育建筑

用地面积：176 666平方米

建筑面积：59 605平方米

设计时间：2013年

项目状态：建成

设计单位：柏涛建筑设计（深圳）有限公司

主创设计：施旭东

设计团队：黎万灶、吴菲娜、李慧、叶沛军、张蔚东、于海、倪涛涛、
林育鹏、李金磊、张秀、吴永英、陈雅菲、王业银、吴炳阳

扬州李宁体育园立足于把现代城市功能与传统历史文化相结合，创造出能够反映当前群众生活方式、可持续发展的现代体育设施。项目位于广陵新城体育公园内，采用地景建筑的设计手法，把建筑体量化整为零。建筑作为公园的有机组成部分，以人工的"建筑山"结合用地的"自然水"，反映扬州传统园林的山水造园精神，为城市提供一个有体育文化特色的活力中心。

总体布局采用场域式的半分散布局，划分为综合区、游泳区和体育配套区三大区域。这样的布局在兼顾管理方便的同时，也把室外园林景观有效地引入室内活动区域，彰显江南传统园林内外交融的自然体验。

扬州南部新城体育园

Yangzhou Southern New City Sports Park

项目业主：扬州市临港体育发展有限公司　　　建设地点：江苏 扬州

建筑功能：体育建筑　　　　　　　　　　　　用地面积：42 809平方米

建筑面积：33 270平方米

设计时间：2016年

项目状态：建成

设计单位：柏涛建筑设计（深圳）有限公司

主创设计：施旭东

设计团队：展泅涛、孙维、林大平、阙晓锋、徐功祥、林菁

本项目作为扬州南部新城开发区的启动点，在设计宗旨上着力于让体育建设项目回归体育运动的本源，在为普通群众创造活动和交流的场所的同时成为引领城区发展的催化剂。在设计策略上通过一系列的手法以实现人与人的交流、建筑与景观的互动、历史文化与新城形象的结合，设计出适合未来生活方式的群众体育建筑类型。

群众体育建筑在中国是一种相对新的建筑类型，对于体育功能的定义、理解和空间配置方式提出了新的要求。设计师提出了泛体育功能的概念，特点是自由空间、交流空间和复合空间：主要活动功能围绕共享中庭布置，最大限度地鼓励不同功能在视觉上和行为上的交流和互动，充分体现群众体育活动的行为特征。

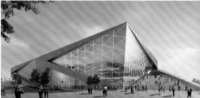

青岛奥林匹克帆船中心

Qingdao Olympic Sailing Center

项目业主：青岛东奥开发建设集团

建设地点：山东 青岛

建筑功能：文体建筑

建筑面积：121 729平方米（一期）、9 359平方米（二期）

设计时间：2006年

项目状态：建成

设计单位：澳大利亚COX建筑事务所 （一期）

柏涛建筑设计（深圳）有限公司 （二期）

主创设计：施旭东

青岛奥林匹克帆船中心建筑为2008北京奥运会的主要比赛场地之一。项目包括一期青岛浮山湾片区规划和5组单体建筑：行政与比赛中心、奥运村、运动员中心、后勤保障及供应中心、媒体中心。二期主要为青岛奥帆博物馆。

规划设计理念呼应"绿色奥运、科技奥运、人文奥运"的主题，以国际化的视野、先进的技术体现地域滨水文化和可持续化的设计。

2009年为了纪念奥运会帆船比赛的成功举办，基地内增设了奥帆博物馆，主要功能为奥运博物馆（及城市规划展览馆）。博物馆用于保护与收藏、展示、观赏奥运资料及实物，同时可进行国际文化交流。本方案最大限度地尊重周边"山、海、城"的宝贵景观资源，使奥运博物馆与"山、海、城"浑然融为一体，入口处律动的金属构件的构思来源于在风浪中舞动的船帆，表达着奥帆中心鲜明的帆船文化。

史文正

职务： 山西省城乡规划设计研究院城乡发展研究中心
主任

职称： 高级工程师

教育背景

1999年—2005年　西安建筑科技大学城市规划学士

2006年—2008年　英国谢菲尔德大学景观管理学硕士

2009年—2014年　英国谢菲尔德大学景观学博士

工作经历

2005年—2006年　山西省城乡规划设计研究院助理工程师

2014年—2017年　山西省城乡规划设计研究院副总工程师

2015年至今　中国城市规划学会城乡规划实施学术委员会副秘书长

2017年至今　山西城乡规划设计研究院城乡发展研究中心主任

主要设计作品

中国低碳宜居城市形态研究技术援助项目（山西部分）

"一带一路"沿线国家城乡规划领域应用情况调研课题——克罗地亚、塞尔维亚、黑山和波黑四国的调研工作

平遥历史文化名城保护规划实施评估

山西省养老设施建设标准

山西省城市绿地建设管理规程

晋中市太谷县范村镇上安村村庄试点规划项目

田森番茄特色小镇规划

百草坡森林植物园雨水收集系统建设设计项目

忻州市宁武县村庄特色风貌整治规划与实施治理项目

 # 山西省城乡规划设计研究院

山西省城乡规划设计研究院（以下简称"山西省规划院"）是隶属于省住房和城乡建设厅的公益二类事业单位，成立于1981年，具有国家城市规划编制甲级、建筑工程设计甲级、风景园林工程设计专项甲级、市政公用行业（给水、排水、道路、桥梁工程）专业甲级和工程咨询甲级等多项资质。全院共6个职能部门、25个生产所室，并设4家下属企业。

山西省规划院建院近40年，业务范围包括：开展空间规划编制、研究和实施评估工作；开展建筑工程设计、市政工程设计、风景园林规划设计以及相关专业的技术咨询和研究开发工作；承担全省城镇化发展和重点城乡规划实施的动态监测及年度发展报告的编制工作；承担全省城乡规划、风景园林规划编制成果的技术审查和备案工作；协助编制全省城镇化发展战略和制定城乡规划技术标准；管理全省城乡规划信息系统；协助政府完成相关公益性和培训类任务。

山西省规划院凭借近40年的文化积淀、几代人的创新精神，孕育了丰硕的设计成果。先后承揽了山西、海南、新疆、内蒙等多个省区的城乡规划编制和设计研究项目，完成各类规划、工程设计任务5 000余项，获国家、省、地级优秀规划、设计奖项400余个。获国家人力资源和社会保障部与住房和城乡建设部颁发的"全国建设系统先进集体"、国家住房和城乡建设部、中规协、省委省政府及省住房和城乡建设厅授予的"抗震救灾先进单位"称号。在集体荣誉取得丰收的同时，规划院也涌现出了一批先进事迹和个人，先后共计60余人获"中国青年科技奖""山西青年五四奖章""山西省科技奉献奖""山西省直劳动模范""山西省五一劳动奖章""山西省十大科技贡献杰出人物"等各类省级以上奖项。

山西省规划院始终把"人才战略"作为第一战略。目前，员工总数近500人，技术力量雄厚。各类专业技术人员370人，占全院职工总数的89%，青年技术人员占总人数的71%；其中，具有高级职称的119人（其中教授级高级职称37人）、中级职称的167人、国家注册城市规划师66人、其他各类国家注册师51人。

近年来该院承揽并组织编制完成了《山西转型综改示范区潇河产业园区太原起步区控制性详细规划》《山西转型综改示范区潇河产业园区太原起步区16个专项规划》《山西转型综改示范区潇河产业园区太原起步区供水工程设计》《山西转型综改示范区潇河产业园区太原起步区紫林路道路、市政工程可研及施工图设计》《山西转型综改示范区潇河产业园区晋中起步区总体规划》《山西转型综改示范区潇河产业园区晋中起步区控制性详细规划》《山西转型综改示范区潇河产业园区太原起步区紫林路道路工程以及综合管廊可研报告》《山西转型综改示范区政府投资项目可研报告评估服务》等一系列相关规划设计项目。为落实精准扶贫、改善农村人居环境、乡村振兴战略，该院编制完成了《山西省农村人居环境整治三年行动方案》等一系列纲领性文件，通过在各地宣讲，迅速扩大了在该领域的影响力。同时深入乡村实践，规划一所不仅组织编制了《临县城庄易地扶贫搬迁集中安置工程》，还持续跟踪服务，从细节体现用心，对施工质量严格把关，打造了山西省具有示范意义的扶贫安置点。2019年根据国务院《关于建立国土空间规划体系并监督实施的若干意见》和省部级工作要求，该院在省域国土间规划编制中占据了核心和主导地位。

在新的发展时期，山西省规划院将用精心设计、优质服务筑诚信之厦，创精品工程，建一流企业。

地址：山西省太原市新建南路11号

电话：0351-5680172

传真：0351-5680118

网址：www.sxcxgh.cn

电子邮箱：sxcxgh@126.com

百草坡森林植物园雨水收集系统建设设计项目

Construction and Design of Rainwater Collection System in Baicaopo Forest Botanical Garden

项目业主：晋中市园林局
建设地点：山西 晋中
建筑功能：雨水生态基础设施
用地面积：3 481 574 平方米
设计时间：2016年
项目状态：建成
设计单位：山西省城乡规划设计研究院
项目负责人：史文正

LID 设计总体规划图

图例
雨水花园
旱溪
景观水塘
截水植草沟
排水植草沟
已实施排水干渠
设计排水干渠
生态护坡
湿地坝
景观水系
抽水管线

　　百草坡植物园雨水收集系统建设设计项目通过构建雨水生态基础设施，将其打造成晋中市海绵城市的试点。结合晋中地区的地域特征及场地的特殊条件，将海绵城市地域化、场地化，提出基于地域化海绵城市新理念——"LID雨洪管理+黄土台塬地区针对性雨水管理措施"，解决核心问题：场地安全与雨洪控制。依托自然的雨水收集和循环利用，可减少水环境污染，避免淤积，改善植物园生态环境，使场地景观效果得到提升。同时，LID设计景观化，将原本不能直接观察到的水文过程、生态过程，以可视化、景观化的方式呈现，不仅提升了场地景观效果，还为公众提供了直观的科普教育，提供多种与自然生态亲近的可能。

田森番茄特色小镇规划

Tiansen Tomato Characteristic Town Planning

项目业主：山西田森集团

建设地点：山西 晋中

建筑功能：特色小镇

建设区面积：6.7平方千米

其中：近期建设面积约3.5平方千米

设计时间：2018年

项目状态：在建

设计单位：山西省城乡规划设计研究院

项目负责人：史文正

田森番茄特色小镇位于山西省晋中市太谷县东北部的范村镇。区域战略布局：以小镇近期、远期建设范围为核心，联合周边农户资源合作发展番茄种植业，并逐步将其打造为太谷县现代农业示范区的主导产业基地，从而带动整个设施农业示范区的发展。小镇以本土番茄产业为核心，打造集农业生产、农业观光、休闲养生、休闲旅游、文化体验为一体的特色小镇，以休闲农业为主导与东部上安历史文化名村形成产业联动，满足小镇自身发展的同时，为历史文化保护提供保障。

番茄产业合作区范围约7.5平方千米，该区域以小镇现代化番茄种植产业为核心，采用"公司+合作社+农户"的生产模式，联合周边约10 000个大棚的农户资源，形成小镇番茄产业园区。番茄产业带动区即整个设施农业示范区范围，约104平方千米。小镇以现代化设施农业为产业核心，逐步打造以番茄为主导的现代化设施农业示范基地，并带动整个区域的发展进步。

忻州市宁武县村庄特色风貌整治规划与实施治理项目

Planning and Implementing Governance Projects of Village Characteristic Landscape Renovation in Ningwu County, Xinzhou City

项目业主：涔山乡、西马坊乡人民政府　　建设地点：山西 忻州

项目类型：村庄特色风貌整治　　　　　　项目面积：480 000平方米

设计时间：2017年　　　　　　　　　　　项目状态：建成

设计单位：山西省城乡规划设计研究院　　项目负责人：史文正

　　本项目位于山西省忻州市宁武县，处于管涔山及汾河河谷自然生态区内。区域内传统建筑在丘陵地貌区多为窑洞或土坯建筑；在山区多为传统砖木坡顶房，屋面平直无曲度。其西南部地区有少数"下窑上房"建筑形式，类似晋西吕梁建筑风格；建筑色彩以青灰色、土黄色为主。此次规划针对当前农村风貌方面存在的各类突出问题，坚持"传承文脉、整田理景、清乱治脏、植树种花、饰屋修墙"的总体策略指引，通过传承乡村历史文化脉络、保护农村自然生态环境、保持村庄田园风光、改善人居环境质量、凸显建筑风貌特色等来提高美丽乡村建设品位，激发村庄活力，全面提升乡村精神文明建设水平，全面改善农村的宜居度和群众的满意度。

晋中市太谷县范村镇上安村村庄试点规划项目

Pilot Planning Project of Shang'an Village in Fancun Town, Taigu County, Jinzhong City

项目业主：上安村村民委员会

建设地点：山西 晋中

项目类型：村庄规划编制试点

村域面积：5.08平方千米

设计时间：2015年

项目状态：建成

设计单位：山西省城乡规划设计研究院

项目负责人：史文正

上安村隶属晋中市太谷县范村镇，村庄坐落在黄土高原典型的黄土塬上，南临金水河，北靠官地山。建村时间可追溯至明景泰年间。项目规划探索具有传统村落特征的村庄规划技术路径。利用村庄农业本地——大力发展传统种植——积极探索温室大棚产业；保护村庄历史资源——优化历史文化资源——发展文化旅游产业；利用周边自然资源——调整农业种植结构——发展乡村休闲农业；对村庄文化资源投入保护，增加保护动力——推进旅游展示利用——提升村民收入，改善村庄面貌；构建一条"保护——发展——保护"，历史与自然相结合的良性循环发展路径。设立目标，实施分区保护，实现有效的保护路径；通过入户调研，多次与村民沟通，引导村民全程参与，充分表达他们的意愿和规划设想。

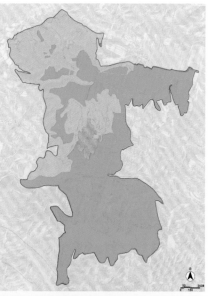

平遥历史文化名城保护规划实施评估

Evaluation on the Implementation of the Protection Plan of Pingyao Historical and Cultural City

项目业主：山西省住房和城乡建设厅

建设地点：山西 晋中

项目类型：历史文化名城保护评估

项目面积：480 000平方米

设计时间：2017年

项目状态：完成

设计单位：山西省城乡规划设计研究院

项目负责人：史文正

平遥古城是一座有2 700多年悠久历史的文化古城，1986年被国务院命名为国家历史文化名城。1997年12月3日，平遥古城连同周边的双林寺、镇国寺被联合国教科文组织确定为世界文化遗产。

此次评估工作主要着眼于平遥自从成为国家历史文化名城、世界文化遗产以来的保护工作与实际发展过程中的实施与管理问题。尤其是"十二五"期间历史文化名城范围内的建设与管理情况，其中包括了政策变化、机制机构变化、资金使用、管理等方面内容。通过评估发现平遥县在传统建筑修缮方面经验丰富，在古城保护与建设管理方面还是存在不足。评估建议，要明确古城管委会职能，强化部门联合执法；加强违建管理处罚，强化民居修缮引导；快速推进历史风貌建筑挂牌，提高社会监督作用。

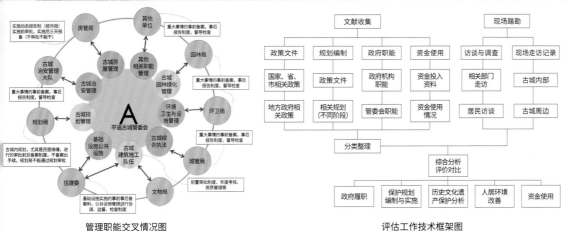

管理职能交叉情况图　　　　　　　　　评估工作技术框架图

历史遗存保护情况图

苏鹏

职务：灰空间建筑事务所合伙人、主持建筑师

教育背景
2003年—2008年　山东大学建筑学学士
2008年—2011年　同济大学建筑学硕士

工作经历
2011年—2013年　华东建筑设计研究总院
2013年—2016年　上海地粹建筑设计咨询有限公司
2016年至今　　　灰空间建筑事务所

个人荣誉
上海青浦新城西区概念性城市设计
荣获：2009年国际竞赛二等奖（B地块第一名）
　　　2018年胡润光谷80后最受青睐的华人设计师

琚安琪

职务：灰空间建筑事务所合伙人、设计总监

教育背景
2008年—2013年　天津城建大学建筑学学士
2014年—2017年　同济大学建筑学硕士
2015年—2016年　包豪斯大学城市规划硕士

工作经历
2017年至今　灰空间建筑事务所

个人荣誉
沂蒙山舍
荣获：2017年途家漂亮的民宿年度民宿评选大赛城市十佳民宿

刘漠烟

职务：灰空间建筑事务所合伙人、主持建筑师
执业资格：国家一级注册建筑师

教育背景
2003年—2008年　同济大学建筑学学士
2008年—2011年　同济大学建筑学硕士
　　　　　　　　柏林工业大学城市设计硕士

工作经历
2011年—2017年　华东建筑设计研究总院
2017年—2018年　水石设计
2018年至今　　　灰空间建筑事务所

个人荣誉
上海大学延长路校区改扩建工程——电影学院、美术学院及摄影棚
荣获：2017年上海市建筑学会创作奖
　　　沙泾港沿河咖啡厅项目入选在2018年上海城市微更新实践展

GREYSPACE 灰空间建筑事务所
GREYSPACE ARCHITECTURE DESIGN STUDIO

灰空间建筑事务所于2016年创立于上海，是一个具有国际化背景的本土建筑师团队。灰空间认为在实践中建筑应该以一种积极的姿态介入场地，结合功能需求、地形条件、当地文化、地域性材料和实施工艺等，实现真实至简的在地性建筑，丰富人们的建筑与场所体验。

近年公司主要设计作品

沂蒙山舍	沂蒙水舍	安徽宁国东一站度假酒店
山东威海海草房精品度假酒店	莆栖吴宅	山东蒙山沂蒙·山香居
崇明自宅	上海 Concrete Bar 餐厅改造	上海久山家具体验中心
安吉云图山居	山东临沂大殿汪水洹田园综合体	江苏溧阳芥宿竹马岭民宿
河南洛阳栾川慢居·十三月	山东朱家林田园综合体度假民宿	山东蒙山房车营地度假酒店
海南文昌清华附中	海南海口冯唐绿园古村落改造	山农大校外实践基地科研楼

地址：上海市杨浦区四平路1388号同济联合广场c楼707室　　电话：021-55272756　　网址：www.igrey.cn　　电子邮箱：info@igrey.cn

沂蒙山舍

Yimeng Mountain House

项目业主：临沂市蒙山旅游区山舍民宿开发有限公司
建设地点：山东 临沂
建筑功能：民宿建筑
用地面积：1 434平方米
建筑面积：673平方米
设计时间：2016年
项目状态：建成
设计单位：灰空间建筑事务所
设计团队：琚安琪、苏鹏、应世蛟
建筑摄影：朱恩龙

　　本项目位于临沂市蒙山旅游度假区李家石屋村，自然村落沿金线河南北向发展，所选五个院落位于村落的中间位置。

　　总体布局重新梳理了五个院落的关系，依照地势增加了一处接待中心，其余基本保持原布局结构，即共5个院子、14间房。主体采用了当地传统的建筑形式，在原位置拆除重建，保持了原有的村落布局关系。建筑材料以当地的石材为主，外立面采用了当地民居常用的条石，内墙则采用了卵石，屋顶为传统民居的人字顶，土建完工后卵石和屋顶等部分即为室内的效果，既环保又降低了造价。

沂蒙水舍

Yimeng Water House

项目业主：临沂市蒙山旅游区山舍民宿开发有限公司

建设地点：山东 临沂

建筑功能：民宿建筑

用地面积：2 911平方米

建筑面积：826平方米

设计时间：2017年

项目状态：建成

设计单位：灰空间建筑事务所

设计团队：苏鹏、应世蛟、武星、张凯

建筑摄影：朱恩龙

获奖情况：2018年天元杯首届中国（国际）乡村民宿
　　　　　设计大赛铜奖

　　沂蒙水舍紧邻沂蒙山舍，是沂蒙山舍民宿的延续，水舍增加了地库、餐厅、会议室、泳池等民宿公共配套和12个客房。

　　水舍用地与山舍相比较为紧张，因此主体采用了较为集中的布局方式。借助地势高差，靠近金线河一侧设计为一层的客房，客房下面为餐厅和地库；里侧设计为两层的LOFT客房，保证了12个房间都有比较好的景观视野。沿路外立面采用了和山舍相同的条石，外观和周边民居保持统一。内院则采用了较为轻松的白色墙面，用竹子进行点缀，同时将山泉水引入内院，将内院打造成既灵动又现代的水院，形成了和山舍完全不同的居住体验。

安吉云图山居

Angie Yuntu Mountain Residence

项目业主：浙江安吉云图酒店管理有限公司
建设地点：浙江 安吉
建筑功能：民宿建筑
用地面积：6 400平方米
建筑面积：810平方米
设计时间：2017年
项目状态：建成
设计单位：灰空间建筑事务所
设计团队：苏鹏、应世蛟、张凯、杨潇晗、吴文琪
建筑摄影：余未旻

　　本项目位于安吉县章村镇木坑坞，场地四周环绕竹林，东、西、北三面为近山，南面视野较为开阔，可以看到远山。项目可建设范围很小，只能在原有建筑地基（面宽20米，进深8米）上重建，限高9.8米。项目根据用地尺寸及客房要求布置为4×8的柱网，二层LOFT房间有5间客房，三层客房变跨后改为4间客房，前后以钢结构加建的形式增加阳台及北面走道。

　　建筑首层作为接待大厅及餐厅，南边为全开的推拉门，将近处的泳池、草坪及远山、竹海引入建筑之中；二层设计为LOFT客房，下层为活动区，上层为住宿区，提高舒适度；三层在柱跨上做了改变，原4米开间调整为5米开间，使顶层房间面积增大的同时拥有更广的景观视野。

崇明自宅

Chongming Private Residence

项目业主：私人
建设地点：上海
建筑功能：居住建筑
用地面积：385平方米
建筑面积：240平方米
设计时间：2015年
项目状态：建成
设计单位：灰空间建筑事务所
主创设计：刘漠烟、王岱琳
建筑摄影：史佳鑫

　　本项目是位于长江口的冲积岛——崇明的一幢民宅。业主是灰空间合伙人的父母，如何打破业主原有的生活习惯，使其融入乡村的生活方式成为建筑师需要思考的第一个问题。另一方面，基地没有提供太多的限制和要求：西侧有小河道，但不太宽阔；东侧有道路，亦不算嘈杂；南侧距离前一幢民宅大约15米；北侧则是正处于土地流转中的大片农田。未来周边区域可能会有新的房子建造，所以周边的环境充满了不确定性。

　　院子和房子是场地内的两大要素，通过房子形成不同层次的院落，穿越长廊的过程也是体验和探索建筑的内向世界与自然景观的外向世界的过程。设计将建筑功能流线拆散并重建——原本拥挤在一起的餐厨、卧室、起居室现需要通过格栅的木头走廊才能相通，大大丰富了居住体验的趣味性。为呼应外部环境的不确定性，整个空间是大片留白的，以期形成一种日常生活中的独特体验。

莆栖吴宅
Puqi Wujia yard

项目业主：私人
建设地点：福建 莆田
建筑功能：居住建筑
用地面积：230平方米
建筑面积：817平方米
设计时间：2017年
项目状态：建成
设计单位：灰空间建筑事务所
设计团队：苏鹏、应世蛟、琚安琪、
　　　　　张凯、王艺燃
建筑摄影：王宁

　　本项目位于福建莆田栖梧村，当地传统民居材料主要是采用红砖红瓦，屋顶造型大多作双坡面悬山顶、燕尾脊，这是当地民居建筑标志性特点。

　　建筑基地周边为当地的传统民居，当代建筑如何融入传统的村落肌理，并处理好和周边传统民居的关系是该项目的关键问题。设计秉承兼容并蓄的设计理念，在现代简洁的建筑中点缀传统的红砖红瓦元素，和周边民居形成了一定的呼应。建筑功能为兄弟两家人的私宅，一层为共用的客厅以及各自的餐厅、厨房，二层三层东西各半为兄弟两家人的卧室以及家庭室，四层为公共的茶室和空中庭院，传承了传统民居的院落式空间布局以及生活方式。

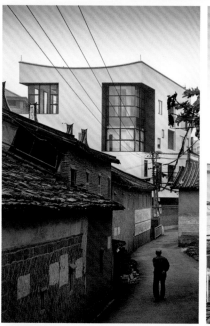

孙震

职务： 上海水石建筑规划设计股份有限公司设计四部
总经理、合伙人、城市再生中心设计总监
职称： 高级工程师

教育背景
2007年—2015年 同济大学建筑学博士

工作经历
2009年至今 上海水石建筑规划设计股份有限公司

个人荣誉
2010年中国裳岛项目策划咨询报告荣获上海优秀工程
咨询成果三等奖
2015年一种整体式太阳能阳台围栏荣获国家专利

主要设计作品
西安首创禧悦里
荣获：2019年"金盘奖"年度最佳预售楼盘
武汉地铁时代 云上城
荣获：2019年"金盘奖"年度最佳商业楼盘
西安中南樾府
荣获：2017年—2018年 地产设计大奖优秀奖
2018年"金盘奖"年度最佳预售楼盘
浙江保利慈溪
荣获：2018浙江区最佳服务奖
北京首创天阅西山
荣获：2017年"金盘奖"年度最佳预售楼盘
中建·状元府
荣获：2015年最佳设计服务大奖

学术研究成果
城市近代居住文化研究领域发表论文：
《汉口里分研究之一：汉润里》
《近代本土建筑师庄俊在汉设计作品研究——汉口里分
之金城里与大陆坊》
（国家社科基金项目——中国近代城市规划史，编号：
00BZS027）
《中国近代里式住宅居住形体研究——以上海、天津、
汉口为中心》

商业开发项目中产品价值与空间关系的研究领域发表论文：
《"形式追随价值"：浅谈商业建筑空间模型的建构》
《城市中的集体办公场所——武汉土地与规划中心办公
楼设计》
《消费时代的娱乐综合体——武汉华尔登酒店设计方案
评析》

孙震先生2009年加入水石设计至今，组建筑设计四所
（现设计四部），现任该部门总经理。其设计及研究工
作领域主要包括城市近代居住义化、城市再生及城市
开发项目中的产品价值。通过多年的工作积累，带领
团队主要涉及的项目类型有城市综合社区规划及建筑
设计、小镇规划和城市更新，主要服务对象有中海（中
建）、金地、保利、中南、首创、华夏等品牌地产商以
及部分城投、地铁等国企开发单位。熟悉的（城市）
区域有武汉、西安、环京地区、青岛等。同时，参与
了首创天悦系、中南樾府系、华夏多代居、中建之星
系列城市综合开发、保利城市型文化小镇及奥园全产
品线等研发工作。

WWW.SHUISHI.COM

地址：上海市徐汇区古宜路188号
电话：021-54679918
传真：021-54675558
网址：www.shuishi.com
电子邮箱：media@shuishi.com

"水石设计"成立于1999年，致力于打造专业化和综合性的设计平台。该平台包括上海水石建筑规划设计股
份有限公司、上海水石景观环境设计有限公司、上海水石城市规划设计有限公司、上海水石工程设计有限公司等
多家设计机构。总部位于上海，在重庆、深圳、苏州、安徽、云南设有分公司，并在沈阳、青岛、西安、武汉、
苏州、成都、南宁等设有办事处，员工人数达1 600人。
水石设计拥有建筑行业建筑工程甲级资质、风景园林工程设计专项甲级资质、城市规划编制乙级资质，其核

李建军

职务： 上海水石建筑规划设计股份有限公司设计四部总经理、合伙人、城市再生中心总建筑师

职称： 工程师

教育背景
2011年–2013年　米兰理工大学建筑学硕士

工作经历
2004年–2006年　台湾许常吉建筑师事务所
2006年至今　　　上海水石建筑规划设计股份有限公司

个人荣誉
2008年上海市优秀工程咨询成果二等奖个人贡献奖
2010年上海优秀工程咨询成果三等奖个人贡献
2015年实用新型专利：一种薄膜太阳能电池窗户

主要设计作品
长春水文化生态园
荣获：2019 年IFLA Asia-Pac Landscape Architecture
　　　Awards公共开放空间类别杰出奖
　　　2019 年MIPIM Awards城市更新奖入围
　　　2019年美国金块奖优秀奖
　　　2019 年ASLA专业奖•综合设计类荣誉奖
　　　2019 年WAF城市景观类入围
　　　2018年"金盘奖"年度最佳城市更新
　　　2018年地产设计大奖
　　　2018年城市街景大赛大奖
　　　2017 年REARD地产星设计大奖
武汉小龟山华中国际基金公园
荣获：2019年"金盘奖"年度最佳城市更新
南京广电越界梦幻城
荣获：2017年上海市建筑学会创作奖佳作奖
上海红坊文化创意园
荣获：2007年中国创意产业年度大奖——中国创意产
　　　业100强荣誉
　　　2007年上海优秀创意产业集聚区
　　　2008年视觉文化艺术产业基地
　　　2008年上海创意空间口碑大奖
　　　2008年中国创意产业高成长企业100强

上海城市雕塑艺术中心（红坊）（新十钢）（工业遗产再生）
武汉汉阳造文化创意园（工业遗产再生）
荣获：2010年上海优秀工程咨询成果三等奖
上海新华路城市更新（城市微更新）
荣获：2016年12月"行走·发现·参与——公众参与
　　　视角下的城市微空间修复计划"专业组入围奖
中国裳岛（工业遗产再生）
荣获：2010年上海优秀工程咨询成果三等奖
徐霞客旅游文化博览园
荣获：2011年"敔山杯"江阴市首届十佳标志性建筑
　　　称号

学术研究成果
《工业遗产建筑保护利用与复兴策略方法——以南京工艺装备制造厂为例》
《挖掘人文内涵，展示霞客精神——以徐霞客旅游博物馆建筑设计为例》

李建军先生是国内知名城市更新及主题产业园区设计专家，2006年加入水石设计，是水石设计早期初创团队的主要成员之一，同年主持设计了水石城市更新标杆作品"上海红坊"。2009年开始参与组建建筑设计四部及水石城市再生专项工作组。2016年—2018年主持完成水石设计集团第一个城市设计EPC项目，并于2019年荣获国际设计大奖，入围MIPIA城市更新类奖，成为全球四个重要城市更新之一。其主持的城市再生项目涉及五大类型：工业遗产再生、新旧结合、城市微更新、新业态改造、特色小镇再生。

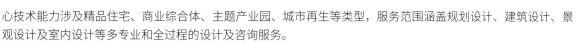

心技术能力涉及精品住宅、商业综合体、主题产业园、城市再生等类型，服务范围涵盖规划设计、建筑设计、景观设计及室内设计等多专业和全过程的设计及咨询服务。

　　水石设计倡导精细化和一体化设计，强调价值挖掘、产品创新、品质稳定度以及设计图纸与建成效果的高还原度。长期服务于众多知名开发商，包括金地、龙湖、保利、万科、绿地、中南、世茂、金茂、泰禾、中海、华润、华发等，目前建成作品覆盖全国150多个城市。

长春水文化生态园

Changchun Water Culture Ecological Park

项目业主：长春城投集团

建设地点：吉林 长春

建筑功能：EPC 设计一体化

景观改造面积：269 000平方米

建筑改造面积：42 000平方米

设计时间：2017年

项目状态：建成

设计单位：上海水石建筑规划设计股份有限公司

主创设计：李建军、孙震

本项目为EPC设计总包，设计全过程管控。现状建筑改造手法分为：保留修缮修复、落架大修、新建配套三种。从建筑到景观始终遵循着：最大程度保护绿化资源、最大程度尊重历史文化遗迹、最大程度塑造城市生态活力的设计原则。

设计的主要策略是将园区打造成中国城市更新及工业遗产保护新典范，探索与城市活动、产业结构升级充分融合的再生模式。以南岭水厂城市环境再生为载体，以生态资源活化、分享为核心方式，打造新一代城市再生与生态资源共享的典范，这是从城市再生到城市共生的设计思辨的过程。

项目共做了8个专项研究，其中包括：动植物的保护性研究、海绵城市设计的研究、建筑木装配式研究、圆形高层立体停车库研究、原有厂房除毒除害研究、老旧材料设施设备再利用研究、公共艺术研究、园区标识体系研究。

武汉地铁时代云上城

Wuhan Metro Times Yunshang City

项目业主：武汉地铁地产联合置业有限公司
建设地点：湖北 武汉
建筑功能：居住建筑
项目规模：1 090 894平方米
设计时间：2017年
项目状态：建成
设计单位：上海水石建筑规划设计股份有限公司
主创设计：孙震、李建军

TOD综合社区是一种伴随城市轨道交通的快速发展而产生的大型社区开发模式。通过在城市轨道交通综合设施（车辆段等）之上构筑人工上盖平台，来获得大量城市可开发用地，同时通过立体的方式将上盖物业与城市核心区（城市综合配套）进行无缝对接，实现与城市其他功能板块的有效融合，消除了轨道设施对城市空间的割裂。

云上城TOD社区的整体规划通过三个层级的开放空间进行组织，即"一场两线"。"一场"是"站前生活广场"，通过广场空间将社区商业及幼儿园等各类居住配套适度集中布置，并通过立体的商业动线有序地组织TOD社区所独有的"潮汐生活方式"；"两线"是指"社区生活之路"和"城市链接带"，前者是社区的人行主轴，串联了社区各个独立的居住组团及组团配套设施，后者是将社区的线性开放空间通过立体步行系统与城市开放空间进行对接。本案设计中又巧妙地利用构筑物的屋面作为社区的线性开放空间。

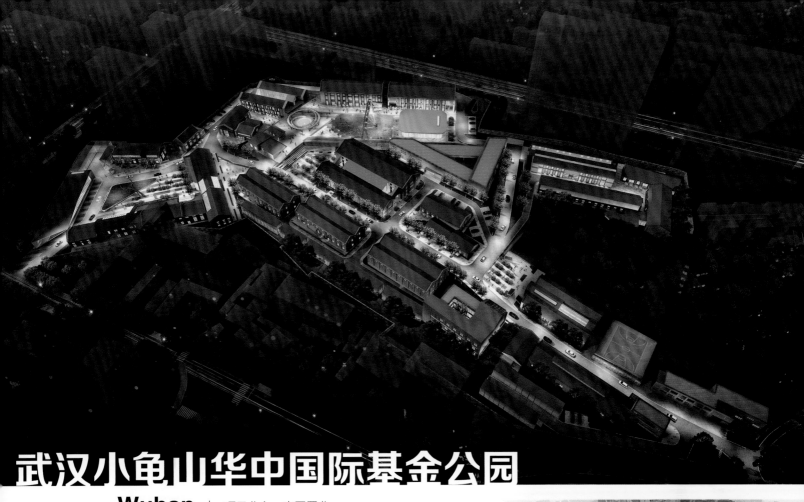

武汉小龟山华中国际基金公园

Wuhan Xiaoguishan Huazhong International Fund Park

项目业主：南国置业
建设地点：湖北 武汉
建筑功能：创意园区
项目规模：32 000平方米
设计时间：2018年
项目状态：建成
设计单位：上海水石建筑规划设计股份有限公司
主创设计：李建军、孙震

改造前鸟瞰

　　小龟山华中国际基金公园改造项目位于武汉市武昌区"城中心区"，洪山广场西侧、昙华林历史街区东侧的中心地带。

　　项目场地东、北、西三面均邻高层住宅小区，南面邻多层废旧厂房，地块西南角是唯一的出入口，仅有一个可以对外展示的界面。园区原使用性质为仓库厂房，属于20世纪70年代传统的红砖工业建筑，以多层砖混结构为主，建筑层高多以大空间为主。

　　设计总体按照"新旧对比"的方式进行，对于质量良好的建筑，设计最大限度地保持其桁架结构、高敞的空间，外墙原则上只做清洁和修补，突出原有红砖外墙肌理，体现建筑的本真性。对于质量不好的建筑，则进行原拆原建或者加层，形式上新旧各异，功能上融为一体。最终项目形成了"以中央绿地为核心组织建筑空间布局，以协调为基调塑造新旧建筑形态，以提高建筑与环境空间可塑性来增加项目价值"的总体设计思路。

上海红坊文化创意园

Shanghai Hongfang Cultural and Creative Park

项目业主：红坊
建设地点：上海
建筑功能：文化建筑
项目规模：45 000 平方米
设计时间：2006年
项目状态：建成
设计单位：上海水石建筑规划设计股份有限公司
主创设计：李建军、孙震

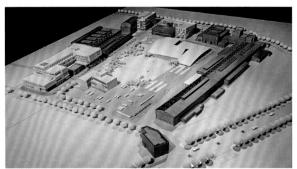

本项目毗邻上海长宁区新华路历史风貌保护区，位于淮海西路和凯旋路交叉口附近，依托原上钢十厂存量厂房，逐步衍生发展出了文化艺术展示区、创意办公区、配套服务区等区域。

改造的总体按照"新旧对比的方式进行"，通过镶嵌的方式，讲新旧建筑并置排列，促成新旧建筑产生对话。新旧建筑的功能上融为一体，其功能为文化艺术展示和办公空间。

"文化艺术，新旧对话，朴素原真"是项目总体风格的目标，从建筑单体看三号楼位于中央绿地南段，朴素的混凝土现浇形式与其他建筑红砖灰墙形成了一种协调。F区的原真历史风貌以及E、G区的新旧对比都在整体的协调、个性的氛围中扮演重要角色。

武汉中建光谷之星

Wuhan Zhongjian Guanggu Star

项目业主：中建三局投资发展有限公司
建设地点：湖北 武汉
建筑功能：居住建筑
项目规模：260 500平方米
设计时间：2017年
项目状态：建成
设计单位：上海水石建筑规划设计股份有限公司
主创设计：孙震、李建军

本项目位于国家级自主创新示范区的武汉市东湖高新区，临九峰一路与光谷六路交叉口，北面有驿山高尔夫及九峰国家森林公园，西南角紧接光谷新政务中心，东南接生物产业基地，东连未来科技城。

项目的建筑风格为折中主义的古典中式，其重点在形式上古典比例的推敲和中式元素细节的打磨。洋房采用退台处理，形成体量上的收分关系

和丰富的形体组合，恰如其分地展示了石材立面厚重的价值感。在高层建筑的立面构成设计中，严守古典的三段式构成手法，并且反复推敲比例关系。沿街精品商业的柱式成为项目特有的标识，而建筑的头部设计采用传统中式建筑的重檐意向。石材幕墙的细节设计上将传统建筑木作构建的挑檐斗拱抽象成线条纹理，且适当增加细节密度。

谭东

职务： 上海云汉建筑设计事务所有限公司总建筑师

教育背景
同济大学建筑学硕士
德国斯图加特大学建筑学博士

工作经历
1993年—1998年　同济大学建筑与城市规划学院建筑系
1998年—2000年　同济大学建筑与城市规划学院建筑技术教研室
2001年—2006年　德国斯图加特大学建筑系建筑设计与构造技术研究所
2006年—2007年　同济大学建筑设计研究院都市分院
2007年至今　　　上海云汉建筑设计事务所有限公司

陈志文

职务： 上海云汉建筑设计事务所有限公司主创建筑师

教育背景
福州大学工程技术学院环境艺术设计学士

工作经历
2009年至今　上海云汉建筑设计事务所有限公司

庞珍珍

职务： 上海云汉建筑设计事务所有限公司主创建筑师

教育背景
汕头大学环境艺术设计学士

工作经历
2012年—2014年　上海半间建筑设计有限公司
2014年至今　　　上海云汉建筑设计事务所有限公司

黄杰

职务： 上海云汉建筑设计事务所有限公司主创建筑师

教育背景
南京三江学院建筑学学士

工作经历
2010年至今　上海云汉建筑设计事务所有限公司

王帅

职务： 上海云汉建筑设计事务所有限公司主创景观设计师

教育背景
鲁迅美术学院环境艺术设计学士

工作经历
2010年—2016年　中景汇景观设计有限公司
2016年至今　　　上海云汉建筑设计事务所有限公司

GALAXY

上海云汉建筑设计事务所有限公司
Shanghai Galaxy Architectural Design & Research Institude

地址：上海市淞沪路303号
　　　创智天地广场三期1102室
邮编：200433
电话：021-33623936
传真：021-33626289
网站：www.yunhan2006.com
电子邮箱：yunhan2006@126.com

　　上海云汉建筑设计事务所有限公司成立于2006年，属建筑工程设计甲级单位。自创办以来一直致力于当代建筑的设计探索，是现代主义在当代中国的建筑实践者之一。上海云汉主要致力于各类大中型公共建筑、高端住宅和城市领域的设计研究，设计涵盖了各类民用与工业建筑类型。上海云汉强调发掘设计过程的内在逻辑，积极推行整体化的设计解决方案，以严谨的逻辑分析指导设计，并将城市设计、建筑设计、景观设计与室内设计视为完整的设计整体加以对待，力图为使用者提供最适合的一体化解决方案。

淄博鼎成环球港

Zibo Dingcheng Global Port

建设地点：山东 淄博
建筑功能：住宅、酒店、商业、办公建筑
用地面积：74 086平方米
建筑面积：307 000平方米
设计时间：2018年—2019年
项目状态：在建
设计单位：上海云汉建筑设计事务所有限公司
设计团队：谭东、张丹阳、刘奇、孙小琳、黄杰、
　　　　　张维宇、杨国其、王帅、解小楠

本项目位于淄博市张店区房镇，规划定位为商务办公、文化旅游、度假酒店、精品商业、服务式公寓、高端住宅。整个项目地块划分为居住地块和商务商业地块，沿东侧天津路自北向南分别布置4栋高层酒店和服务式公寓酒店及其裙房，沿南侧汇英路布置2栋16层的住宅楼及其底层商业，基地中部错落有致地布置4栋16层的住宅楼，北部布置2栋17层的住宅楼。基地西南角布置一座6班的幼儿园，沿着西侧房宁路布置1栋4层的商业办公楼。

淄博创业创新谷
Zibo Entrepreneurial Innovation Valley

建设地点：山东 淄博
建筑功能：办公、商业建筑
用地面积：334 060平方米
建筑面积：719 700平方米
设计时间：2016年至今
项目状态：方案
设计单位：上海云汉建筑设计事务所有限公司
设计团队：谭东、陈志文、张维宇、王小强

　　本项目位于淄博新区，总体规划由南至北依次布置了A—H八大功能分区，除了H区位未来发展预留地块，A—G依次为：公共科技创业孵化中心、专家人才居住区、企业定制孵化中心、高端科技创业孵化中心、商业配套及办公区、文化创意开发中心、信息技术研究中心。在对景华光路主入口的内部总图空间布局中设置了城市共享广场——中央公园。核心建筑——公共科技创业孵化中心置于南侧主入口，采用融为一体的"一"字形建筑群强化其体量和主导地位，塑造完整的城市界面。建筑群体组合关系与周边建筑群、城市道路等形成呼应的互动关系。

淄博文化中心西地块
West Block of Zibo Cultural Center

建设地点：山东 淄博
建筑功能：办公、商业建筑
用地面积：48 423平方米
建筑面积：175 000平方米
设计时间：2018年至今
项目状态：方案
设计单位：上海云汉建筑设计事务所有限公司
设计团队：谭东、庞珍珍、闫鹏

　　本项目位于淄博文化中心西侧，整体规划上西高东低，呈现丰富有变化的城市界面。在西地块的基地北侧，通过退让临街城市广场增加拟建超高层建筑与北侧建筑的缓冲距离，使其间距达到220米以上，弱化两座建筑之间的空间矛盾。同时对拟建超高层建筑的形态进行处理，顺应场地形式，使空间关系更加和谐。

　　建筑立面上以竖向格栅和大面积玻璃幕墙结合的形式，形成强有力的律动感。裙房以实体墙面为主，保持建筑群在视觉上的连续性和完整性。

淄博游客集散中心
Zibo Tourist Distribution Center

建设地点：山东 淄博
建筑功能：办公、商业、酒店建筑
用地面积：22 866平方米
建筑面积：116 875平方米
设计时间：2018年至今
项目状态：方案
设计单位：上海云汉建筑设计事务所有限公司
设计团队：谭东、庞珍珍、闫鹏

　　本项目位于淄博市新区，整体规划以自由的曲线和绿色设计为设计核心。北侧临近华光路为100米高的高层建筑，共24层，其中15层至24层为商务酒店；南侧为3栋公寓楼，其中2栋合并为1栋，顶层连接并设置屋顶花园。游客服务中心位于基地的东侧，临近上海路，设置独立的出入口，与公寓楼流线分离，便于功能空间的独立使用。建筑外墙以竖向格栅为主，结合大片的玻璃幕墙，色彩协调，层次丰富。裙房则以横向的石材为主，营造建筑形体更加舒展、气派的立面效果。

山东省精准医疗产业园

Shandong Precision Medical Industrial Park

建设地点：山东 淄博

建筑功能：办公、商业建筑

用地面积：53 629平方米

建筑面积：91 457平方米

设计时间：2018年至今

项目状态：在建

设计单位：上海云汉建筑设计事务所有限公司

设计团队：谭东、庞珍珍、闫鹏

本项目位于淄博市周村区北郊镇，基地东西方向沿街长度达200余米，南北方向平均进深190米左右，用地方正。基因大厦布置在基地北侧，其他多层办公楼和高层办公楼布置在基地南侧，尽量给建筑保留更多的采光。主入口位置设于靠近道路的北侧，留出入口广场，使空间更加舒适。建筑外墙材料主要选用浅米黄色石材和玻璃幕墙，营造在色彩上深浅搭配、材质上互相衬托，使建筑形体更加协调、丰富。

山东虞盛文化旅游城博物馆

Museum of Yisheng Cultural Tourist City, Shandong Province

建设地点：山东 淄博

建筑功能：展览、商业、居住建筑

用地面积：154 018平方米

建筑面积：353 741平方米

设计时间：2018年至今

项目状态：方案

设计单位：上海云汉建筑设计事务所有限公司

设计团队：谭东、庞珍珍、闫鹏

本项目位于淄博市沂源县，规划以大型青铜器博物馆为中心，规划建设美术馆及相应服务中心，辅以文化娱乐商业街、高品质居住区。项目集文化展览、文艺创作、休闲娱乐、商业旅游为一体，将全力打造成为山东省新的文化旅游胜地、城市之窗、齐鲁名片，未来势必成为淄博市文化旅游产业发展的新亮点，成为带动城市产业转型升级的典范。整个项目规划为A—D4个地块，分别为山水文园、文旅街区、展览中心区以及田园雅苑。项目整体布局以博物馆、美术馆、服务中心为核心，南北展开。项目整体布局清晰，空间有序，功能丰富，交通便利，充分体现了齐鲁文化特色。

唐大为

职务： 深圳市建筑设计研究总院有限公司
装配式建筑工程研究院院长、总建筑师
职称： 高级工程师

教育背景

2002年—2005年　东南大学建筑学硕士

工作经历

2005年至今　深圳市建筑设计研究总院有限公司

个人荣誉

2013年深圳市十佳青年建筑师奖

2017年中国光华龙腾奖——中国装饰设计业十大杰出青年提名奖

2018年深圳市投资控股有限公司系统首届十大青年工匠荣誉称号

2018年广东省土木建筑优秀科技工作者称号

2018年中国建筑设计奖——青年建筑师奖

主要设计作品

巴布亚新几内亚学校及公共站亭项目EPC总承包工程

荣获：2019年APEC能源智慧社区（ESCI）最佳实践奖

中国农业银行客服中心（合肥）及安徽省分行新建营业办公用房

荣获：2018年深圳市勘察设计协会综合工程二等奖

郑州老家院子商业街——高台古院建筑设计

荣获：2017年第三届深圳建筑创作金奖

新疆大剧院

荣获：2013年世界华人建筑师协会设计奖

　　　2013年"创新杯"建筑信息模型（BIM）设计大赛最佳BIM建筑设计奖三等奖

　　　2015年首届深圳建筑创作奖金奖

　　　2016年广东省注册建筑师协会优秀建筑创作奖

　　　2017年广东省优秀工程勘察设计奖工程设计三等奖

　　　2017年中国钢结构协会空间结构分会第十届空间结构奖设计金奖

　　　2017年全国优秀工程勘察设计行业奖"华筑奖"工程项目类二等奖

深圳市保障性住房标准化系列化设计研究

荣获：2015年中国建筑学会科技进步奖二等奖

中国国家科学技术馆（新馆）

荣获：2005年广东省注册建筑师协会优秀建筑创作奖

参编出版物

1. 2014年参编《建筑设计资料集（第三版）第4册》，中国建筑工业出版社
2. 2014年参编"深圳市保障性住房标准化系列化设计研究"课题成果1：《深圳市保障性住房政策标准、配套建设与居住空间高效利用研究》中国建筑工业出版社
3. 2014年参编"深圳市保障性住房标准化系列化设计研究"课题成果2：《深圳市保障性住房模块化、工业化、BIM技术应用与成本控制研究》，中国建筑工业出版社
4. 2015年参编《深圳市保障性住房标准化设计图集》，中国建筑工业出版社
5. 2015年参编《中国当代青年建筑师III》，天津大学出版社
6. 2018年参编《粤港澳大湾区基础建设技术手册》系列丛书，中国建筑工业出版社

发表论文

1. 2007年《深圳市社会养老建筑研究》　　　　　　　　　　　　　《建筑学报》杂志
2. 2007年《东南大学的西式建筑研究》　　　　　　　　　　　　　《城市建筑》杂志
3. 2007年《哈迪德与解构主义者之比较分析》　　　　　　　　　　《世界建筑》杂志
4. 2015年《城市公共建筑的设计策略》　　　　　　　　　　　　　《中国科技博览》杂志
5. 2015年《建筑如何与城市设计对话——解读深圳中信银行大厦建筑创作》《基层建设》杂志
6. 2018年《越南统一宫的装配式技术》　　　　　　　　　　　　　《新营造》杂志
7. 2018年《日本PC构件厂模式研究——埼玉县滑川工厂模式解析》》《新营造》杂志

地址：深圳市福田区振华路8号
　　　设计大厦5楼520
邮编：518031
电话：0755-83785859
传真：0755-83786609
网址：www.sadi.com.cn
电子邮箱：26873227@qq.com

深圳市建筑设计研究总院有限公司

深圳市建筑设计研究总院有限公司，建于1982年，伴随着深圳经济特区的发展而不断成长，从一个只有几十人的设计室发展成为拥有从业人员2 900余人的大型国家甲级设计院，拥有建筑行业甲级、城乡规划编制甲级、市政行业乙级等多项资质，是国家住房和城乡建设部开展全过程咨询试点工作的全国首批40家企业之一。

公司本部设在全国首座"设计之都"——深圳，下设三个分公司、环境院、装配院、规划院、装饰院、创作院、筑塬院、博森院、城誉院、旅游园林院及若干直属设计部所，驻外机构有重庆分院、武汉分院、北京分院、合肥分公司、成都分公司、西安分公司、昆明分公司、海南分公司、东莞分公司及江西分公司，公司拥有控股企业总源物业管理有限公司，参股企业众望工程管理有限公司、精鼎建筑工程咨询有限公司。

公司愿景：致力于成为国内领军、具有国际竞争力的城市建设集成服务提供商。

业务范围：从事各类民用及工业建筑设计、城市规划编制、风景园林设计、工程造价咨询、装饰工程设计、施工图设计文件审查、建筑科学技术研究、建筑新材料新技术推广和应用以及建设工程监理等业务。

装配式建筑工程研究院

装配式建筑工程研究院隶属于深圳市建筑设计研究总院，是深总院专注于装配式建筑科学研究、产品研发、集成设计以及装配式建筑全过程咨询的专业机构。研究院以发展我国建筑工业化为使命，以标准化设计、工厂化生产、装配化施工、一体化装修、智慧化运维的"五化一体"为理念，以产品研发、集成设计为核心，整合装配式建筑上下游产业，共筑装配式建筑生态圈。

目前装配式建筑工程研究院以"五化一体【装配式+】"为发展模式，形成了【装配式+】居住建筑、学校建筑、停车建筑等核心业务领域。先后完成深圳市长圳项目、龙光九龙台、彭瑞珠海夏湾、恒大蔡屋围、华润华富村等一系列PC装配式居住建筑；巴布亚新几内亚布图卡学园PS装配式学校建筑以及深圳市布吉老干部活动中心智慧立体车库、龙岗医院智慧立体车库以及南山中心区智慧立体公交车库等一批装配式智慧立体停车建筑。在科研领域，研究院先后完成了"深圳市保障性住房标准化系列化研究"课题，参与国家科技部十三五《绿色建筑与建筑工业化》重大专项，《装配式钢结构建筑工程总承包管理标准》《装配式轻体板房技术规程》等国家、地方课题、标准、规程研究工作。

装配式建筑工程研究院立足"五化一体"的建筑理念，消解专业、行业、类型的边界，坚持走跨界融合、创新发展的道路。

装配式+居住建筑——长圳项目

Assembly + Residential Building—Changzhen Project

项目业主：深圳市住房保障属

建设地点：广东 深圳

建筑功能：居住综合体

用地面积：158 400平方米

建筑面积：1 138 700平方米

设计时间：2017年

项目状态：在建

设计单位：深圳市建筑设计研究总院有限公司

　　　　　中建科技有限公司

设计团队其他成员：孟建民、樊则森、秦超、张玥、

　　　　　　　　　徐才龙、徐牧野、彭鹏、

　　　　　　　　　廖敏清、柏唯娇

　　本项目位于光明新区光侨路与科裕路交汇处，提供公共住房9 672余套。方案以孟建民院士"本原设计"思想为指引，从环境、交通、功能、质量、成本、人文等方面，进行全方位系统性设计。

　　以"健康、高效、人文"服务人的幸福生活为"初心"，打造国家级绿色、智慧、科技型公共住房标杆。

　　以"标准化设计、工厂化生产、装配化施工、一体化装修、智慧化运维"为原则，实现建筑工业化建造。

装配式+学校建筑—巴布亚新几内亚布图卡学园

Assembly + School Building - Papua New Guinea Butuka Academy

项目业主：深圳市特区建设发展集团有限公司

建设地点：巴布亚新几内亚 莫尔兹比港

建筑功能：教育建筑

用地面积：50 586平方米

建筑面积：10 800平方米

设计时间：2017年

项目状态：建成

设计单位：深圳市建筑设计研究总院有限公司

EPC牵头单位：中建钢构有限公司

设计团队其他成员：孟建民、秦超、王旭、张小丽、
张玥、黄川、徐才龙、尹明

　　本规划设计基于约5万平方米的项目用地，总体建筑可容纳学生2 700人，项目配置小学部26班、初中部16班、幼儿园10班、风雨操场1栋、教职工公寓12间和学生室外活动场地，校园总体规划功能合理、布局灵动。项目为探索新型教育建筑模式，采用"2+1"标准化模块单元设计，在两个标准教室模块间增设一个教师办公模块；提升了空间灵活性，激发师生的互动交流。

　　建筑结构采用标准化钢结构模块单元设计，构件规格采用模数化设计，有效控制各构件类型；项目所用钢构件均为国内工厂精细化生产加工，通过海陆运输送达项目地，并由专业施工团队进行建筑的装配化施工及一体化室内装修。因此确保了援建项目的高效建造及精准成本控制。在项目的各个阶段引入BIM优化设计，模拟装配化施工过程，减少构件安装误差，提升了建筑整体品质。

装配式+智慧立体停车建筑
Assembly + Smart Three-Dimensional Parking Building

智慧立体停车产业战略：

　　智慧立体停车版块是深总院装配式战略的重要一环，通过参与机械式立体停车设施的设计和施工配合，团队践行装配式建筑"标准化设计、工厂化生产、装配化施工、一体化装修、信息化管理和智慧化运营"的全过程，将建筑产业与先进的制造业深度整合，以"跨界融合"的创新思维解决城市静态交通领域中停车难问题，并梳理装配式建筑全过程设计逻辑和管理经验，尝试"装配式+"理念下的多种建筑类型的设计，力助我国建筑工业的产业升级。

深圳市龙岗中心医院智慧立体车库
Shenzhen Longgang Central Hospital Smart Stereo Garage

深圳市龙岗布吉老干部活动中心智慧立体车库
Shenzhen Longgang Buji Elderly Cadre Activity Center Smart Stereo Garage

深圳市南山中心区智慧立体公交车库
Shenzhen Nanshan Central District Smart Stereo Bus Garage

项目业主：深圳市交通运输局道路交通管理事务中心
建设地点：广东 深圳
建筑功能：停车库建筑
停车规模：68辆
设计时间：2019年
项目状态：在建
设计单位：深圳市建筑设计研究总院有限公司
设计团队其他成员：孟建明、黄川、周韦博、易鸣

南山中心区智慧立体公交车库为深圳市首批新能源公交机械式立体车库试点建设项目之一，建成后将成为全国首个实际运营的高层机械式公交车库。项目实现"用地集约化、停放立体化、充电自动化、调度智能化"，满足城市核心区新能源公交车"停放、充电、洗车、调度、检修"等一体化需求，是深圳打造"公交都市"的里程碑和全国公交系统发展的"新标杆"。

唐实

职务： 中外建工程设计与顾问有限公司
　　　　杭州分公司总经理
职称： 高级工程师
执业资格： 国家一级注册建筑师

教育背景
浙江大学建筑学学士
浙江大学城市设计硕士

社会职务
浙江省城市规划学会常务理事
浙江省综合评标专家库专家
中国建筑学会资深会员
杭州市乡村振兴专家库专家

主要设计作品
下姜村及周边地区乡村振兴建设规划
荣获：2018年杭州市优秀城乡规划设计一等奖
　　　2018年浙江省优秀城乡规划设计二等奖
杭州市大江东产业集聚区河庄桥头堡地区城市设计
荣获：2015年杭州市优秀城乡规划设计一等奖
　　　2016年浙江省优秀规划设计二等奖
菏泽大剧院
荣获：2009年山东省优秀工程勘察设计二等奖
　　　2010年中国建设工程鲁班奖
　　　2010年齐鲁十大文化新地标
2022年杭州亚运会亚运村国际城市设计方案
网易味央（高安）现代农业产业园
杭州市滨江区B1/B2-07-2地块

郑镔镛

职务： 中外建工程设计与顾问有限公司
　　　　总建筑师
职称： 高级工程师
执业资格： 国家一级注册建筑师

教育背景
浙江大学建筑学学士

社会职务
浙江省综合评标专家库专家

主要设计作品
下姜村及周边地区乡村振兴建设规划
荣获：2018年杭州市优秀城乡规划设计一等奖
　　　2018年浙江省优秀城乡规划设计二等奖

杭州市大江东产业集聚区河庄桥头堡地区城市设计
荣获：2015年杭州市优秀城乡规划设计一等奖
　　　2016年浙江省优秀规划设计二等奖
菏泽大剧院
荣获：2009年山东省优秀工程勘察设计二等奖
　　　2010年中国建设工程鲁班奖
　　　2010年齐鲁十大文化新地标
2022年杭州亚运会亚运村国际城市设计方案
网易味央（高安）现代农业产业园
杭州市滨江区B1/B2-07-2地块

中外建工程设计与顾问有限公司
CHINA INTERNATIONAL ENGINEERING DESIGN & CONSULT CO., LTD

地址： 杭州市拱墅区祥茂路2号
　　　　3幢2楼
电话： 0571-89938908
传真： 0571-89938958
网址： www.ciedc.com.cn
电子邮箱： 78942056@qq.com

　　中外建工程设计与顾问有限公司是建设部1993年批准成立的甲级建筑设计公司，持有城乡规划编制甲级资质、建筑工程设计甲级、风景园林工程设计甲级、房屋建筑工程监理甲级、工程造价咨询甲级及对外经营承包资格。公司现有员工1 000余人，其中国家注册规划师 18 人、国家一级注册建筑师 51 人、国家一级注册结构工程师 28 人、国家注册公用设备工程师 4 人、国家注册电气工程师6人、国家注册监理工程师17人、国家注册造价师13人、国家注册建造师5人。

　　公司始终不渝地奉行"质量第一、信誉第一、业主第一"的服务宗旨，依靠自身雄厚实力，在国内外开展城市规划、城市设计、乡村振兴、公共地标建筑、商业综合体及高档住宅等各类项目，以国际水准创造设计精品，取得优秀的经济效益、生态效益与社会效益，得到广大业主的信任和社会各界的认可。

下姜村及周边地区乡村振兴建设规划

Construction Planning for Village Rejuvenation in Xiajiang Village and Its Surrounding Areas

项目业主：淳安县枫树岭镇人民政府

建设地点：浙江 杭州

建筑功能：居住、商业建筑

用地面积：340平方千米

设计时间：2017年

项目状态：在建

设计单位：中外建工程设计与顾问有限公司

主创设计：唐实、时慧

参与设计：王孟微 、许正亮、陈玥、张绘宇、郑镔镛、解斌、
步凡、陶伟、严浩、俞真辉、李劲柏、方长生、张香叶

设计以四共策略"共谋发展、共享资源、共话未来、共筹共建"展开设计。

摒弃"就村论村"的传统思路，把下姜村及其周边地区作为一个整体进行研究，充分发挥下姜村模范带头作用，实现"一村示范、多村联动、共同富裕"。

规划形成"两轴、一带、七区"的空间结构，轴带引领，七区联动。

以红色文化为纽带提升区域文化内涵，积极推进新时代红色资源与传统红色文化资源融合发展，探索红色教育新模式。保持区域村庄整体格局，注重规划设计引领，打造连片精品示范村，建设沿路沿河景观带，共同展现"沿路、循源、联山、融乡"的美丽乡村格局。加强乡村生态保护规划针对实施乡村生态修复工程、加强乡村环境综合整治以及完善乡村基础设施建设等方面都进行了详细设计。

2022年杭州亚运会亚运村国际城市设计方案

International Urban Design Scheme for the Asian Games Village of Hangzhou Asian Games in 2022

项目业主：杭州市规划局

建筑功能：办公、居住、商业建筑

建筑面积：5 394 100平方米

项目状态：在建

设计单位：中外建工程设计与顾问有限公司

主创设计：唐实、郑镔铺

建设地点：浙江 杭州

用地面积：3 260 000平方米

设计时间：2017年

规划基地位于杭州拥江发展核心地段，紧邻钱江新城，从场地条件到发展使命，都极具挑战性。项目规划提出"生态湾、活力港、亚运村、温暖城"四大愿景。

在方案设计理念上，首先解锁场地，打开西南生态界面；其次裂变地块，功能分化精细开发；再次凝聚交通，多级线路支撑强度；最后回归绿心，营造生态活力湾港。最终形成以"生态骨架、活力生活、立体交通、复合用地、城市温度、人文关怀"为主旨的空间方案。

方案以"一湾、三带、两核、多点"为空间结构，与钱塘江两岸的城市景观形成呼应，一条10.2千米长、贯穿场地的丰富、活力、优美的山水城市界面，仕世人面前缓缓展开，精彩纷呈。

杭州市大江东产业集聚区河庄桥头堡地区城市设计

Urban Design of Hezhuang Qiaotou Area in Dajiang East Industrial Agglomeration Area of Hangzhou

项目业主：杭州市规划局大江东产业集聚区分局

建设地点：浙江 杭州

建筑功能：办公、居住、商业建筑

用地面积：7 120 000平方米

建筑面积：6 031 100平方米

设计时间：2015年

项目状态：在建

设计单位：中外建工程设计与顾问有限公司

深圳市城市空间规划建筑设计有限公司

主创设计：唐实、郑镔铺

参与设计：郑德福、俞秉懿、杨国安、唐曦文、张亚东、李树森、叶昕欣、张香叶、王立志、徐骏威、朱坚鹏、缪婷婷、俞晓春

本项目规划提出建设"江东诗意花园、生态品质社区、创智文化高地、美丽发展的先行区"的发展目标。方案设计提出"一座公园、两脉序列、三片主题社区"的结构。

一座公园。打破滨二路的边界，将绿、水、生态海绵渗透到东侧基地，联山通水、围园辟岛，使整个基地融为一座花园，把城市功能融合起来，承载生态维系的功能，泛起桑田故堤的场所记忆，实现着花园城市的居住理想。

两脉序列。延续大区域的空间序列，在基地内部也形成东西和南北两条主轴线，东西向展现了钱江景观、江滨公园、门户地标、景观绿廊、城市生活等重要节点组成的发展序列。

三片主题社区。针对不同人群特点和功能区位，形成运动教育、创智休闲、健康文化为主题的三片社区，每片社区都包括诗意花园、品质社区以及两者交融形成的创智、文化、健康、运动、教育等功能组团。

海威新界

Haiwei New Territories

项目业主：杭州郡威置业有限公司
建设地点：浙江 杭州
建筑功能：商业建筑、酒店式公寓
用地面积：16 809平方米
建筑面积：95 987平方米
设计时间：2015年
项目状态：建成
设计单位：中外建工程设计与顾问有限公司
主创设计：唐实、郑镔镛

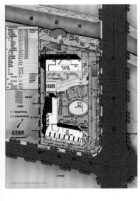

本项目以溢价为核心展开设计：商业体量较小，在设计时强调商业的整体性，集中优势打造为街区的特色商业。用地处于物联网核心区块，消费群体为年轻时尚的年轻人，因此设计更多的灰空间、退台空间、室外广场，提供一个交流互动的空间。多元化的业态为该群体提供了一个以餐饮、休闲、娱乐为主，同时兼顾儿童教育、儿童游乐、美丽时尚产业、时尚快消行业、时尚潮流为一体的多元化时尚生活圈。

将建筑作为景观的一部分进行打造，地块中心商业作为项目的核心亮点，从视觉上将人流吸引至地块内部，景观建筑在提升自身价值的同时，也提升了周边商业的价值。通过入口广场、适宜的建筑尺度、完美的广告位设计，形成一个开放、共享、互动、交融的商业空间模式。

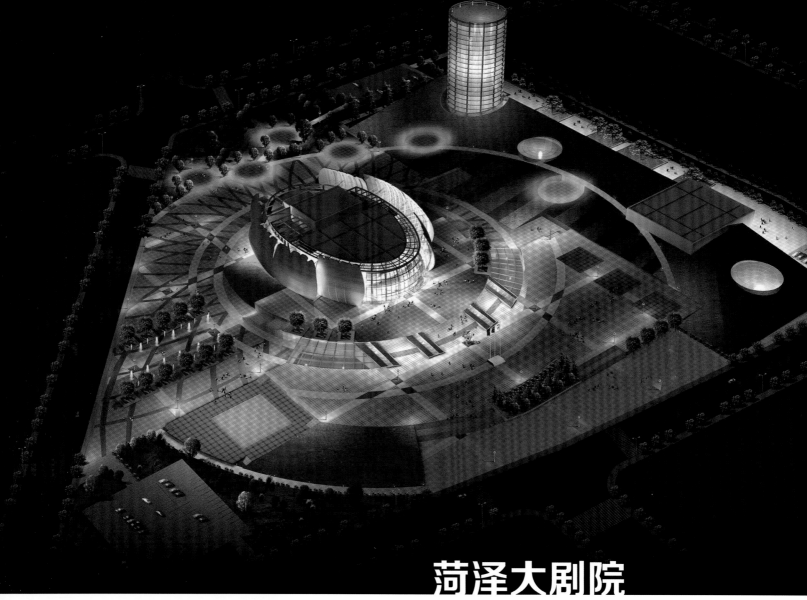

菏泽大剧院

Heze Grand Theatre

项目业主：菏泽市住房和城乡建设局
建设地点：山东 菏泽
建筑功能：文化建筑
用地面积：162 090平方米
建筑面积：72 505平方米
设计时间：2006年
项目状态：建成
设计单位：中外建工程设计与顾问有限公司
主创设计：唐实、郑镔镛

菏泽大剧院以"刚柔相济，牡丹盛开"为设计立意，作为菏泽标志性建筑，需要充分面对城市开放景观。方案一方面在城市东西向主要道路八一路方向保证最大范围的欣赏角度和面宽，另一方面大尺度设计菏泽大剧院大气整体的外观，塑造美丽的城市风貌。在城市南北轴线上大剧院区块作为城市的重要文化节点，连接南面的城市公园与北面的市民中心。本方案强调开放性，南北方向的城市景观轴线在此转换承接，文化品质与内涵得到大幅度的提升，同时为西侧的城市主要景观河道赵王河提供整体的建筑群体效果。

网易味央（高安）现代农业产业园

Netease Weiyang (Gao'an) Modern Agricultural Industrial Park

项目业主：浙江味央科技有限公司

建设地点：江西 高安

建筑功能：农业产业园

用地面积：2 314 395平方米

建筑面积：188 173平方米

设计时间：2017年

项目状态：在建

设计单位：中外建工程设计与顾问有限公司

主创设计：唐实、郑镔镛

总平面图

　　该项目是集生猪养殖、管理用房、果蔬种植、环保处理、有机肥加工、饲料加工、生态种养结合、交流展示为一体的现代农业产业园。

　　项目位于地块中上部较为平整的区域，中部山谷两侧为缓坡，生猪养殖区位于山谷两侧。中间为职工生活配套及果蔬种植区。

　　项目入口位于南侧。综合办公管理用房、生态养殖结合交流展示在入口左侧，该区域衔接环保处理和动力中心。生产入口设置消毒，入口左侧依次布置种猪隔离观察舍、转猪台、饲料厂，各功能区块充分利用地形进行有效隔离。

　　综合办公管理用房布置在猪舍夏季的上风口，同时采用山体及生态林地隔离，将猪舍的影响降至最低。

119

汪源

职务: 中国煤炭科工集团首席设计大师
中国煤炭科工集团重庆设计研究院有限公司
副总建筑师兼第一建筑设计院院长
职称: 教授级高级工程师
执业资格: 国家一级注册建筑师
香港特许建筑师

教育背景
1987年—1992年　中国矿业大学建筑学学士

工作经历
1992年至今　中煤科工集团重庆设计研究院有限公司

个人荣誉
全国工程勘察设计行业奖评审专家
重庆市工程勘察设计大师

主要设计作品
重庆市巾帼园
荣获：2015年重庆市优秀工程勘察设计一等奖
新重庆住宅竞赛
荣获：面向21世纪新重庆住宅小区设计方案竞赛二等奖
重庆同创奥网中心
荣获：2007年重庆市优秀工程勘察设计二等奖
中铁二院科技培训中心办公楼
荣获：2014年煤炭行业（部级）优秀工程设计一等奖
金泰世纪名城
荣获：2014年煤炭行业（部级）优秀工程设计三等奖
重庆泽胜商业步行街一期双子星1A#，1B#项目
荣获：2015年煤炭行业（部级）优秀工程设计一等奖

江津区人民医院
荣获：2017年重庆市优秀工程勘察设计二等奖
2017年煤炭行业（部级）优秀工程设计一等奖
心景国际温泉度假中心（一期）
荣获：2017年重庆市优秀工程勘察设计二等奖
泽胜温泉城（超100万平方米住宅小区）
清凤·时代城（超高层城市综合体）
兰州超高层（150米超高层城市综合体）
龙湖北城天街（重庆八大地标之一）
务星高级中学（11.7万平方米）
重庆资源与环境保护职业学院（22.7万平方米）
重庆江津区公安分局（12.3万平方米）
三亚龙沐湾沣润大酒店（41.9万平方米，最大单体五星级酒店）
咸阳德杰大酒店（五星级酒店）

参编行业标准规范
2013年　《复合酚醛泡沫板建筑外保温系统建筑构造》
《岩棉板薄抹灰外墙外保温系统建筑构造》
《喷涂难燃型硬泡聚氨酯屋面防水保温建筑构造》
《难燃型挤塑聚苯板建筑外保温系统建筑构造》
《复合硬泡聚氨酯板外保温系统建筑构造》
《薄层砂浆砌筑蒸压加气混凝土精确砌块构造》
2012年　审查重庆市《绿色工业建筑技术与评价导则》

学术研究成果
2013年　参与《重庆市城市地下空间开发利用管理制度创新》
2010年　主持《重庆市主城区静态交通问题及对策研究》

中国煤炭科工集团

　　中国煤炭科工集团重庆设计研究院有限公司（原煤炭工业部重庆设计研究院）组建于1953年，原隶属燃料工业部，后为煤炭工业部直属设计院，是国家综合性甲级勘察设计单位，现为国资委中国煤炭科工集团有限公司管辖的企业。

　　公司经过60多年的发展，从一个部属综合院逐步发展成为技术力量雄厚、技术装备先进、跨地区、跨行业从事工程勘察、工程设计、工程监理、工程咨询、工程总承包、施工图审查等为一体的国家综合性甲级勘察设计企业。与世界20余个国家和地区有技术交流与合作，业务范围遍及国内30多个省、市、自治区。

　　公司现有职工1 600余人，其中，重庆市勘察设计大师3人、煤炭行业勘察设计大师2人、集团公司首席设计大师2人、重庆市优秀青年设计师14人、获全国五一劳动奖章1人、国家级突出贡献专家21人、教授级高级工程师80余人、高级工程师250余人、工程师600余人、各类注册工程师350余人。

　　公司坚持"以质量求生存、以产品树形象、以诚信闯市场、以服务赢顾客、以团队创事业、以创新促发展"的企业精神；遵循"以人为本、诚信守法，精心策划、科学管理，持续改进、顾客满意"的管理方针；恪守"承诺之事即为大事"的诺言；信奉"您的成功才是我们最大的成功"之理念。

地址： 重庆市渝中区长江二路179号
电话： 023-68725860
传真： 023-68725860
网址： www.cqmsy.com

重庆泽胜商业步行街一期
双子星1A#、1B#项目

Chongqing Zesheng Commercial Pedestrian Street Phase I Gemini 1A#, 1B# Project

项目业主：重庆泽胜地产有限公司
建设地点：重庆
建筑功能：商业建筑
用地面积：6 875平方米
建筑面积：114 796平方米
设计时间：2009年
项目状态：建成
设计单位：中国煤炭科工集团重庆设计研究院有限公司
设计团队：汪源、龚理清、贺驹、彭江、刘义

　　本项目位于重庆市涪陵区高笋塘，选址为涪陵最繁华的地段，为集办公、酒店、商业、公寓为一体的双子塔楼，属于超高层综合楼，是重庆主城区外体量最大的商业综合体，其双子塔楼也是主城区外最高的地标性建筑。

　　项目投入使用后对涪陵城市风貌提升有较大影响。成为涪陵唯一性、标志性的超高层建筑。商业步行街的投入使用，对涪陵创造百亿级商圈做出突出贡献。

江津区人民医院
Jiangjin District People's Hospital

项目业主：重庆市江津区人民医院

建设地点：重庆

建筑功能：医疗建筑

用地面积：80 092平方米

建筑面积：110 747平方米

设计时间：2008年

项目状态：建成

设计单位：中国煤炭科工集团重庆设计研究院有限公司

设计团队：汪源、刘之聃、许彦、方渝

本项目整体设计首先着力营造"医院城"的概念，为使用者规划出一系列激动人心的公共空间。通过医院街把各单体的主要垂直交通枢纽串连起来，达到各单体之间的联系风雨无阻。沿街两边布置有多个大小、形状不一的庭院，同时结合立体绿化、屋顶绿化营造半室外休闲空间。开放的空间，良好的采光通风，营造适合亚热带气候特征的阴凉灰空间，共同营造出舒适的休闲氛围。

设计考虑将来功能空间重新组织的可能性，确保各种不同的组织形式能够毫不费力地增加服务设施，更新设备并与其他功能空间联合重组，保证具有足够的可变性，使医院具有长久的生命力。

心景国际温泉度假中心（一期）

Xinjing International Hot Spring Resort Center (Phase I)

项目业主：重庆睿和鑫实业发展有限公司

建设地点：重庆

建筑功能：酒店建筑

用地面积：61 581平方米

建筑面积：74 430平方米

设计时间：2010年

项目状态：建成

设计单位：中国煤炭科工集团重庆设计研究院有限公司

设计团队：汪源、梁丹、刘之聃、汪霖、李蓓蓓

本项目位于重庆市北碚区十里温泉城运河片区。2010年被列为重庆市"十一五"重点项目、重庆市"5+5"旅游主题公园重点工程、重庆市"五方十泉"重点项目，打造"温泉之都"的首批重点温泉旅游项目。

项目充分利用地形高差、首创了最具本土特色的"现代吊脚汤屋"。所谓"吊脚汤屋"，是以重庆传统的吊脚屋为蓝本，辅以浪漫的露天温泉泡池，并融合了现代美学风格的新渝派建筑。吊脚楼、爬坡、坡屋顶、白墙等建筑形式在项目中得以充分展现，并且加入了现代的玻璃幕墙元素，形成西南民居与现代建筑相结合的特色建筑风格。

125

王畅

职务： 南京长江都市建筑设计股份有限公司总建筑师
职称： 研究员级高级建筑师
执业资格： 国家一级注册建筑师

个人荣誉
第八届中国建筑学会青年建筑师
江苏省优秀青年建筑师
江苏省优秀工程勘察设计师

主要获奖作品

南京新城·翡翠谷小区	荣获：全国优秀工程勘察设计行业奖住宅与小区一等奖 江苏省第十三届优秀工程设计一等奖
银城大厦	荣获：全国优秀工程勘察设计行业奖建筑工程二等奖 江苏省第十三届优秀工程设计一等奖
无锡万科魅力之城小学	荣获：江苏省第十三届优秀工程设计二等奖
南航将军路校区东区北2号文科楼	荣获：全国优秀工程勘察设计行业奖优秀建筑公建二等奖 江苏省第十五届优秀工程设计二等奖
南航将军路校区东区教学楼项目	荣获：江苏省第十五届优秀工程设计二等奖
南航将军路校区东区经营学院楼	荣获：江苏省第十六届优秀工程设计二等奖
南航将军路校区东区图书馆	荣获：江苏省第十七届优秀工程设计一等奖
南航将军路校区体育馆	荣获：江苏省第十七届优秀工程设计二等奖
明日之村——畅想2050	荣获：江苏省优秀工程设计二等奖

CUMD® 長江都市
建 | 筑 | 服 | 务 | 社 | 会

　　南京长江都市建筑设计股份有限公司前身为创建于1976年的南京市民用建筑设计研究院。改制后，公司进一步健全现代企业制度，更加注重和培养设计人员的创新能力和技术水平，运用先进的技术设备，发挥自身优势和品牌，提高核心竞争力，进一步开拓设计市场，以"建筑服务社会"的企业使命为社会提供优质的设计和服务。

　　公司目前具有国家建筑行业甲级资质、城乡规划编制甲级资质、风景园林工程设计专项乙级资质、电力行业（送电工程、变电工程）专业乙级资质、工程造价咨询乙级、文物保护工程勘察设计丙级资质，是全省建筑设计行业资质最齐全的设计企业之一，已成为江苏省居住建筑设计领域规模最大、专业化程度最高、实力最强的一体化设计企业。公司现有员工832人，其中专业技术人员767人。

　　在快速发展的同时，长江都市收获了累累硕果，先后被授予全国工程勘察设计行业优秀民营设计企业、中国勘察设计协会"诚信单位"、中国建筑学会"当代中国建筑设计百家名院"、中国勘察设计协会"全国勘察设计行业创优型企业"、中华人民共和国住房和城乡建设部"全国勘察设计先进企业"、中国绿色建筑与节能专业委员会"全国绿色建筑先锋奖"、中国勘察设计协会"全国工程勘察设计行业诚信设计企业"、江苏省科学技术厅等政府机构颁发的"高新技术企业"、江苏省勘察设计企业综合实力前三十名、南京文化产业协会"民营文化企业十强"等。

地址：南京市洪武路328号
邮编：210002
电话：025-84567300/84567208
传真：025-84567300
网址：www.nanjing-design.cn

南京市江宁区车辆检测中心

Nanjing Jiangning District Vehicle Testing Center

项目业主：南京健飞汽车科技开发有限公司

建设地点：江苏 南京

建筑功能：办公楼及车辆检测厂房

用地面积：13 331平方米

建筑面积：28 452平方米

设计时间：2016年

项目状态：建成

设计单位：南京长江都市建筑设计股份有限公司

主创设计：王畅、毛浩浩、王亮、芮铖、张俊

　　本项目位于南京市江宁区隆盛路与金鑫北路交叉口。建筑功能主要为车辆综合性能检测、零配件检验及所属集团总部办公。项目功能组织合理，流线简洁明确，建筑外立面主要采用铝板、金属网帘、耐候钢板，石材等材料，突出建筑的时代特征与科技感。

南京老门东历史街

Nanjing Old Gate East Historical Street

项目业主：南京城南历史街区保护建设有限公司
建设地点：江苏 南京
建筑功能：商业、文化建筑
用地面积：25 000平方米
建筑面积：23 000平方米
设计时间：2013年
项目状态：建成
设计单位：南京长江都市建筑设计股份有限公司
主创设计：王畅、周璐、王亮、毛浩浩、、张俊、向雷

设计对整个地块原有老宅根据规划评估进行"修复"，对剩余地块依据传统肌理与风貌进行"织补"。设计调整原有建筑进深，加强前后联系，满足文化和商业功能需求。 设计在梳理过程中兼顾建筑功能的转变，增设南北巷道，为未来商业运营提供条件。

街巷空间是中国传统民居的重要特色，设计保留原有街巷空间尺度，"老门东"主要东西向巷道控制在 3至6 米，其余南北向巷道控制在 1至3 米，传统的空间尺度唤起人们对历史的记忆。

庭院、天井既承载了使用者对视线、光线以及通风等基本环境条件的诉求，也体现了自古以来中国人对于内与外、私密与公共的独特思考。

由于功能需求，新建筑体量较大，设计采用了"化整为零"的策略，以求与老建筑的和谐共生。

天目湖游客展示中心
Tianmu Lake Tourist Exhibition Center

项目业主：江苏天目湖集团公司　　建设地点：江苏 南京
建筑功能：展示中心　　　　　　　用地面积：3 500平方米
建筑面积：2 012平方米　　　　　设计时间：2012年
项目状态：建成　　　　　　　　　设计单位：南京长江都市建筑设计股份有限公司
主创设计：王畅、王亮、毛浩浩、张俊、向雷

　　本项目位于溧阳天目湖风景区，设计巧妙地结合原有地形，使建筑与自然环境充分对话、融为一体。将建筑的半室外空间、屋顶、场地串联成连续的公共空间，展现于城市。

如东县新区初级中学

Rudong County New District Junior Middle School

项目业主：如东县新区初级中学

建设地点：江苏 如东

建筑功能：教育建筑

用地面积：53 283平方米

建筑面积：31 702平方米

班级规模：36班

设计时间：2014年

项目状态：建成

设计单位：南京长江都市建筑设计股份有限公司

主创设计：王畅、周璐、王亮、毛浩浩、张旭、张俊、向雷

设计师理解的校园：校（学习的场所）+园（游憩的庭院）

建筑的布局力求清晰合理，为师生提供明确的空间感受；建筑以外的庭院形式，讲求多层级院落体系在空间上的渗透。

庭院介入建筑组群空间

庭院与建筑有着天然的图底关系，两者时刻进行着空间氛围的互动，积极熏陶着活动于其间的使用者。在功能布局规整清晰的前提下，通过不同性质的院落，将各功能区进行串联。每个功能区有着属于自身的、围合或半围合的庭院，在各功能区自成一体的同时，通过空间体系的渗透，将散落的单体组织成错落有致的校园组群空间。

统一的立面设计语言

立面通过结构梁外显，强调建筑水平方向的延伸感，这既是建构逻辑的回归，也有利于建筑组群在设计语言上的统一，从而使得观者对该建筑群体形成独特的整体认知。

王大鹏

职务： 杭州中联筑境建筑设计有限公司总建筑师
职称： 教授级高级工程师
执业资格： 国家一级注册建筑师

教育背景
1996年—2001年　武汉理工大学建筑学学士

工作经历
2001年—2003年　大连市规划设计研究院
2003年至今　　　杭州中联筑境建筑设计有限公司

专业研究领域： 文化专项研创

个人荣誉
浙江美术馆
荣获：2009年中国建筑学会建筑创作大奖
　　　2009年全国优秀工程勘察设计一等奖
　　　第十四届全国优秀工程勘察设计银奖
昭山两型产业发展中心
荣获：2017年度全国优秀工程勘察设计二等奖
沂蒙革命纪念馆
获奖：2017年度全国优秀工程勘察设计三等奖
南京博物院二期工程
荣获：2016年度中国建筑学会建筑创作银奖
　　　2017年度全国优秀工程勘察设计一等奖
浙江同力服装有限公司新厂区
获奖：2017年度佛罗伦萨"建东方"国际展创作大奖

主要设计作品

2003年	金都华府居住小区
2005年	浙江美术馆
2008年	南京博物院二期工程
2008年	中亚机械股份有限公司科研楼
2009年	湘潭市规划馆及博物馆
2010年	浙江同力服装有限公司新厂区
2010年	杭州师范大学仓前校区二期工程(B区)
2011年	沂蒙革命纪念馆
2013年	昭山两型产业发展中心
2014年	杭州九峰垃圾发电厂
2014年	杭州经济开发区景苑中学
2015年	长春世界雕塑艺术博物馆
2015年	世博江西馆
2015年	杭州经济开发区启源中学
2015年	横店镇万盛街风貌改造项目
2016年	中国西部科技创新港
2016年	南京美术馆新馆
2017年	西交大创新港博物馆与多功能阅览中心
2018年	东阳市市民中心

CCTN｜筑境设计
DESIGN

　　筑境设计创立于2003年，由中国工程院院士、全国工程勘察设计大师程泰宁先生主持。筑境设计是一家以建筑设计为核心竞争力，同时涵盖城市规划、景观设计和室内设计的综合性专业设计咨询机构，具备建筑行业工程甲级资质。筑境聚焦文化建筑、高铁新城TOD、城市更新、泛地产四大专项研创板块，秉承"产学研一体，技术创新与理论研究并重"的理念。筑境打造"现代型的公司体制、市场化的运作机制和学术性的科研平台"三位于一体的整体架构。

　　目前筑境布局7大城市，在上海、杭州、青岛、厦门、成都均设有分支机构，拥有合资设计机构北京首钢筑境国际建筑设计有限公司和南京东南筑境建筑设计事务所有限公司，服务网络辐射全国。同时，由程泰宁院士主持的企业院士工作站于2014年正式成立，是江苏省设计行业首家院士工作站。程泰宁院士领衔的东南大学建筑设计与理论研究中心，既是筑境探索建筑文化内涵的学术支撑和培养设计人才的重要基地，也是筑境延展学术触角、扩大国内外学术影响力的操作平台，更是配合筑境设计实践进行专项技术深入研发的核心智库。

　　筑境拥有强大的技术储备及完备的人才梯队，团队共有500人，其中中国工程院院士1人、中国工程设计大师1人、浙江省工程勘察设计大师1人、中国青年建筑师奖2人、教授级高级工程师7人、高级工程师39人，核心技术力量包含院士、博士、硕士及海归人才。基于对学术的科研、丰富的实践及国际化视野，高端人才会集的专业团队为客户提供基于"当代、地域、原创"的国际化专业服务。

地址：杭州市拱墅区大关路96号
　　　绿地中央广场7座6楼
电话：0571-85302456
传真：0571-85390622
网址：www.acctn.com
电子邮箱：hr-hz@acctn.com

浙江美术馆

Zhejiang Art Museum

项目业主：浙江省文化厅

建设地点：浙江 杭州

建筑功能：文化建筑

用地面积：34 550平方米

建筑面积：31 550平方米

设计时间：2004年

项目状态：建成

设计单位：杭州中联筑境建筑设计有限公司

设计负责：程泰宁

建筑专业：钱伯霖、王大鹏、郑茂恩、胡洋、郭莉
　　　　　（吴健、陈渊韬参加了方案设计）

建筑摄影：姚力、陈畅、赵伟伟

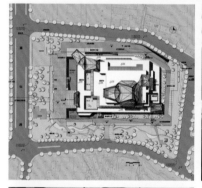

　　浙江美术馆位于西子湖畔，背靠苍翠的玉皇山麓，建筑依山傍水，环境得天独厚。总建筑面积31 550平方米，其中地下15 338平方米，地上16 212平方米。

　　建筑依山形展开，并向湖面层层跌落。起伏有致的建筑轮廓线达到了建筑与自然环境共生的和谐状态。建筑造型自然而又充分地流露了江南文化所特有的韵味，粉墙黛瓦的色彩构成、坡顶穿插的造型特征，在"似与不似之间"被带入了创作之中，体现了一种清新脱俗而又空灵含蓄的文化

品位。特别是以大片白色墙面为图底，以黑色屋顶构件勾勒，线条张扬洒脱而又不失法度，极富传统水墨画和书法的审美韵味；钢、玻璃、石材的运用，强调了材质的对比，坡顶变形生成多种形态的锥体与水平体块的穿插组合又使建筑充满强烈的雕塑感和现代感。

　　独特的建筑形体和空间充分体现了传统意韵与现代精神的深层次融合，具有原创性。

南京博物院二期工程

Nanjing Museum (Phase II Project)

项目业主：南京博物院　　　建设地点：江苏 南京

建筑功能：文化建筑　　　　用地面积：67 300平方米

建筑面积：84 900平方米　　设计时间：2008年

项目状态：建成

设计单位：杭州中联筑境建筑设计有限公司

合作单位：江苏省建筑设计研究院有限公司

设计负责：程泰宁

建筑专业：王幼芬、王大鹏、柴敬、张朋君、刘辉瑜、骆晓怡、应瑛

建筑摄影：张广源、陈畅

这是一个重要的改扩建项目。梁思成、杨廷宝、刘敦桢及徐敬直等中国老一代建筑大师们先后主持或参与过项目的设计建设。另外它也承载着城市的历史记忆，因此，改扩建方案的设计理念是：补白、整合、新构。

建筑布局体现了"金镶玉成，宝藏其中"的理念，在前后关系、檐口高度、材质颜色以及细部装饰等方面形成视觉平衡。整体风貌既有传统元素，又有现代气息，二者协调融合、交相辉映。

"老大殿"经测算后，原地抬升3米，在不影响建筑与紫金山山体轮廓线的同时，改善了原建筑低于城市道路的不利现状，减少了地下空间大面积的填挖土方，为地上与地下空间流线的综合组织创造了有利条件。

长春世界雕塑艺术博物馆

Changchun World Sculpture Art Museum

项目业主：长春市政府投资建设项目管理中心　　建设地点：吉林 长春

建筑功能：文化建筑　　　　　　　　　　　　　用地面积：19 846平方

建筑面积：17 729平方米

设计时间：2014年

项目状态：建成

设计单位：杭州中联筑境建筑设计有限公司

设计负责：程泰宁、王大鹏

建筑专业：吴旭斌、汪毅、刘鹤群、吕思扬、谢潘扬

建筑摄影：陈畅、黄临海

长春世界雕塑艺术博物馆以展示雕塑特色文化、传播知识、陶冶性情为目的，同时也为雕塑的收藏、保护、展示、研究提供现代化的场所和窗口。

场地位于长春国际雕塑公园东南角，周边优越的自然环境使设计师思考如何让建筑自然和谐地处于雕塑公园中，并且既能体现出文化建筑自身的特点，又与雕塑公园的整体气质相协调，这是设计师设计的出发点。

设计理念以"经天纬地、雕刻时光"为出发点。本方案整体以经纬纵横的两条时光长廊为构架，其中南北方向的长廊与整个公园的核心雕塑形成对位关系；东西方向的长廊串连起了门厅、中央大厅、展厅以及研究办公等空间序列。整个建筑如同巨石破土而出，体积感强烈厚重，极具雕塑感，虽出自人工，却宛如天成。建筑利用天窗和立面的缝隙对不同朝向的光线进行捕捉处理，影随光移，空间被时光雕刻，并且为雕塑的展陈营造了良好的氛围。

中国西部科技创新港

Scientific and Technological Innovation Port of Western China

项目业主：西咸新区交大科技创新港发展有限公司

建设地点：陕西 西安

建筑功能：教育建筑

用地面积：796 000平方米

建筑面积：1 590 000平方米

设计时间：2016年

项目状态：在建

设计单位：杭州中联筑境建筑设计有限公司

设计负责：程泰宁、王大鹏

建筑专业：蓝楚雄、杨涛、柴敬、吴旭斌、刘翔华、郑思源、裘梦颖、王静辉、邱培鑫

本项目地处沣西新城的信息服务产业园区和国际文教园区，北临渭河，科技创新港的使命自然是依傍古河，实现由教学型高校向教学研究性高校、由重点院校向国际一流学府的转型，体现"人才进港，知识出港"的新型大学模式。以高效、多功能、丰富活动、高交流性、高景观性的综合体的可感知形象，创新理念实现了大学与城市的融合，体现"集约化、科技化、园林化"的建设策略。

工程博物馆和多功能阅览中心的创意来自中国四大发明的活字印刷，利用简洁纯粹的方形体量组合形成错落有致的形体关系，如同活字印刷的模块，又像是西安交大四大发明广场上的雕塑，联系了新老校区的时空记忆。各个功能体块之间形成的高耸狭窄空间作为一种特殊的公共空间存在，增加了空间的趣味性和神秘感。现代有力同时充满机械感的造型也更符合西安交大作为著名工程院校的国际形象。

浙江同力服装有限公司新厂区

Zhejiang Tongli Garment Co., Ltd. New Factory Area

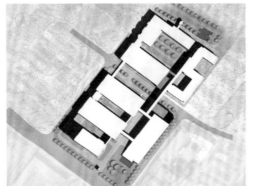

项目业主：浙江同力服装有限公司
建设地点：浙江 东阳
建筑功能：工业建筑
用地面积：189 810平方米
建筑面积：183 270平方米
设计时间：2010年
项目状态：建成
设计单位：杭州中联筑境建筑设计有限公司
设计负责：王大鹏
建筑专业：柴敬、黄斌、沈一凡、孟浩
建筑摄影：陈畅、黄临海

浙江同力服装有限公司位于东阳市经济技术开发区。设计充分考虑周边自然环境及建筑自身特点，在和谐统一的前提下体现自身品质，提高生产效率，提升厂区环境，使得人们通过劳动而实现自身的价值，并且受到工作环境的感染，从而提升自己。基于服装生产的工艺流程，对面料和成品的出入口以及堆放区进行了精心设计，另外对员工的生产、更衣和食宿也进行了周密布置，并且设置连廊与过街天桥便于员工快捷地到达生产与食宿区。建筑形式简洁大方，在体量、高度及造型上具有时代气息。真石漆涂料、清水混凝土以及玻璃等材料质朴自然，细部构造得当。设计利用生产车间大面积的屋顶布置了生态农场，并且收集雨水经过简单处理后浇灌蔬菜与花木，用现代田园理念营造了一座立体生态、绿色环保和自主循环的可持续建筑。

杭州九峰垃圾发电厂

Hangzhou Jiufeng Garbage Power Plant

项目业主：光大环保能源（杭州）有限公司

建设地点：浙江 杭州

建筑功能：工业建筑

用地面积：139 302平方米

建筑面积：100 000平方米

设计时间：2014年

项目状态：建成

设计单位：杭州中联筑境建筑设计有限公司

合作单位：中国联合工程有限公司

设计负责：王大鹏

建筑专业：吴旭斌、张潇羽

建筑摄影：光大环保能源（杭州）有限公司、黄临海

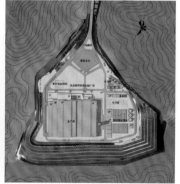

本项目位于杭州市西郊中泰乡，周边自然生态环境良好，人文旅游资源丰富。设计从场地大环境着手，充分利用废弃的采石场，依山就势，顺势而为，设计以"层峦叠嶂、轻云出岫"为设计理念，让建筑融入环境，呈现出独特优美的地域性。合理规划功能布局，将垃圾运输、卸料等工艺性生产用房设于西区，而服务于生产用房的水工区、办公区以及宿舍设于东区，设计充分利用现有地貌条件达到节能、节地的目的，并且对采石场岩壁和建筑墙面进行垂直绿化处理，让建筑和环境融为一体。

项目的建设不但可以大幅度减少杭州市生活垃圾的填埋量，还可以焚烧发电、变废为宝、实现生活垃圾的资源化处理。项目建设也得到了国家级媒体的广泛报道，破解了垃圾发电项目"邻避效应"这一世界性难题，形成了引领示范作用。

王丹

职务： 大连风云建筑设计有限公司董事长、总建筑师
职称： 副高级工程师

教育背景
1992年—1996年　大连理工大学建筑学学士
1998年—2001年　大连理工大学建筑学硕士

工作经历
1996年—1998年　大连市建筑设计研究院有限公司
2001年至今　　　大连理工大学建筑与艺术学院建筑系
　　　　　　　　任教
2003年至今　　　大连风云建筑设计有限公司

主要设计作品
辽宁大连市鼎盛佳苑·琥珀城
荣获：2010年中国人居典范建筑规划设计方案竞赛最
　　　佳建筑设计规划金奖
辽宁大连市鼎盛水晶湾住区
荣获：2014年全国人居经典建筑规划设计方案竞赛建
　　　筑、环境双金奖
大连东关街近代建筑群文物保护规划方案
大连理工大学南院东院主楼及其附属建筑修缮设计
大连金州古城文化旅游示范园区规划
大连风云文化创意产业园
大连贝壳博物馆

吴晓东

职务： 大连风云建筑设计有限公司总建筑师
职称： 副高级工程师

教育背景
1993年—1998年　大连理工大学建筑学学士
1998年—2001年　大连理工大学建筑学硕士

工作经历
2001年—2003年　大连理工大学建筑与艺术学院建筑系
　　　　　　　　任教
2003年至今　　　大连风云建筑设计有限公司

主要设计作品
辽宁大连市鼎盛水晶湾住区规划建筑设计
荣获：2014年全国人居经典建筑规划设计方案竞赛建
　　　筑、环境双金奖
辽宁大连市鼎盛佳苑·琥珀城
荣获：2010年中国人居典范建筑规划设计方案竞赛最
　　　佳建筑设计规划金奖
大连理工大学南院东院主楼及其附属建筑修缮设计
大连金州古城文化旅游示范园区规划
立山区辖区内万水河河道及周边整体概念性规划项目
中国西装名城服装博览中心

周啸飞

职务： 大连风云建筑设计有限公司景观设计师
职称： 工程师

教育背景
2010年—2014年　大连理工大学环境艺术设计学士

工作经历
2014年至今　大连风云建筑设计有限公司

主要设计作品
辽宁大连市鼎盛水晶湾住区景观设计

荣获：2014年全国人居经典建筑规划设计方案竞赛建
　　　筑、环境双金奖
辽宁大连市鼎盛佳苑·琥珀城
荣获：2010年中国人居典范建筑规划设计方案竞赛最
　　　佳建筑设计规划金奖
贵州黔西南楼纳村乡村振兴计划美丽乡村景观设计
大连民族大学人才实训基地
辽宁鞍山万水河中段河道景观设计
辽宁大连凌水湾综合整治二标段景观设计
福建福州宝龙万象广场平战结合人防工程地面景观恢
复设计

FREEN.

地址： 辽宁省大连市沙河口区
　　　　凌河街20号
电话： 0411-39649810
电子邮箱： fengyun66888560@163.com

　　大连风云建筑设计有限公司成立于2003年，源于大连理工大学。50余名来自国内外建筑学高校和建筑设计院的青年精英，在规划设计、建筑设计、景观设计、项目前期策划、雕塑平面设计、古建筑保护及复原、建筑多媒体及动画设计等技术部门中发挥着骨干作用。

　　公司现为中国建筑学会会员单位、中国环境艺术协会常务理事、中国民族建筑研究会会员单位，多次在国际、国内竞赛中荣获大奖及优秀设计金奖。打造"国内最具影响力、创造力建筑师团队"是公司的战略目标。为

徐丹

职务： 大连风云建筑设计有限公司建筑设计师

教育背景
2011年—2016年　大连理工大学建筑学学士
2016年—2019年　大连理工大学建筑学硕士

工作经历
2016年至今　大连风云建筑设计有限公司

主要设计作品
大连东关街近代建筑群文物保护规划方案

大连理工大学南院东院主楼及其附属建筑修缮设计
大连港港区一码头临时商业街规划方案
大连金州古城文化旅游示范园区规划
旅顺太阳沟保护性测绘及规划策略研究
北京文物出版社印刷厂产业园策划
青岛海洋科创产业园小镇概念规划策划
辽宁高速公路智慧交通产业园规划设计
大连金普新区民居改造图集及标准段改造设计
重庆奉节八阵村乡村振兴规划及青年农业创业园区

王一涵

职务： 大连风云建筑设计有限公司建筑设计师

教育背景
2012年—2017年　大连理工大学建筑学学士

工作经历
2017年至今　大连风云建筑设计有限公司

主要设计作品
重庆仙女山艺术家小镇
北京友谊宾馆瑞宾楼旧改

北京天桥商场改造策划
天津陈塘热电厂改造
盘锦新立认养农业体验中心
大连风云文化创意产业园
大连高新园区新政务服务中心
大连东方水城T1观光塔改造
大连瓦房店东马屯乡村振兴规划
大连老虎滩民宿改造
旅顺军刀博物馆、舰船博物馆

曹钟月

职务： 大连风云建筑设计有限公司建筑设计师

教育背景
2012年—2017年　大连理工大学建筑学学士

工作经历
2017年至今　大连风云建筑设计有限公司

主要设计作品
重庆仙女山艺术家小镇
北京友谊宾馆瑞宾楼旧改

北京天桥商场改造策划
天津陈塘热电厂改造
盘锦新立认养农业体验中心
大连风云文化创意产业园
大连高新园区新政务服务中心
大连东方水城T1观光塔改造
大连瓦房店东马屯乡村振兴规划
大连老虎滩民宿改造
旅顺军刀博物馆、舰船博物馆

实现这一目标，公司与清华大学、东南大学、同济大学、天津大学、大连理工大学等知名高校在建筑规划领域进行了广泛的合作，打造学术研究平台，先后发表著作、论文30余篇。这个平台现已成为众多建筑艺术学院师生科研和实践的基地。

　　"高标准，高起点"是公司的经营理念。为此，公司与众多国际知名建筑事务所及国际咨询团队通力合作，完成了诸多有影响力的作品。

大连风云文化创意产业园

Dalian Fengyun Cultural and Creative Industrial Park

项目业主：大连风云工坊文化创意有限公司
建设地点：辽宁 大连
建筑功能：办公建筑
用地面积：9 760平方米
建筑面积：3 470平方米
设计时间：2015年
项目状态：建成
设计单位：大连风云建筑设计有限公司
主创设计：王丹、王一涵、曹钟月、张玮缨、陈硕婷

　　大连风云文化创意产业园位于大连高新园区火炬路49号，是由工业厂房改造而成的面积3 600多平方米的共享办公空间，其中入住孵化企业办公面积2 400平方米。

　　大连风云文化创意产业园以"集装箱搭建"为主要建筑空间特色，一共分为4层，其中包括艺术展览、论坛报告、茶艺咖啡等共享空间的面积占一半以上。产业园以"建筑艺术设计及文化交流平台"为运营理念，以"一站式配套"为服务基础，以"传承匠人精神"为己任。

盘锦新立镇乡村旅游+谷仓民宿

Panjin Xinli Town Rural Tourism and Barn Lodge

项目业主：盘锦市新立镇政府
建筑功能：文旅建筑
建筑面积：763平方米
项目状态：建成
设计单位：大连风云建筑设计有限公司
设计团队：吴晓东、苏荣梅、王丹、史秀玫、高洁、周啸飞、孙琳、李白羽

建设地点：辽宁 盘锦
用地面积：85 000 000平方米
设计时间：2016年

近年来，随着人们对农业及乡村旅游的需求日益增加，对健康生活、绿色有机食品的需求，辽宁省盘锦市新立镇响应国家对"三农问题"的高度关注以及对特色小镇的多方面扶持政策，结合新立镇乡村特有的优质景观资源、农业资源对新立镇进行总体旅游规划。

规划从多方面入手：①提升乡村基础设施，保证民生需求；②保留当地特色景观，并与农业相结合，提升景观系统性及观赏性；③尊重原生稻米及河蟹产地，实现农业、生态、旅游有机结合，打造以稻米体验、温泉养生、营地教育为主体的生态休闲型幸福小镇。

其中谷仓民宿为已建成先期项目，主要包含接待中心、米仓民宿、米仓食堂、温泉等。建筑设计以传统稻米产地米仓为蓝本，运用了拍苫屋顶这一当地特色的传统工艺作为建筑屋面。景观设计尊重现状，对现有鱼塘及大树进行保留及改造，结合不同主题形成不同景观分区。通过设计将整个民宿与周边的水稻田有机融合，形成独特的风景。

大杨集团小窑湾国贸大厦

Dayang Group Xiaoyaowan International Trade Building

项目业主：大连大杨创世服饰有限公司

建设地点：辽宁 大连

建筑功能：办公建筑

用地面积：47 000平方米

建筑面积：174 000平方米

设计时间：2017年

项目状态：方案报批

设计单位：大连风云建筑设计有限公司

合作设计：美国PSC建筑事务所联合设计

主创设计：王丹、吴晓东、李白羽

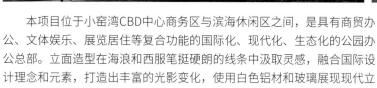

本项目位于小窑湾CBD中心商务区与滨海休闲区之间，是具有商贸办公、文体娱乐、展览居住等复合功能的国际化、现代化、生态化的公园办公总部。立面造型在海浪和西服笔挺硬朗的线条中汲取灵感，融合国际设计理念和元素，打造出丰富的光影变化，使用白色铝材和玻璃展现现代立体剪裁感，凸显大杨集团作为西装品牌的企业形象。当玻璃旋转时，投影出来的动感线条与建筑形体相契合，这不禁让人想起了优美的定制西服的线条，简练而优雅。

大连港客运码头

Dalian Port Passenger Terminal

项目业主：大连港集团有限公司

建设地点：辽宁 大连

建筑功能：商业建筑

用地面积：30 454平方米

建筑面积：3 513平方米

设计时间：2016年

项目状态：方案

设计单位：大连风云建筑设计有限公司

设计团队：徐丹、周啸飞、王丹、李白羽、王宇、马建

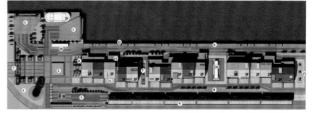

项目规划设计注重街区的尺度形成及节奏控制，将客运码头分为15个部分，分别是景观平台、中心广场、文化广场、灯塔、主入口、滨海栈道、科技广场、表演平台、火车小院、电车广场、主入口风景、海边咖啡屋、商业前区、二层平台以及码头运输区域。充分利用工业及海港元素进行设计的再定义，采用这样的建筑形态重构可以达到两点目标，分别是与客运码头形成互动以及与客运码头周围自然要素形成共生。景观设计上，解构主义线条打破了原有地块狭长的固定空间模式，使人的想象空间和自然空间能够更好地结合，从而真正实现建筑与自然要素的共生。

凯德置地—重庆来福士

设计方案：萨夫迪建筑事务所　建筑设计顾问：巴马丹拿
结构设计顾问：奥雅纳　机电设计顾问：WSP　国内设计单位：重庆市设计

重庆市设计院

CHONGQING ARCHITECTURAL DESIGN INSTITUTE OF CHINA

重庆市设计院（CQADI）始建于1950年，拥有建筑、市政、勘察、城市规划等10余项国家甲级资质。并通过ISO9001：2015质量认证。

人才济济

现有在职职工约1 200人，拥有各类注册人员近230人。

业务广泛

专业设置齐全，业务范围包括建筑、市政、勘察、城市规划、工程承包、房地产开发、建筑装饰设计及施工、工程监理、建设科技开发及成果转让等。

技术领先

主持及参与了一批国家和地方标准的编制。特别在山地建筑与规划、乡土建筑与地域文化、山区地基基础、边坡支护、地质灾害治理及深埋地下室防水技术等方面处于全国领先水平。

硕果累累

一贯注重设计质量，工程涉及众多行业，遍及国内26个省、直辖市、自治区，在全国各地设计了众多富有影响的项目。

国际交流

与美国、加拿大、法国、英国、丹麦、日本、澳大利亚、新加坡及中国香港等国家和地区的建筑同行建立了广泛的联系，在工程项目上进行了许多卓有成效的合作。2012年开拓了非洲市场，真正实现了"走出去"战略目标，完成安哥拉（姆巴扎）医院、刚果（布）职业技术学院（布基纳法索）、卢旺达（基加利）部委办公楼、刚果（布）总统顾问别墅（布基纳法索）及肯尼亚公路局总部大楼等工程共约10万平方米非洲援建项目，并完成香港大浦"船湾海岸"丁屋别墅项目的方案设计等。

重庆市设计院坚持以"精心设计、求实创新、诚信服务、顾客满意"的质量方针，以优质的产品和高度的责任心竭诚为广大客户提供满意的服务。建院69年来共完成勘察设计工程项目6 000多项，400余个项目荣获了国家级、部级、省级、市级优秀设计和科技成果奖。

地址：重庆市渝中区人和街31号　　电话：023-63854124　　023-63619826　　网址：www.cqadi.com.cn　　电子邮箱：CQADI@cqadi.com.cn

中云健康城
Zhongyun Health City

项目业主：中云文旅投资发展有限公司　　建设地点：云南 西双版纳
建筑功能：酒店、住宅建筑　　　　　　　用地面积：30 000平方米
建筑面积：90 000平方米
设计时间：2018年
项目状态：在建
设计单位：重庆市设计院
主创设计：王凯
设计团队：张辉、刘瑞山

　　本项目地处西双版纳民族风情建筑控制区和机场控制区，现代生活审美与少数民族元素的调和、整体布局与航空限高的调和以及对陡坡沟谷地形的适应是本项目的设计难点，也是体现项目特色所在。主创设计该项目时，采用因山就势、错落分台、突出中轴的格局，主体建筑以古典主义横向体量与竖向的少数民族元素、现代构造结合，在突出了地域特色的同时，解决了民族形制体量不足、气势欠缺的问题。

王凯

职务：重庆市设计院第一建筑工
　　　作室主任、分院副总建筑师
职称：教授级高级工程师
执业资格：国家一级注册建筑师

教育背景
1997年—2000年　重庆建筑大学
　　　　　　　　建筑学硕士

工作经历
2000年至今 重庆市设计院

个人荣誉
首届重庆市优秀青年建筑师

主要设计作品
龙湖MOCO
荣获：2011年重庆市优秀工程勘
　　　察设计三等奖
长江国际
荣获：2012年重庆市优秀工程勘
　　　察设计二等奖
渝富大厦
荣获：2013年重庆市优秀工程勘
　　　察设计一等奖
协信城二期工程
荣获：2013年重庆市优秀工程勘
　　　察设计二等奖
重庆市政府办公楼
荣获：2013年全国优秀工程勘察
　　　设计一等奖
　　　2013年重庆市优秀工程勘
　　　察设计一等奖
重庆企业天地
荣获：2014年重庆市优秀工程勘
　　　察设计一等奖
重庆两江企业总部大厦
荣获：全国优秀工程勘察设计三
　　　等奖
中国远征军（缅甸）纪念碑
首创国际社区
重庆浙商大厦
仁安羌大经坛
大昌游客中心

蒋序东

职务：重庆市设计院第七建筑设
　　　计院院长、党支部书记
职称：高级工程师
执业资格：国家一级注册建筑师

教育背景
1994年—1999年　东南大学建筑
　　　　　　　　　学学士
1999年—2002年　华南理工大学
　　　　　　　　　建筑学硕士
2002年—2005年　华南理工大学
　　　　　　　　　建筑学博士

工作经历
2005年至今　重庆市设计院

主要设计作品
华南师范大学南海学院
荣获：2004年全国优秀工程设计
　　　银质奖
　　　2003年建设部优秀工程勘
　　　察设计二等奖
重庆市江北城（中央商务区）招
商楼
荣获：2009年全国优秀工程勘察
　　　设计三等奖
　　　2009年重庆市优秀工程勘
　　　察设计二等奖
　　　2008年院级优秀工程设计
　　　一等奖
重庆龙湖·龙湖郦江（一期）
荣获：2010年重庆市优秀工程设
　　　计三等奖
　　　2009年院级优秀工程设计
　　　二等奖

沿河温泉城旅游基础设施建设项目

Tourism Infrastructure Construction Project of Hot Spring City along the River

项目业主：贵州滨江市政建设有限责任公司
建设地点：贵州 铜仁
建筑功能：酒店、商业建筑
用地面积：200 400平方米
建筑面积：187 800平方米
设计时间：2016年—2017年
项目状态：建成
设计单位：重庆市设计院
主创设计：蒋序东、杨超华
设计团队：李洁、彭福生、张博、余向前、王昌浩、
　　　　　牙侯专、朱育辉

　　本项目定位为"都市精品、迷你、立体、温泉旅游综合体"，位于沿河新老城区之间的过渡地带，其建设有利于城市功能的连续和完善，形成连接沿河新老城区生活的城市功能节点。在会议接待、儿童水上游乐、康体疗养等方面可以起到功能补位作用，提升沿河城市生活品质。

　　具体设计目标为：①建设温泉休闲为主导的城市度假场所，发展温泉康体养生特色功能及多种康养度假元素的组合；②建设儿童水上游乐、儿童培训、娱乐休闲、特色风情商业、特色餐饮等功能为一体的城市休闲基地；③发展商务会议功能，满足旅游发展大会的商务会议和接待功能，推出"度假+会议+温泉"的商务休闲组合，在城市中提供精品、迷你、立体的温泉休闲社区。

长嘉汇购物公园
Changjiahui Shopping Park

项目业主：重庆招商置地开发有限公司
建设地点：重庆
建筑功能：商业建筑
用地面积：27 150平方米
建筑面积：113 964平方米
设计时间：2014年
项目状态：建成
设计单位：重庆市设计院
合作设计：梁黄顾建筑设计（深圳）有限公司
深化设计团队：张引、万然、曹鸣静、匡志林、何媛

张引

职务：重庆市设计院第一建筑设计
　　　院副院长、分院副总建筑师
职称：教授级高级工程师
执业资格：国家一级注册建筑师

教育背景
1991年—1996年　重庆建筑大学
　　　　　　　　建筑学学士

工作经历
1996年至今　重庆市设计院

个人荣誉
首届重庆市优秀青年建筑师

主要设计作品
龙湖·蓝湖郡湖东
荣获：2007年重庆市优秀工程勘
　　　察设计一等奖
重庆棕榈泉国际花园（二期工程）
荣获：2009年重庆市优秀工程勘
　　　察设计一等奖
　　　2009年全国优秀工程勘察
　　　设计二等奖
和记黄浦人和商住区（比华利
豪园）
重庆万科锦程（一、二期工程）
荣获：2013年重庆市优秀工程勘
　　　察设计三等奖
重庆江北嘴金融城3号地块
荣获：2017年重庆市优秀工程勘
　　　察设计二等奖
招商置地"长嘉汇"项目（G19-
1/02地块B2组团）
荣获：2017年重庆市优秀工程勘
　　　察设计一等奖
龙湖·春森彼岸项目（四、五期）
重庆万科悦湾（北地块）住宅
金融街融景城项目（C1地块）
中国核建·紫金一品

　　本项目位于弹子石老街保护区及风貌延展区，地处长江东岸，毗邻长江、嘉陵江两江交汇处，平均高差约25.2米。设计在沿袭原老街风格肌理的前提下，沿原地势蜿蜒而上，同时也能沿长江横向展开。无论从空间序列还是建筑形式，都保留重庆开埠时期"中西合璧"多元化发展的建筑风情特色。设计充分地利用地形高差，建筑体量逐层缩减，在商场部分形成多处花园平台，创造对江望景的绝佳视野。提炼重庆开埠文化的老建筑风格元素，结合项目平面及业态进行创新设计，在南滨路的主形象面从体量和建筑形式上都体现了"人文商业区"的定位和打造城市名片的理念。

杨洋

职务： 重庆市设计院第五建筑设计院院长

职称： 高级工程师

执业资格： 国家一级注册建筑师

教育背景
2000年—2005年　重庆大学建筑学学士

工作经历
2005年至今　重庆市设计院

个人荣誉
第二届重庆市优秀青年建筑师

主要设计作品
重庆市委礼堂
荣获：2009年全国优秀工程勘察设计二等奖
　　　2009年重庆市优秀工程勘察设计一等奖
中国民主党派历史陈列馆
荣获：2013年中国建筑设计奖（建筑创作）银奖
　　　2013年重庆市优秀工程勘察设计一等奖
重庆市雾都宾馆
荣获：2016年重庆市优秀工程勘察设计二等奖
华宇·锦绣花城一期工程
荣获：2017年全国优秀工程勘察设计二等奖
　　　2017年重庆市优秀工程勘察设计一等奖
华宇·锦绣花城幼儿园
荣获：2017年全国优秀工程勘察设计二等奖
重庆市渝州宾馆
荣获：2017年重庆市优秀工程勘察设计一等奖

东宏时代广场

Donghong Times Square

项目业主：重庆东宏地产集团

建设地点：重庆

建筑功能：五星级酒店、商业、公寓建筑

用地面积：100 000平方米

建筑面积：500 000平方米

设计时间：2013年

项目状态：建成

设计单位：重庆市设计院

主创设计：杨洋

设计团队：蒋鑫、王事奇、熊萍萍、杨燕乔

设计指导：钟洛克

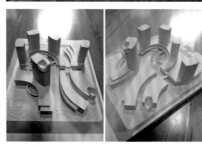

　　本项目分为五星级国际酒店与大型商业综合体两个部分，结合地域文化，以"龙图腾"的抽象形式将基地平面划分为一头、一心、一尾。以五星级酒店为头，入口环抱酒店前广场，迎接人流、车流；以环形商业综合体抱的中心广场为核心，结合周边商务、公寓及写字楼，形成中心凝聚力；以酒店附属楼及大型商业为尾，利用内街与外街的形式将二者串联，形成庞大的综合体，首尾相接，环抱中心。龙的图腾不仅运用于平面布局，更将立面造型与其融合，网格以及丰富多变的商业裙楼肌理、挺拔的塔楼配合纵向的长窗，形成龙鳞，寓意为金龙腾空而起。

万达丹寨旅游小镇
Wanda Danzhai Tourism Town

项目业主：中国建筑第四工程局有限公司
建设地点：贵州 黔东南苗族侗族自治州
建筑功能：文旅、商业建筑
用地面积：125 000平方米
建筑面积：49 000平方米
设计时间：2016年—2017年
项目状态：建成
设计单位：重庆市设计院
主创设计：陶立、邹光陶
设计团队：谭竹荃、朱敏、周含川、汤海涛、张晓欧

本项目位于贵州黔东南苗族侗族自治州，项目以非物质文化遗产、苗族、侗族文化为内核，融商业、文化、休闲、旅游为一体，涵盖吉尼斯世界纪录最大水车、3 000米长环湖慢跑道、千亩花田、四大苗侗文化主题广场、精品客栈、街坊、酒坊、米店、会馆、酒吧、影院等众多文化旅游功能。旨在打造一个集"吃、住、行、游、购、娱、教"为一体的精品旅游综合体。

陶立

职务：重庆市设计院城市建筑一院院长
职称：高级工程师

教育背景
2001年—2006年　重庆大学建筑学学士

工作经历
2006年—2008年　深圳市建筑研究设计总院
2008年至今　　　重庆市设计院

个人荣誉
首届重庆市优秀青年建筑师

主要设计作品
中国民主党派历史陈列馆
荣获：2012年中国建筑学会建筑创作奖银奖
　　　2012年重庆市优秀工程勘察设计一等奖
沙坪坝西永康居西城公租房
荣获：2013年中国建设设计奖（建筑创造）银奖
界石公租房工程
荣获：2013年全国保障性住房优秀设计专项奖二等奖
重庆九龙坡区陶家公租房
荣获：2013年全国保障性住房优秀设计专项奖三等奖
茶园公租房
荣获：2013年全国保障性住房优秀设计专项奖三等奖
万达丹寨旅游小镇
荣获：2016年首届建筑信息模型（BIM）应用竞赛一等奖
　　　2018年重庆市优秀工程勘察设计一等奖
世茂照母山壹号（世茂集团）1至4期
万科翡翠都会
南川海逸天
渝西水务办公项目

杜源

职务：重庆市设计院建筑结构创
　　　新研究所副所长、分院副
　　　总建筑师
职称：高级工程师

教育背景
1991年—1996年　重庆建筑大学
　　　　　　　　建筑学学士

工作经历
1996年至今　重庆市设计院

个人荣誉
第二届重庆市优秀青年建筑师

主要设计作品
重庆市委礼堂改造
荣获：2009年全国优秀工程勘察
　　　设计二等奖
申基·索菲特大酒店
荣获：2009年全国优秀工程勘察
　　　设计三等奖
重庆南坪万达商业广场二期·艾
美酒店
荣获：2011年重庆市优秀工程勘
　　　察设计三等奖
重庆市政府办公楼
荣获：2013年全国优秀工程勘察
　　　设计一等奖
重庆国瑞中心
荣获：2016年重庆市优秀工程勘
　　　察设计二等奖
重庆解放碑威斯汀酒店
荣获：2017年全国优秀工程勘察
　　　设计二等奖
重庆北碚悦榕庄
河北亚宇喜来登酒店
璧山区行政服务中心
璧山区文化艺术中心
江北观音寺迁建工程
重庆江津四面山少林寺

重庆江津·四面山少林寺
Jiangjin Simianshan Shaolin Temple, Chongqing

项目业主：重庆荧鸿投资实业有限公司
建设地点：重庆
建筑功能：仿古寺院建筑
用地面积：598 106平方米
建筑面积：30 742平方米
设计时间：2012年—2013年
项目状态：部分建成
设计单位：重庆市设计院
主创设计：杜源、廖屿荻（重庆大学）
项目团队：杨云均、龙北辰、邓成甫、唐铭杰、
　　　　　李薇、罗轶、况尧垚、陈显锋、刘阳

　　本项目建设用地位于江津区中山镇双峰寺村，南
接四面山景区。用地范围内部高差大，最大落差约200
米，平均坡度超过30度，在做了大量的前期调研和
资料收集分析的基础上，确定了"尊重自然、尊重历
史、尊重传统、注重景观、分散集中"的设计原则。
以中国传统禅宗寺庙的建筑形制为蓝本，遵循传统山
地寺院的空间处理手法，依托基地现状，挖掘基地特

色，合理组织，使建筑与之相融合。总体布局呈现
"五轴""十殿""一台""两院"格局，大小院落
疏密有别，疏可跑马，密不透风。建筑立面比例，出
檐起翘以宋风为参考，同时结合巴渝地区和闽南地区
（因该寺建成后由泉州南少林传承香火）的一些传统
建筑形式，以体现其对地域环境和使用者的尊重，斗
拱设计注重与建筑风格及室内空间的协调统一。

重庆石柱县中益乡扶贫安置集群建筑项目

The Construction Project of the Poverty-relief and Resettlement Cluster of Zhongyi Township in Shizhu County, Chongqing

项目业主：重庆市汽车运输（集团）有限公司
　　　　　石柱土家族自治县裕兴实业有限公司
建设地点：重庆
建筑功能：交通、办公建筑
用地面积：4 932平方米
建筑面积：1 977平方米
设计时间：2017年
项目状态：在建
设计单位：重庆市设计院
主创设计：徐千里工作室

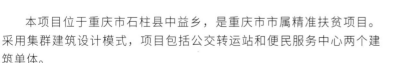

余水

职务：重庆市设计院
　　　徐千里工作室主任
职称：高级工程师
执业资格：国家一级注册建筑师

教育背景
2001年—2006年　重庆大学建筑
　　　　　　　　学学士

工作经历
2006年—2011年　重庆市设计院
2016年—2019年　重庆市设计院

主要设计作品
重庆国瑞中心
荣获：2016年重庆市优秀工程勘
　　　察设计二等奖
重庆西永综合保税港区监管大楼
（一期）
荣获：2016年重庆市优秀工程勘
　　　察设计二等奖
重庆石柱县中益乡扶贫安置集群
建筑项目
荣获：2018年中国土地学会第一
　　　届全国乡村规划优秀案例
重庆解放碑至朝天门文旅通廊
重庆渝中区胜利巷城市更新
重庆江津党校改造工程
重庆秀山川河盖游客服务接待中心
重庆丰都南天湖景区环境品质综
合提升工程
重庆渝中区张家花园平街环境品
质综合提升工程
重庆上邦高尔夫会所
重庆万达文旅城B01、A03销售
物业组团
重庆融创亚太商谷四期
重庆东原世界时立面专项设计
重庆上邦瑾见别墅
四川美术学院虎溪校区综合楼
重庆华润公园九里

本项目位于重庆市石柱县中益乡，是重庆市市属精准扶贫项目。采用集群建筑设计模式，项目包括公交转运站和便民服务中心两个建筑单体。

公交转运站，从人口老龄化的社会角度着手，特别注重解决乡村老龄化和幼龄化带来的问题。建筑功能重点考虑无障碍设计、简捷的交通组织、合理的通风组织、将漫反射光引入室内等多种适老化的处理手法，建筑以钢木结构搭建形成仪式感的空间，建筑外部形态则采用传统的多重屋檐形式。

便民服务中心，设计创意立足于传统空间的现代演绎，注重空间递进的层次，构成"四水归堂"的传统院落空间，体现建筑与自然的和谐关系，为村民的活动提供集会的场所。

王少晖

职务：青岛时代建筑设计有限公司设计总监
职称：高级工程师
执业资格：国家一级注册建筑师

工作经历

1988年—1998年　山东省冶金设计院
1998年—2003年　山东省天工建筑设计公司
2003年—2009年　山东原创建筑设计事务所
2009年—2018年　青岛埃克豪森木构工程有限公司
2018年至今　　　青岛时代建筑设计有限公司

教育背景

1983年—1988年　同济大学建筑学学士

孙敖

职务：青岛时代建筑设计有限公司所长
职称：高级工程师

工作经历

2004年至今　青岛时代建筑设计有限公司

教育背景

2000年—2004年　吉林建筑大学土木工程学士

个人荣誉

青岛市勘察设计行业先进工作者

刘吉武

职务：青岛时代建筑设计有限公司建筑师
职称：高级工程师
执业资格：国家一级注册建筑师
　　　　　注册城乡规划师
　　　　　高级绿色建筑工程师

教育背景

1995年—1998年　长春建筑高等专科学校建筑学学士
2009年—2012年　哈尔滨工业大学土木工程学硕士

工作经历

1998年—2002年　潍坊市奎文区建筑设计研究院
2002年至今　　　青岛时代建筑设计有限公司

尉荣昕

职务：青岛时代建筑设计有限公司建筑师
职称：工程师

教育背景

2006年—2011年　山东科技大学建筑学学士

工作经历

2011年—2012年　北京东方华脉工程设计有限公司
2012年—2015年　青岛易境工程咨询有限公司
2015年—2018年　青岛埃克豪森木构工程有限公司
2018年至今　　　青岛时代建筑设计有限公司

杨宁宁

职务：青岛时代建筑设计有限公司建筑师
职称：工程师

教育背景

2005年—2010年　山东科技大学建筑学学士

工作经历

2010年—2012年　北京东方华脉工程设计有限公司
2012年—2015年　青岛易境工程咨询有限公司
2015年—2018年　青岛埃克豪森木构工程有限公司
2018年至今　　　青岛时代建筑设计有限公司

地址：青岛市黄岛区黄浦江路57号
电话：0532-86898576
网址：www.qdsct.com
电子邮箱：qdsct@tom.com

　　青岛时代建筑设计有限责任公司（原青岛市第二建筑设计研究院）成立于1985年7月，伴随着青岛的飞速发展而成长壮大，2018年资产重组后，企业实力大增，迸发出新的活力。公司现具有建筑设计、城乡规划、市政公用、风景园林、岩土工程勘察等资质，是集设计、规划、勘察、科研为一体的技术密集性科技企业。

　　公司秉承"精心设计、优质服务、开拓进取、诚信守约"的企业宗旨和"求新、求实、求精"的经营理念。立足青岛，积极拓展外地市场，在部分省市成立了分支机构，为公司的拓展奠定了坚实的基础。

　　公司致力于建筑空间的创造与体验，营造以人为本的城市环境，在艺术理想与实际建设之间寻找平衡点，根据对不同环境的认知感受做灵活变化，强调"地利与人和、艺术与市场"的契合，以达到和谐圆满的结果。此外，公司还热衷于社会公益事业、积极承担社会责任，树立了良好的社会形象。

山东省智能机器人孵化基地暨产业园一期A区

Shandong Intelligent Robot Incubation Base and Area a of Industrial Park Phase I

建设地点：山东 青岛
用地面积：32 727平方米
建筑面积：48 000平方米
设计时间：2019年
项目状态：待建
设计单位：青岛时代建筑设计有限公司
主创设计：王少晖、杨宁宁、尹李太
获奖情况：2019年黄岛区重点项目之一

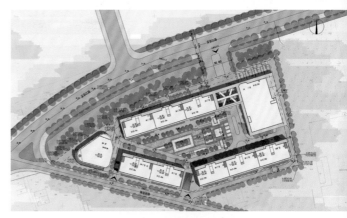

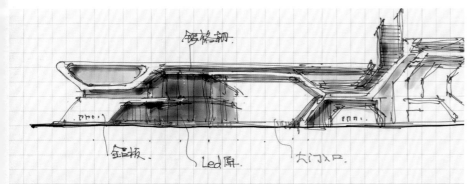

本项目地理位置和景观资源非常优越，地上5层，地下1层，是青岛市机器人产业基地。

建筑风格现代，形态注入工业化科技元素。科技、自然、现代化的产业空间应内涵深刻，以人的需求为核心，兼顾自然生态环境的保护和可持续发展。

工业设计元素融入建筑之中，沿街面及形象入口简洁大气，形态舒展。将文化与设计、创意、科技等产业相融合，促进文创产业多方位联动，催生新业态。

青岛东方贝壳文化博览园

Qingdao Oriental Shell Culture Expo Park

项目业主：青岛贝壳博物馆
建设地点：山东 青岛
建筑功能：文化建筑
用地面积：32 727平方米
建筑面积：43 095平方米
设计时间：2018年
项目状态：待建
设计单位：青岛时代建筑设计有限公司
主创设计：王少晖、尉荣昕、尹李太
获奖情况：2019年青岛市30大重点项目之一

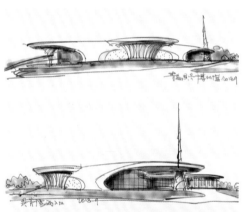

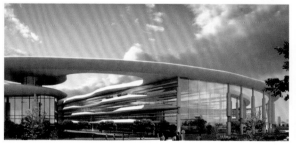

　　本项目地理位置优越，景观资源丰富，地上2层，地下1层，建成后将成为青岛市地标建筑。

　　建筑风格大气简洁，形态优美。设计时将贝壳自带弧形元素融入建筑之中，沿街面简洁大气，形态舒展。建筑的取材上也力求纯粹、干净、简单、一尘不染，用建筑材质来塑造干净简洁的建筑。

　　景观设计与建筑及周边结合。场地内不仅有着优美的建筑，在景观的打造上也力求精致，与建筑呼应，满足室外活动的同时，也提升了区域内的品质。

青岛黄海学院文科教学园区和学生生活园区

Liberal Arts Teaching Park and Student Life Park of Qingdao Huanghai College

项目业主：青岛黄海学院
建设地点：山东 青岛
建筑功能：教育建筑
用地面积：138 300平方米
建筑面积：145 244平方米
设计时间：2014年
项目状态：建成
设计单位：青岛时代建筑设计有限公司
设计团队：王少晖、杨宁宁、闫丽娜

总平面图

本项目位于青岛西海岸新区，建筑遵循"师法自然、层峦叠翠、和谐共生"的设计理念，充分尊重原有的地形地貌和自然环境，尽可能地拓展园区内部的景观环境空间，把教学楼和宿舍楼融于自然环境之中，使之和谐共生，体现环境对于学生居住生活的意义。

园区按功能分为三个区：东侧为文科教学园区（综合教学楼、专业教学楼、艺术教学楼）；西侧为学生生活园区，其中前区为服务配套区（食堂、活动中心等），后区为学生宿舍区(学生公寓)。

建筑整体外观以"层峦叠翠"为寓意，将建筑寓意为"层峦"，将景观寓意为"叠翠"。外观设计成山峦造型，每个建筑立面都有丰富的层次，与北侧的自然山峦形成呼应，建筑尺度宜人，对自然山峦形成退让。外立面材质采用与山石相呼应协调的石材为主，局部采用大面积玻璃幕墙以及三角形窗户的点缀，丰富了建筑立面层次，具有现代气息。

呼伦贝尔国家运输枢纽新区客运站

Hulunbuir National Transport Hub New Area Passenger Station

建设地点：内蒙 呼伦贝尔

建筑功能：交通建筑

建筑面积：11 672平方米

设计时间：2017年

项目状态：建成

设计单位：青岛时代建筑设计有限公司

主创设计：孙敖

获奖情况：2018年青岛市优秀工程勘察设计奖

本项目位于呼伦贝尔新区交通运输的核心地带，是根据国家城镇发展计划和相关规定，结合呼伦贝尔新区的实际情况及未来城市扩容需求，按一级车站设计。

这次设计的新区客运站站务用房主体1层，局部2层。本项目以良好的整体布局和建筑朝向布置作为建筑节能的基本措施。以超前的视角、完善的配套、新颖的设计，成为当地一个标志性建筑物。平面布局沿维纳河路展开。外立面设计以现代简约为主，立面突出家的轮廓，使建筑与当地文化、周边环境及自身功能有机结合，既现代时尚又富有家的温馨。设计方案已超远的视角、新颖的立面形式、先进的技术工艺，赢得了政府和群众的大力好评。

满洲里市第十二学校
The 12th School of Manzhouli City

项目业主：满洲里市教体局　　　建设地点：内蒙 呼伦贝尔

建筑功能：教育建筑　　　　　　用地面积：80 037平方米

建筑面积：31 410平方米　　　　设计时间：2015年

项目状态：建成　　　　　　　　设计单位：青岛时代建筑设计有限公司

设计团队：刘吉武、葛新、李忠伟、包和东、申玉国、于永松
　　　　　冯海涌、王俊宏、史春伍、闫国庆、李宏巍、姜玉梅

　　本项目是满洲里市的重点工程，建筑包括教学楼、礼堂、体育馆、足球馆、阳光房等。教学楼按36个标准教室进行设计，可容纳学生1 800人。在技术设计上，高度重视结构和消防的安全性，注重节能和环境保护，满足抗震要求和人防设置要求，严格执行国家现行设计规范，积极合理采用新技术、新材料、新设备，以新颖的设计成为当地一个标志性建筑物。平面布局紧凑，各功能分区安排合理，体育运动场地集中布置，结合地域位置特点，设置一个溜冰场地，满足了冬季学生运动的需求。与教学楼的分隔距离，有效地保证了教学用房的使用特性。

王滔

职务： 广东中山建筑设计院股份有限公司总建筑师、
副院长
中国建筑学会会员
广东省建筑专家库成员
中山市土木建筑学会副会长
中山市国土空间规划委员会委员

职称： 高级建筑师

执业资格： 国家一级注册建筑师

教育背景

1986年—1990年　华中理工大学建筑学学士
2003年—2004年　澳洲堪培拉大学工商学院MBA学位
2009年—2010年　清华大学高级建筑研修班进修

工作经历

1990年—1992年　华中理工大学建筑设计研究院
1992年至今　　　广东中山建筑设计院股份有限公司

主要设计作品

中山市汽车总站
荣获：1997年广东省优秀工程设计二等奖
中山市岩谷板芙厂区
荣获：1999年广东省优秀工程设计二等奖
　　　2000年建设部优秀建筑设计三等奖
中山市第一中学
荣获：1999年入选北京第二十届世界建筑师大会中国
　　　建设成就展
　　　2000年中山市优秀工程设计一等奖
　　　2001年广东省优秀工程设计二等奖
　　　2002年建设部优秀建筑设计三等奖
中山市建筑工程质量检测中心试验楼
荣获：2002年中山市优秀工程设计二等奖

武汉市山水星辰住宅小区二期
荣获：2003年湖北省优秀工程设计三等奖
中山市博爱医院住院部大楼
荣获：2002年中山市优秀工程设计二等奖
　　　2003年广东省优秀工程设计三等奖
广东博文学校
荣获：2002年中山市优秀工程设计二等奖
　　　2003年广东省优秀工程设计三等奖
广东罗定实验中学
荣获：2006年中山市优秀工程设计二等奖
中山市菊城小学
荣获：2006年中山市优秀工程设计一等奖
雅居乐花园十二期中心城
荣获：2006年中山市优秀工程设计一等奖
　　　2007年广东省优秀工程设计二等奖
中山长江高尔夫球会酒店
荣获：2008年中山市优秀工程设计一等奖
　　　2009年广东省优秀工程勘察设计三等奖
汶川县漩口镇援建工程
荣获：2010年中山市优秀工程勘察设计一等奖
中山保税物流中心首期工程一期
荣获：2010年中山市优秀工程勘察设计一等奖
　　　2011年广东省优秀工程勘察设计三等奖
思宏集团板芙厂区（办公楼）
荣获：2011年广东省注册建筑师优秀建筑创作佳作奖
　　　2012年中山市优秀工程勘察设计一等奖
　　　2013年广东省优秀工程勘察设计二等奖
盛景园三期
荣获：2018年中山市优秀工程勘察设计一等奖
德仲广场
荣获：2018年中山市优秀工程勘察设计一等奖
峰汇智地大厦
荣获：2018年中山市优秀工程勘察设计三等奖

广东中山建筑设计院股份有限公司

　　广东中山建筑设计院股份有限公司是广东省中山市一家甲级建筑设计院，由国家建设部颁发建筑工程甲级资质证书，是建设部1999年第一批换证的骨干建筑设计单位，并具有工程咨询甲级、市政工程设计乙级、城市规划编制乙级等资质。它始建于1958年，经过60年的发展和壮大，迄今为止已有员工600余人，专业包括城市规划、建筑、结构、给排水、电气、暖通（空调）、园林、市政、装饰设计及工程咨询等，其中教授级高级工程师和高级工程师98人、国家一级注册建筑师26人、国家一级注册结构工程师18人、注册设备工程师9人、中级职称179人。现已成为技术力量雄厚、专业技术配套、设计手段先进、管理方法科学的综合建筑设计单位。

　　天建建筑师工作所为广东中山建筑设计院股份有限公司院属专业建筑设计所，是设计院骨干设计所和设计创优主力建筑师团队。工作所拥有高级建筑师5人、国家一级注册建筑师4人，全体设计人员均为本科或以上学历。设计团队年轻向上，朝气蓬勃，设计作品精益求精，屡屡获奖，累计荣获建设部、省、市各级优秀设计奖合计近30项。团队先后主持及设计过一系列质量高、影响大的工程项目。团队在长期设计工作中具有与多家境外事务所成功合作的丰富经历，能根据市场需要提供专门的前期方案设计、后期施工图设计及工地服务等分段的服务项目。

地址：广东省中山市东区
　　　中山四路1号之一
电话：0760-88309000
传真：0760-88319000
电子邮箱：jzysa@126.com

中山市第一中学

NO.1 Middle School of Zhongshang City

项目业主：中山市第一中学
建设地点：广东 中山
建筑功能：教育建筑
建筑规模：36个高中班
建筑面积：52 000平方米（一期）
设计时间：1995年—1997年
项目状态：建成
设计单位：广东中山建筑设计院股份有限公司
主创设计：王滔

　　该项目为全国范围招投标中标实施方案，通过强化多层次非教学空间的规划设计比重，诠释对现代教育思想的理解——由单纯的传道授业转向培养具有综合素质的开拓型人才。新校区整体布局紧凑，流线便捷，各功能分区合理。建筑空间设计依山就势，与自然环境有机融合，既适应岭南气候特点，又体现了"天人合一"的传统空间意象，是一所山地建筑模式的现代化中学校园。

　　该工程落成后，当年即被评成中山市的新增景点，1999年该工程项目竣工图片入选北京"第20届世界建筑师大会中国建设成就展"。

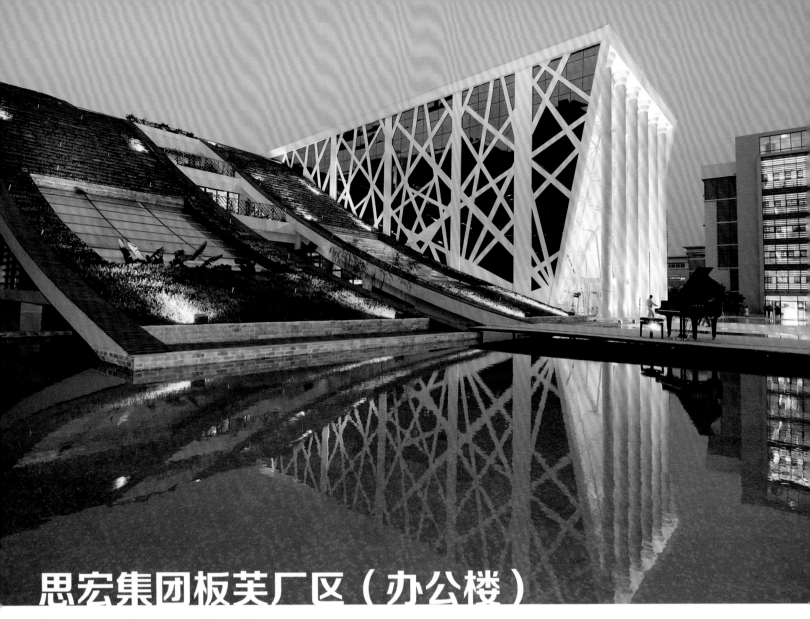

思宏集团板芙厂区（办公楼）

Sihong Group Banfu Factory Area (Office Building)

项目业主：思宏时装（中山）有限公司

建设地点：广东 中山

建筑功能：办公建筑

用地面积：10 663平方米

建筑面积：11 220平方米

设计时间：2006年—2008年

项目状态：建成

设计单位：广东中山建筑设计院股份有限公司

主创设计：王滔

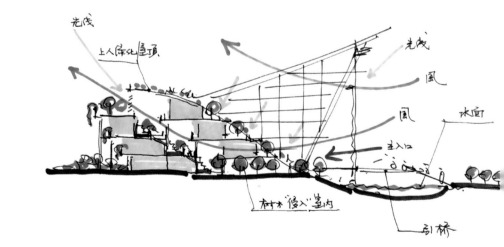

"凿户牖以为室，当其无，有室之用。故有之以为利，无之以为用。"思宏集团亚太总部基地项目的创作，正是体现了这种以"无"造"有"，以退为进的中国传统空间哲学思想。

作为全国首家纺织品环保产业基地，设计通过适应岭南气候特色的室内外空间的塑造、人性化关怀的空间引导、艺术特质的文化展现以及多项建筑科技的运用，紧扣人文、绿色、科技的主流建筑发展方向，表达了对建筑创作的浪漫与现实交织、感性与理性共存之辩证理解，体现了建筑师应有的思想、责任与情怀。

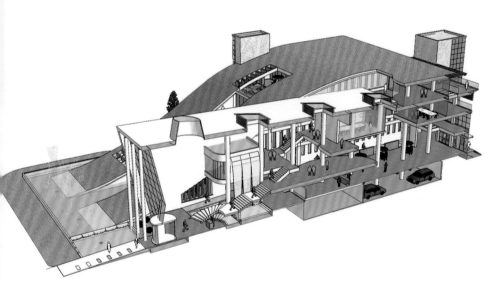

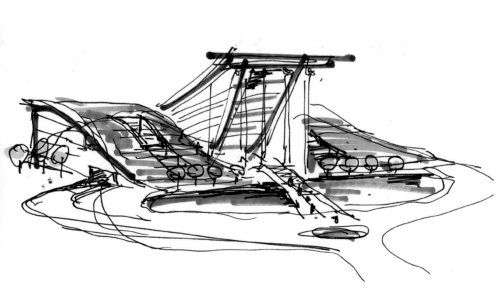

中山岩谷板芙厂区

Zhongshanyangu Banfu Factory Area

项目业主：中山岩谷有限公司

建设地点：广东 中山

建筑功能：工业建筑

用地面积：19 930平方米

建筑面积：13 778平方米

设计时间：1996年—1997年

项目状态：建成

设计单位：广东中山建筑设计院股份有限公司

主创设计：王滔

在20世纪90年代中国工业化浪潮背景下，设计比较接地气地塑造了日本岩谷株事会社在中国的企业形象——雄厚的实力和积极开拓的精神。

由于日方的高要求，公司提供了全过程、全方位的精细化设计及建设过程的跟踪监理服务，努力缩短了当时与发达国家设计行业间的差距，无论是工作方法还是工作成效，都获取了宝贵的实践经验。正式投产仪式上，日方郑重地向该院赠送了感谢状和礼品，对他们工作成效和服务精神高度赞扬。

其他主要作品

武汉市山水星辰住宅小区
获：2003年湖北省优秀工程勘察设计一等奖

德伸广场
获：2018年中山市优秀工程勘察设计一等奖

北京积水潭中山骨科医院　2010年全国投标方案第一名

雅居乐十二期中心城 获：2006年中山市优秀工程勘察设计一等奖
2007年广东省优秀工程勘察设计二等奖

盛景园三期（商务区）获：2018年中山市优秀工程勘察设计一等奖

中山市保税物流中心 获：2010年中山市优秀工程勘察设计一等奖
2011年广东省优秀工程勘察设计三等奖

中山长江高尔夫球会酒店
获：2008年中山市优秀工程勘察设计一等奖
2009年广东省优秀工程勘察设计三等奖

鄂州市万佳凯旋城（鄂州地产标杆楼盘）

广东博文学校 获：2003年广东省优秀工程勘察设计三等奖

中山市中心城区商业街改项目　岐江码头

中山市博爱医院住院部（含手术部）大楼
获：2003年广东省优秀工程勘察设计三等奖

北大学园菊城小学 获：2006年中山市优秀工程勘察设计一等奖

中山市汽车总站
获：1997年广东省优秀工程勘察设计二等奖

王莹

职务： 天津中天建都市建筑设计有限公司主创建筑师
职称： 高级建筑师

教育背景
2002年—2007年　西安建筑科技大学建筑学学士

工作经历
2007年—2009年　天津中天建建筑设计事务所
2009年—2012年　天津博风建筑设计有限公司
2012年至今　　　天津中天建都市建筑设计有限公司

主要设计作品
青岛西站综合交通枢纽换乘中心及配套项目
天津EOD总部港
中国草柳编文化创意产业园

泰达建设集团第一大街A地块
滨海新区南益名士华庭二号地
天津亿利亿达科技园建设项目

田佳鑫

职务： 天津中天建都市建筑设计有限公司主创建筑师
职称： 高级建筑师

教育背景
2004年—2009年　吉林建筑工程学院建筑学学士

工作经历
2009年至今　天津中天建都市建筑设计有限公司

主要设计作品
海口电影文化产业园规划
海口电影文化产业园审片大厦
天保金海岸C03商业项目
未来科技城南区蓝白领公寓
未来科技城电子信息设备生产基地

印尼雅万高铁瓦利尼站
义乌异国风情街整体改造设计
青岛西站综合交通枢纽换乘中心及配套项目

天津 中天建 都市建筑设计有限公司

　　天津中天建都市建筑设计有限公司为建筑行业建筑工程甲级单位，是一支以多年从事建筑设计工作的中青年工程技术人员为主的设计团队。多年的实践历程，培养了团队的整体协作精神和市场化的服务意识。

　　建筑设计是用尽可能完美的手段去解决项目的需求和问题的过程，基于这一立场，该公司尽可能全面、合理地认知每一个项目的属性，专业而又合理地完成项目的设计工作。

　　中天建都市建筑设计有限公司坚持理论与实践经验、创意与技术、个性与团队、专业与市场合理结合，注重建筑的自身及城市的属性，注重建筑设计中的方法论，并力争凝聚每一个成员的能力，共同营造一个学习、交流、实践、成长的空间，用每一个成果去表述自我，服务社会。

　　中天建都市建筑设计有限公司深谙房地产策划、开发、设计方面的相关实践知识和经验，对房地产程序与规律十分熟悉，从而具有较高的产品策划与市场定位能力，与知名的地产商有着长期的合作。

　　中天建都市建筑设计有限公司十分注意方案与施工过程的无缝衔接、创意在工程中的完美实现。同时有着强烈的成本控制意识以及一整套对建筑工程细部节点与材料深入设计的流程。

地址：天津市南开区水上西路
　　　大安翠微园1号楼2-5层
电话：022-23592930
传真：022-23592930
网址：www.tjztj.com
电子邮箱：ztj2008@vip.sina.com

兰晓华

职务：天津中天建都市建筑设计有限公司主创建筑师
职称：工程师

教育背景
2006年—2011年　东北石油大学建筑学工学学位

工作经历
2011年—2013年　上海浚源建筑设计有限公司
2013年—2014年　深圳华森建筑与工程设计顾问有限
　　　　　　　　公司上海分公司
2014年至今　　　天津中天建都市建筑设计有限公司

主要设计作品
中国草柳编文化创意产业园
京唐城际铁路燕郊站
天津华侨城地产项目C地块二期聆水苑临湖岛项目

中核天津港东新城项目1、2、4号地规划及方案设计
新建昌景黄铁路鄱阳南站、余干站概念设计方案

高磊

职务：天津中天建都市建筑设计有限公司主创建筑师
职称：工程师

教育背景
2006年—2011年　天津城建大学建筑学学士

工作经历
2011年至今　天津中天建都市建筑设计有限公司

主要设计作品
山东东营香桥郡
天津格调平园
天津华府御墅
天津静海裕华园
天津汇智俊园

天津纪庄子整体规划设计
泰达建设集团第一大街A地块
中科金财产业园
南京生态岛会所

武超

职务：天津中天建都市建筑设计有限公司主创建筑师
职称：工程师

教育背景
2005年—2010年　天津城建大学建筑学学士

工作经历
2010年至今　天津中天建都市建筑设计有限公司

主要设计作品
天津泰达格调林泉
天津东丽湖万科八期
天津塘沽南益名仕华庭
南京生态岛会所
青岛西站综合交通枢纽换乘中心及配套项目
天津津滨H2

新疆达坂城特色小镇
万科东丽湖五期赏溪苑
京唐城际铁路燕郊站
印尼雅万高铁瓦利尼站
贵南高铁荔波站
南沿江铁路江阴站

中国草柳编文化创意产业园

China Grass Willow Woven Cultural and Creative Industrial Park

项目业主：博兴县锦秋街道办事处

建设地点：山东 滨州

建筑功能：文化建筑

用地面积：23 939平方米

建筑面积：15 567平方米

设计时间：2015年—2016年

项目状态：建成

设计单位：天津中天建都市建筑设计有限公司

主创设计：兰晓华

　　博兴素有"草编之乡"之称,当地盛产苇草、蒲草、荷叶和柳条,这里的民间手工艺品全部采用自然植物为原材料纯手工编制。

　　展示中心的概念是从草编工艺制品中提炼形式,通过设计手段转化成建筑语言。以蒲团的圆形和弧形为基本体量,叠加和错动形成主展厅,抽离其螺旋线,以中心向外辐射的形式构成电子商务办公区。表皮的设计以柳编工艺品的经纬线交织为肌理原形,将其概括为连续重复的水平三角片与垂直杆件交织的组合,通过铝板幕墙系统将其表达出来。

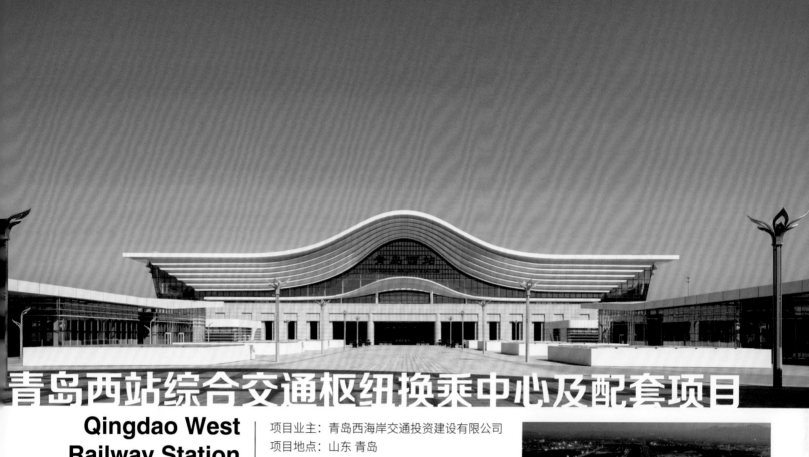

青岛西站综合交通枢纽换乘中心及配套项目

Qingdao West Railway Station Integrated Transportation Hub Transfer Center and Related Projects

项目业主：青岛西海岸交通投资建设有限公司
项目地点：山东 青岛
用地面积：91 563平方米
建筑面积：60 000平方米
设计时间：2016年—2017年
项目状态：建成
设计单位：天津中天建都市建筑设计有限公司
合作设计：中国铁路设计集团有限公司
设计团队：王莹

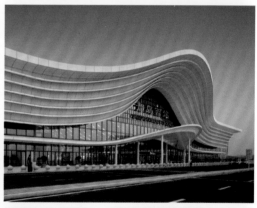

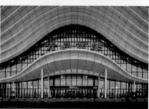

青岛西站站房设计以大海中涌动的海浪为灵感来源，造型似层层泛起的浪花，用灵动的建筑曲线来表达青岛这座海洋城市的独特之美。

项目站房规模设计6台14线，初期建设4台11线，预留2台3线；途经该站的铁路线路为青盐铁路。青岛西站整体自下而上结构层依次为地铁区间、地下通廊及高架站房，站房又由三部分组成：东站房、高架候车室及西站房，自东向西呈"T"字形，采用上进下出的流线模式。

整体项目贯穿东西广场，串联出租车、公交车、长途汽车、社会车辆及地铁等多种换乘方式，成为真正的综合性交通枢纽，为旅客提供舒适的候车空间及换乘体验。

中科金财产业园

Zhongke Gold Property Industrial Park

项目业主：天津滨河顺通科技有限公司
建设地点：天津
建筑功能：产业园
用地面积：115 000平方米
建筑面积：205 000平方米
设计时间：2015年
项目状态：方案
设计单位：天津中天建都市建筑设计有限公司
主创设计：高磊

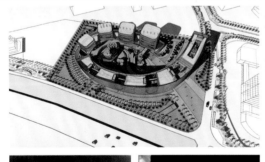

　　本项目是一个集办公、生活、娱乐一体的综合性产业园区。年轻人的办公场所，方案构思上讲究创新，用不断向上升起的坡道将所有建筑个体相连接，起到在办公中交流的作用。周边绿化引入项目基地内，单独办公空间环绕中心绿地，拥有良好的景观视线。层层错落的空中花园，提供良好的交流平台。

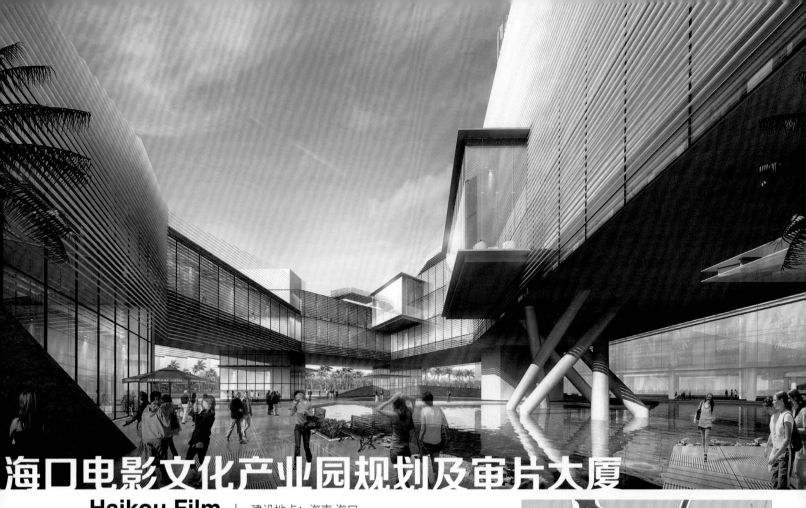

海口电影文化产业园规划及审片大厦

Haikou Film Culture Industrial Park Planning and Film Examination Building

建设地点：海南 海口
建筑功能：办公、商业建筑
用地面积：129 142平方米
建筑面积：387 426平方米
设计时间：2013年—2015年
项目状态：方案
设计单位：天津中天建都市建筑设计有限公司
主创设计：田佳鑫
参与设计：王乃虎

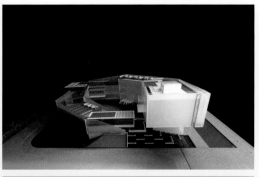

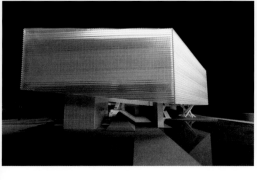

　　本项目是一个以电影产业为主，集产业研发、办公、商业为一体的综合性建筑群。其中审片大厦在设计过程中，一直致力于探索将建筑本体与电影概念联系起来。建构逻辑借鉴了桥梁的结构形式，使建筑宛如漂浮于水面，建筑整体呈盘旋上升的态势，景观种植屋面从地面一直升到最高层。步移景异的同时，画面的转折切换与电影蒙太奇的语言相互呼应，实现建筑与电影的整合演变。

天保金海岸C03商业项目

Tianbao Golden Coast C03 Commercial Project

项目业主：天津滨海开元房产开发公司
建设地点：天津
建筑功能：商业、办公建筑
用地面积：14 223平米
建筑面积：48 360平米
设计时间：2013年—2015年
项目状态：在建
设计单位：天津中天建都市建筑设计有限公司
主创设计：田佳鑫

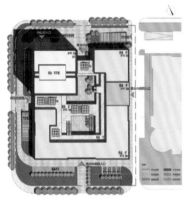

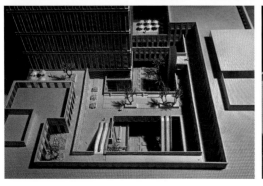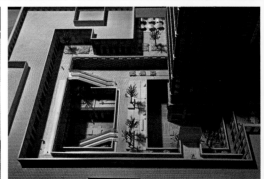

本项目的设计力求探索建筑在特定城市环境中的特定表达。建筑设计以横向的直线条为主要基调，增加建筑各部分之间的联系及与基地周围的建筑相呼应、区域相统一的整体效果。设计过程中，倾向于将建筑本体与其周围所处环境联系起来，实现建筑与环境的整合演变。开放的裙房内街增加了底层商业界面的长度，同时聚集人气，提升商业空间的价值，对增强城市空间的活力产生积极的作用。建筑艺术价值与实用性的平衡互动构成了整个设计的基本脉络。

贵南高铁荔波站

Guinan High-speed Railway Libo Station

项目业主：沪昆铁路客运专线贵州有限公司
建设地点：贵州 荔波
建筑功能：交通建筑
用地面积：10 800平方米
建筑面积：10 000平方米
设计时间：2019年
项目状态：方案
设计单位：天津中天建都市建筑设计有限公司
合作设计：中铁工程设计咨询集团有限公司
主创设计：武超

方案设计以"七孔桥"为理念，以远山塑造的层层山影为背景，通过形态演变，结合项目周边自然环境，以七孔桥为基调，以群山为剪影，传承荔波的历史文脉，呼应荔波的山水盛景。在室内设计上以"山水交融"为主题，站房屋顶以空间桁架结构呈现，形态似起伏群山之倒影；室内吊顶又似层层涟漪，以体现荔波山水相依的自然特色。

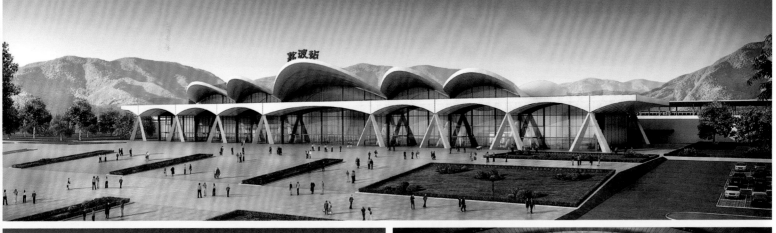

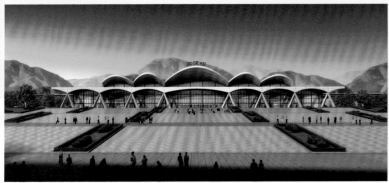

魏鹏

职务： 青岛腾远设计事务所有限公司副总建筑师
　　　WAT广维设计研究室设计总监、主持建筑师

职称： 高级工程师

执业资格： 国家一级注册建筑师

教育背景
2006年　青岛理工大学建筑学硕士

工作经历
1999年—2003年　青岛西海岸建筑设计事务所有限公司
2006年至今　　　青岛腾远设计事务所有限公司

个人荣誉
获得2016中国建筑设计奖·青年建筑师奖（第十一届中国建筑学会青年建筑师奖）
2015年山东省杰出青年勘察设计师
2016年青岛市十佳青年建筑师等荣誉称号
作品入选《中国建筑设计百人榜》

主要设计作品
青岛崂山区市民文化中心
荣获：2011年第二届山东省优秀建筑设计方案评选一等奖
　　　2015年第五届全国民营工程设计企业优秀工程设计"华彩奖"银奖
　　　2015年山东省优秀勘察设计一等奖
　　　2015年度全国优秀工程勘察设计行业奖三等奖
青岛经济技术开发区综合展馆项目
荣获：2012年全国人居经典建筑规划设计方案竞赛金奖
　　　2013年第三届山东省优秀建筑设计方案评选二等奖
青岛外语学校
荣获：2013年第三届山东省优秀建筑设计方案评选一等奖
桂林展示中心
荣获：2015年第四届山东省优秀建筑设计方案评选一等奖
　　　2019年获得第五届CREDAWARD地产设计大奖优秀设计奖
受邀参加2017年意大利佛罗伦萨"建东方"国际建筑艺术双年展

唐金波

职务： 青岛腾远设计事务所有限公司副总建筑师
　　　AT工作室主持建筑师

职称： 高级工程师

执业资格： 国家一级注册建筑师

教育背景
2004年　山东大学建筑系

工作经历
2004年至今　青岛腾远设计事务所有限公司

主要设计作品
青岛瑞泰中心
荣获：2011年山东省第二届优秀建筑设计方案评选一
　　　等奖
天津于家堡华夏金融中心改造
长沙松雅湖吾悦广场
宁波万科海曙印象城

武汉天纵城
荣获：2013年山东省优秀建筑设计方案三等奖
　　　2018年青岛优秀工程勘察设计二等奖
武汉汉阳人信汇B地块
荣获：2018年青岛优秀工程勘察设计二等奖
青岛瑞昌路187号综合体
荣获：2011年山东省第二届优秀建筑设计方案评选一
　　　等奖
菲律宾马卡蒂CD-CENTRAL PALACE
荣获：2018年山东省第五届优秀建筑设计方案评选二
　　　等奖
天津响螺湾月亮岛综合体
荣获：2018年山东省第五届优秀建筑设计方案评选二
　　　等奖
青岛城市传媒广场
荣获：2018年青岛市优秀城乡及建筑设计成果三等奖

TENGYUAN DESIGN 腾远设计

用设计构筑美好生活，
成为建筑工程设计领域的创新者和引领者。

　　青岛腾远设计事务所有限公司创立于1996年，是一家多元化、综合性的工程实践咨询机构。多年来专注于建筑工程设计、城市规划设计、景观园林设计、室内设计、市政设计及工程咨询等领域的专业服务，为客户提供系统性和创新性的解决方案。

　　腾远发源于青岛，并在烟台、济南、武汉、上海等地设立了分支机构，业务范围遍及全国。现会聚了1 800余名专业人才，包括来自国内外有多元的教育背景、经验丰富、专注创新的建筑师、工程师和项目经理等。

　　腾远先后与诸多知名地产开发企业、跨国公司建立了战略互信与合作关系，并通过整合国内外前沿设计理念和先进技术，完成了许多大规模、高复杂度的设计项目，通过与多家境外优秀设计机构的成功合作，积累了设

地址： 青岛市崂山区株洲路78号国家（青岛）通信产业园2号楼
电话： 0532-58578888
传真： 0532-58579999
邮箱： design@tengyuan.com.cn
网址： www.tengyuan.com.cn

孙波

职务： 青岛腾远设计事务所有限公司建筑二院副院长

职称： 工程师

教育背景

1996年—2001年　烟台大学建筑学学士

工作经历

2001年—2009年　大地建筑设计事务所（国际）设计

2009年至今　　　青岛腾远设计事务所有限公司

个人荣誉

2012年山东省优秀建筑设计方案三等奖

2013年山东省优秀建筑设计方案三等奖

2017年山东省优秀建筑设计方案评选一等奖

主要设计作品

济南·中铁城

青岛中海国际社区

绿城留香园

信联天地·云麓

荣获：2017年山东省优秀建筑设计方案评选一等奖

中铁博览城

武汉中铁诺德逸园

沈阳中铁诺德逸园

菏泽中铁牡丹城

北京万达旅游城

荣获：2013年山东省优秀建筑设计方案三等奖

平度市天成老年公寓

荣获：2012年山东省优秀建筑设计方案三等奖

刘欣

职务： 青岛腾远设计事务所有限公司未至工作室主持
　　　设计师

职称： 工程师

教育背景

2001年—2006年　大连理工大学建筑学学士

工作经历

2006年—2008年　上海日兴建筑事务所有限公司

2008年—2019年　青岛腾远设计事务所有限公司

个人荣誉

2016年评为青岛市十佳青年优秀建筑师

主要设计作品

海创幼儿园

荣获：2013年第三届山东省优秀建筑方案一等奖
　　　2017年优秀工程勘察设计行业奖之"华彩奖"
　　　建筑工程设计类（二等奖）

东营唐人中心

荣获：2013年第三届山东省优秀建筑方案二等奖

崂山二中

荣获：2013年第三届山东省优秀建筑方案一等奖

青岛二十六中

荣获：2014年优秀工程勘察设计评选三等奖

红岛东岸线管理用房

荣获：2016年第四届山东省优秀建筑方案三等奖

青岛地铁R3线灵山卫停车场上盖物业

荣获：2016年第四届山东省优秀建筑设计方案二等奖

铁路青岛北客站安置区安顺路以西幼儿园项目

荣获：2017年优秀工程勘察设计行业奖之"华彩奖"
　　　建筑工程设计类二等奖

济南历城二中及稼轩学校唐冶校区

荣获：2018年第五届山东省优秀建筑设计方案一等奖

济南新知外国语学校

荣获：2018年第五届山东省优秀建筑设计方案二等奖

青岛西海岸新区职业中专

荣获：2018年第五届山东省优秀建筑设计方案一等奖

计服务国际经验。2012年荣获"当代中国建筑设计百家名院"，2013年荣获"全国勘察设计行业创优型企业"。2015年，腾远被认定为"高新技术企业"，腾远商标被国家工商行政总局认定为"中国驰名商标"。在中国勘察设计协会举办的第四届中国民营设计企业排名活动中荣获"2018年度十大民营设计企业"称号。

　　以持续创新迎接未来挑战，以客户价值为自身使命，腾远将进一步推进全国化和国际化。以现代企业管理平台，搭载方案创意与工程设计服务均衡发展，在"创作建筑精品，做中国最优秀的设计机构"的愿景引导下，致力于成为建筑工程领域的创新者和引领者。

桂林展示中心

Guilin Exhibition Center

项目业主：大连万达集团桂林项目公司　　建设地点：广西 桂林
建筑功能：文化建筑　　　　　　　　　　用地面积：12 000平方米
建筑面积：4 021平方米
设计时间：2016年
项目状态：建成
设计单位：青岛腾远设计事务所有限公司
　　　　　广维（WAT）设计研究室
设计团队：魏鹏、王维、张博、李笃伟

一座展示类建筑，坐落在桂林这样一个群山倒影山浮水的诗意城市里，营造山水主题也是一个自然的选择。关于这一主题的呈现，设计师希望是一种抽象和写意的表达：尝试将这醉美的山水景观进行一定程度的"去图案化"，通过一种抽象的线构方式来进行再现。方案中的建筑仍然是极简的立方体，没有任何形体和造型的变化，而只是通过幕墙处理，来塑造一个"山水立方"，巧借人工，抽象自然，既表现了展览建筑的现代性，又将桂林特有的地域景观融入其中。对于这个项目来说，设计师希望设计能够源于景、表以形、达于意，通过一个纯净的玻璃盒子唤起人们内心的自然意趣和山水情怀。

桂林的山圆润连绵，远近有致，加之水面的倒影，影影绰绰、层次丰富。建筑通过竖向玻璃肋的高度起伏表现出起伏的山影，通过两组玻璃肋疏密程度和出挑尺度的不同，来表现桂林山水中的风景层次，前广场水面中建筑的倒影增加了建筑的层次和表现力。竖向玻璃肋排列疏密有致，玻璃肋与玻璃幕墙垂直影射，在阴晴雨雾等不同的光照条件下，形成微妙变幻的戏剧性效果。在光影流转中，"边界"也变得模糊流动。观者、建筑及桂林山水相互感应，以微见著，会心不远。

武汉天纵城

Wuhan Tianzong City

项目业主：湖北天纵城投资管理有限公司

建设地点：湖北 武汉

建筑功能：城市综合体

用地面积：130 000平方米

建筑面积：580 000平方米

设计时间：2013年

项目状态：建成

设计单位：青岛腾远设计事务所有限公司

主创设计：唐金波

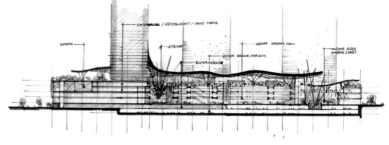

新的零售、娱乐和休闲综合体将武汉盘龙城带入一个新时代。

武汉天纵城是湖北本土实力房企恒泰天纵集团开发的项目之一，由145米高甲级写字楼及高端零售、酒店、商业步行街和豪华住宅单元组成。 项目是武汉盘龙城区域最大的商业综合开发项目之一，吸引了众多国内外世界级品牌。 7.5万平方米的购物中心，设置了国际快时尚、儿童娱乐与学习中心、成人健身娱乐中心和华中地区最大的8厅全巨幕电影院。该开发项目还与当地公共汽车和地铁系统完全集成，以便于市民在城市公交系统内轻松进入项目。

China Railway City

项目业主：中铁置业集团济南有限公司

建设地点：山东 济南

建筑功能：居住、商业建筑

用地面积：670 000平方米

建筑面积：1 080 000平方米

设计时间：2017年

项目状态：在建

设计单位：青岛腾远设计事务所有限公司

主创设计：孙波设计团队

本项目位于济南东部新城的西南部，距离CBD核心区约10千米，是城市东部居住新区的重要起点，可以实现项目与主城区的便捷联系，交通便利；用地周边群山环绕，风景秀美。项目总建筑面积108万平方米，地上总建筑面积73.52万平方米。产品涵盖高层、洋房、叠拼、合院、双拼全线住宅产品。

拥有着三千年人类文明史的济南城，一直以来就以其深厚的文化底蕴呈现给世人。灵动的泉水和起伏的群山使济南城呈现出"四面荷花三面柳，一城山色半城湖"的城市独特意境，春秋迭易，岁月轮回。设计师希望建筑设计能契合济南城市文化，打造城市中心的山水大宅，因此本项目采用新中式建筑风格，既有清雅含蓄、端庄风华的东方精神，又兼顾功能决定形式的现代主义建筑风格。运用时尚简约的设计语言重新演绎传统建筑的东方神韵，提炼老城设计色彩与元素，棕土暖阳，清朗云天。辅以石材雕刻的西方印记，完美呈现西体中魂的魅力，凸显产品高贵品质。

方案采用"一环、一轴、节点串联、组团聚合"的规划结构，外部高层、洋房组团，内部围合别墅组团。外高内低，形成汇聚之势，浓缩成一隅大型写意的泼墨山水画卷。

咫尺之距，山水之间；入，得了繁华；出，得了自然；半步山色半步城，依山逸墅一人生！

海创幼儿园

Haichuang Kindergarten

项目业主：青岛市李沧区教育体育局

建设地点：山东 青岛

建筑功能：教育建筑

用地面积：7 561平方米

建筑面积：5 808平方米

设计时间：2013年

项目状态：建成

设计单位：青岛腾远设计事务所有限公司

主创设计：刘欣

传统幼儿园以成人心理特点考虑设计，强制性分区，不注重幼儿心理特点，导致室内外活动场地转换流线过长，互动减弱。

方案设计从分析幼儿在幼儿园的作息切入，发现幼儿室内外空间切换频繁的特点。运用逐层退台的设计手法获得临近各个班级活动室的儿童活动场地，使室内外活动的切换更为便捷和安全。同时由于逐层退台的运用在室内也获得逐层变化的公共空间，丰富了幼儿的空间体验，也为其提供了极具特色的室内交往空间。立面造型通过层叠的坡屋顶，创造了一个充满童趣与想象的幼儿园形象，立面材料上大胆的纯色系的运用，目的是想通过该幼儿园的设计为社区、为城市带来一抹艳丽的色彩。

吴斌

职务：中旭建筑设计有限责任公司执行总建筑师、
　　　　总经理助理、建筑所所长
职称：教授级高级建筑师
执业资格：国家一级注册建筑师

教育背景
1994年—1999年　北京交通大学建筑学学士
1999年—2002年　北京建筑大学建筑学硕士

工作经历
2002年—2003年　中国建筑设计研究院方案组
2003年—2011年　中国建筑设计研究院崔愷工作室
2011年至今　　　中旭建筑设计有限责任公司

个人荣誉
2014年第十届中国建筑学会青年建筑师奖

主要设计作品
敦煌莫高窟数字展示中心
荣获：2010年中国勘察设计协会"创新杯"建筑信息
　　　模型设计大赛一等奖
　　　2015年第八届中国威海国际建筑设计大奖赛银奖
　　　2016年亚建协公共建筑类荣誉提名奖
　　　2016年中国建筑学会创作奖银奖
　　　2017年第14届中国土木工程詹天佑奖
北京韩美林艺术博物馆
荣获：2009年北京市第十四届优秀工程设计奖
　　　2010年全国工程勘察设计行业奖二等奖

鄂尔多斯准格尔旗小滩子黄河召主题酒店
荣获：2012年首都第十九届城市规划建筑设计方案汇
　　　报展公共建筑优秀奖
北京德胜科技大厦
荣获：2006年第四届中国建筑学会建筑创作奖
敦煌市博物馆
泰山桃花峪游人中心
新疆阜康文体中心
首都师范大学行政主楼、教学楼
北京市房山区张坊镇文体中心
北京市房山区周口店镇西七村新型农村社区建设工程
北京市房山区周口店镇黄山店村"7.21"水灾纪念馆
中国大百科出版社办公楼改造
江苏镇江市新区行政服务中心
广元市规划展览馆
敦煌市文化中心
敦煌市雅丹地质公园游客中心
敦煌市四家行政单位办公楼
鄂尔多斯准格尔旗黄河大峡谷游客中心及悬崖酒店
云南九乡旅游小镇游客中心
北京化工大学第二教学楼
北京化工大学第三食堂
西安外国语大学体育馆
北京外国语大学幼儿园改造工程
北京房山文化硅谷神州百戏大剧场
甘肃省金塔县中学
甘肃省金塔县幼儿园

ZPAD

　　中旭建筑设计有限责任公司（英文标识：ZPAD）成立于1994年3月，是国资委所辖的大型骨干科技型企业——中国建筑设计研究院有限公司的全资子公司，具有建筑工程甲级和规划乙级设计资质证书。公司设计范围包括规划设计、建筑工程设计、园林景观设计、室内装饰设计及工程咨询、技术服务等业务，是一家技术实力雄厚、专业配套齐全、管理水平先进的综合设计公司。

　　公司现有员工202人，其中各类注册人员42人、中高级职称设计人员124人。下设建筑所、总图室内所、结构所、机电所、设计工作室、住宅研究中心、项目管理中心等部门。现已通过了ISO9001质量管理体系认证，是中国建筑学会的团体会员，荣获了中国勘察设计协会和北京市勘察设计协会颁发的"诚信单位"称号。

　　成立20余年来，公司先后完成了诸多质量上乘、业主满意、个性鲜明的优秀设计作品，如：外语教学与研究出版社办公楼、鄂尔多斯机场新航站楼、新海航大厦、北京外国语大学逸夫教学楼、北京外国语大学图书馆、中国人民大学世纪体育馆、中国人民大学新图书馆、株洲市体育中心、南阳第7届农运会主体育场、北京市大兴区文化中心、承德城市规划展览馆、海澜江阴创新大厦、中关村生命科学园生物技术研发中心、中国大百科全书出版社办公楼改造、民航总局办公楼加固整修工程、百度亦庄云服务中心和数据中心、中信泰富朱家角锦江酒店等项目。先后赢得中国土木工程詹天佑奖1项、国家级优秀工程奖3项，专利申请通过2项，获各类省部级、行业及集团评奖数百项。所设计的外语教学与研究出版社办公楼，更被北京市市民评选为北京"20世纪90年代十大建筑"之一，深受人民群众所喜爱。设计地域涵盖了我国大部分地区，并积极开拓国外市场，参加了加蓬广电中心、刚果（布）非洲运动会体育中心等多项涉外工程。

　　公司将不断发扬"求实、敬业、创新"的精神，坚持"质量树品牌、服务赢市场、管理求效益、创新促发展"的理念，为广大客户提供优质的产品和真诚的服务。

地址：北京西城区车公庄大街4号
　　　　新华1949产业园大字本楼
电话：010-68292057
传真：010-68357481
网址：www.zpad.cc
电子邮箱：zpad@cadg.cn

敦煌文化中心

Dunhuang Cultural Center

项目业主：敦煌市文化局
建设地点：甘肃 敦煌
建筑功能：文化建筑
用地面积：20 000平方米
建筑面积：19 000平方米
设计时间：2013—2014年
项目状态：建成
设计单位：中旭建筑设计有限责任公司
主创设计：崔愷、吴斌
参与人员：辛钰、崔剑、郑虎、董静文
摄 影 师：张广源

　　建筑以一个开放的姿态，将几个馆的功能整合起来，既保持各自功能的相对独立性，又能释放公共空间，真正方便市民的使用和交流。东侧留出城市广场，通过公共大厅与西侧水渠和绿树连接。台阶将市民引导到二层开放平台，二层同时也作为主要入口，甚至可以再继续往上到各个屋顶平台，可眺望城市景观。

　　在功能区之间设置院落，提供自然采光和通风，有利于节能。立面方窗的组合方式如同当地葡萄晾房镂空的方洞，产生较深的阴影。土黄色的砂岩表达鸣沙山、戈壁的颜色，表面的肌理在光线下产生犹如沙砾般粗犷的质感。这组台地式的土黄色砂岩建筑，在光影的刻画下，以高低错落的"聚落"形态，形成一个尺度亲切、层次丰富、开放立体的公共文化空间。

敦煌莫高窟数字展示中心
Dunhuang Mogao Grottoes
Digital Exhibition Center

项目业主：敦煌研究院　　　　　　建设地点：甘肃 敦煌

建筑功能：展示中心　　　　　　　用地面积：40 000平方米

建筑面积：11 825平方米　　　　　设计时间：2008年—2010年

项目状态：建成

设计单位：中国建筑设计研究院有限公司

主创设计：崔愷、吴斌

参与人员：赵晓刚、张汝冰

摄 影 师：张广源

本项目地处戈壁，平坦开阔，建筑师将整个建筑沿用地一字排开，如同流沙般的形态从大地中生长出来，与沙漠融为一体。若干个自由曲面的形体相互交错，婉转起伏，巨大的尺度和体量将沙漠地景建筑的特征表达得淋漓尽致。形体在水平和高差交错过程中自然地产生出光缝和光井，将光线引到室内。顺应外部形态的变化，室内空间的高度也随之变化。流动的空间与游客的动线相一致，由此空间、流线与造型高度统一。

设计结合敦煌气候特点，采用低技术策略，利用地道沟自然通风系统、地源热泵系统、双层架空通风屋面、双层墙等，取得了良好的节能效果。

泰山桃花峪游人中心

Taishan Taohuayu Visitors Center

项目业主：泰山风景管委会

建设地点：山东 泰安

建筑功能：游客服务中心

用地面积：36 260平方米

建筑面积：7 685平方米

设计时间：2008年—2009年

项目状态：建成

设计单位：中国建筑设计研究院有限公司

主创设计：崔愷、吴斌

参与人员：邢野

摄 影 师：张广源

本项目位于泰山西麓，基地南侧是由上游彩石溪汇流而成的水库。设计保留基地内两处不同标高的停车场，并充分利用地形高差，用长长的坡道将上下山的游客流线以立体交叉的方式组织起来，互不干扰但能进行视线交流。

接待大厅、餐厅、纪念品销售等主要建筑空间靠近湖面设置，充分借景。在上山候车区设置候车廊和挑棚，面向泰山方向。建筑形态充分呼应桃花峪独一无二的地貌特点，如彩石溪的石头一般，棱角分明，错落有致。当人们在"石头"之间的室内或室外空间行走时，可以从不同的角度看到泰山雄伟的景象，人、建筑与自然山水融为一体。现浇清水混凝土表面模拟彩石溪石头的肌理，朴素而自然。

中国大百科全书出版社办公楼改造

Office Building Renovation of Encyclopedia of China Publishing House

项目业主：中国大百科出版社
建设地点：北京
建筑功能：办公建筑
用地面积：36 260平方米
建筑面积：21 310平方米
设计时间：2013年
项目状态：建成
设计单位：中旭建筑设计有限责任公司
主创设计：崔愷、吴斌
参与人员：辛钰、范国杰、杨帆、欧阳植
摄 影 师：张广源

本项目位于西城区阜成门北大街，紧临西二环辅路，于1987年竣工投入使用。现状建筑与城市空间衔接不畅，内部设施陈旧，空间拥挤，外立面由于分体式空调以及广告牌的随意布置而显得非常凌乱。

建筑师通过一体化设计的核心理念，将功能、管线、空间、外立面、文化品质等问题一并解决。主要包括：调整主入口，让建筑回归二环；封闭庭院，形成中庭；办公区域以拆为主，新设的主要设备管线打破传统布置方式，在室外沿外墙走线，释放内部空间；外墙粘贴保温材料，再用金属格栅遮挡管线；金属格栅包裹并柔化原本刚硬的建筑形体，使得建筑轻盈典雅，散发出如同书页般的细腻和精致感，焕发独特的文化气质，同时将建筑尺度放大，重塑城市空间。内院保留下来的陶瓷壁画和北侧主入口一片巨大的土黄色砂岩文化墙，将延续和诉说大百科的历史和文化。

书库（改造前）

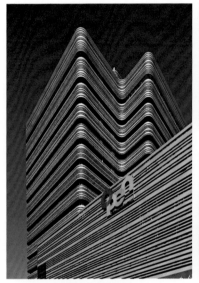

书库（改造后）

东立面（改造后）

阜成门桥方向（改造前）

阜成门桥方向（改造后）

东北主入口（改造前）

东北主入口（改造后）

东立面（改造前）

内院（改造前）

内院（改造后）

吴宜夏

职务： 中国中建设计集团直营总部总风景园林师
中国中建设计集团有限公司城乡与风景园林规划设计研究院院长
中建文化旅游发展有限公司总经理
职称： 高级规划师

教育背景
1994年—1998年　青岛理工大学建筑学学士
1999年—2002年　中央美术学院美术学硕士
2009年—2012年　中央美术学院设计艺术学博士

工作经历
2002年—2004年　北京土人景观规划设计研究所
2005年—2012年　北京清华城市规划设计研究院风景园林规划设计研究所
2012年至今　　　中国中建设计集团有限公司

个人荣誉
2008年科技部"科技奥运"先进个人
2018年中国建筑学会青年建筑师奖

主要设计作品
北京奥林匹克森林公园规划设计
福州海峡文化艺术中心景观设计
山东青岛浮山总体景观提升规划设计
崂山区滨海步行道景观设计
青岛海尔路景观提升工程设计
京西百里峡艺术小镇规划设计
御道口镇康熙饮马驿站建设项目
秦皇岛市板厂峪特色小镇规划设计
沙子口休闲广场环境综合整治工程
西柏坡连片美丽乡村总体规划设计
锡林浩特湿地恢复治理工程
湖北襄阳市东津新区市民中心景观规划设计

中国中建设计集团有限公司城乡与风景园林规划设计研究院
CHINA CONSTRUCTION ENGINEERING DESIGN GROUP CO. LTD.URBAN AND RURAL PLANNING AND DESIGN INSTITUTE

　　中国中建设计集团有限公司城乡与风景园林规划设计研究院隶属于中国建筑工程总公司（简称"中国建筑"）下属的中国中建设计集团有限公司。中国中建设计集团有限公司是集城市规划、建筑设计、工程勘察、市政公用工程设计于一体的大型设计科研型企业集团，2014年ENR世界150家顶级设计公司位列第47位。总公司技术实力雄厚，拥有各类专业技术人才7 000余人，其中国家工程院院士1人、全国工程勘察设计大师5人、省级设计大师22人、经国务院批准享受政府特殊津贴专家80余人、教授级高级职称专家286人、高级工程师1 440人。集团技术成果显著，获得国家级、省部级以上优秀设计奖项1 339项，研究完成了一批国家发展计划中的国家、部委、省市、中建总公司的科研课题、技术攻关项目。设计院依托中国建筑强大的企业平台、综合技术实力和优质的品牌形象，以"打造中国最佳人居环境案例，为城乡居民创造幸福空间"为己任，以高端人才为基础、高质产品为目标、高效服务为保障，为客户提供从宏观规划、设计咨询、科研到微观设计的全方位服务。

　　设计院下设5个规划设计所、3个专业研究中心。以"建设美丽城乡"为目标，坚持在"景城一体"基础上以"产城一体"为导向，跨界整合城乡发展研究、文旅度假发展研究、风景园林规划与设计、公共环境艺术研究、低碳绿色研究等领域，推动城市、乡村、景区实现经济、社会、文化、生态的可持续发展。从策划咨询、规划设计、投融资平台、设计施工总承包到落地运营，实现"五位一体"，倡导"全领域、全流程、全周期"的三全管理模式，秉承生态、形态、业态、文态"四态合一"的理念，提供跨专业整合、全产链集成和一站式服务，以高端人才为基础、高质产品为目标、高效服务为保障，服务于政府、服务于企业、服务于社会，为新型城镇化与泛文旅产业发展奉献杰出、经典的作品与优质高效的服务。

地址：北京市海淀区三里河路15号
　　　中建大厦B座7层
电话：010-88084016
传真：010-88084078
网址：www.ccdg.cscec.com

北京奥林匹克森林公园规划设计

Olympic Forest Park Planning and Design, Beijing

建设地点：北京

项目规模：6 800 000平方米

设计时间：2005年

项目状态：建成

设计单位：北京清华城市规划设计研究院风景园林规划设计研究所

设计团队：胡洁、吴宜夏、吕璐珊、尹稚、佟庆远、荣浩磊、段进宇、朱育帆、姚玉君、
张艳、李薇、刘辉、尤斌、邹梦宬、刘海伦

获奖情况：2007年北京市第十三届优秀工程设计奖规划类一等奖

2007年意大利托萨罗伦佐国际风景园林奖城市绿色空间类奖项一等奖

2007年全国优秀城乡规划设计项目城市规划类一等奖

2008年全国优秀工程勘察设计奖铜奖

2008年科技部"科技奥运"先进个人表彰

2008年北京市奥运工程规划勘查设计与测绘行业综合成果奖、先进集体奖、优秀团
队奖

2008年国际风景园林师联合会亚太地区风景园林规划类主席奖一等奖

2009年美国风景园林师协会综合设计类荣誉奖

2009年国际风景园林师联合会亚太地区设计类主席奖一等奖

2009年北京市奥运工程落实"绿色奥运、科技奥运、人文奥运"理念突出贡献奖

2009年北京市奥运工程绿荫奖一等奖

2009年北京市奥运工程优秀规划设计奖

2009年"北京奥林匹克森林公园景观水系水质保障综合技术与示范项目"荣获北
京市奥运工程科技创新特别奖

2009年"北京奥林匹克森林公园建筑废物处理及资源化利用研究项目"荣获北京
市奥运工程科技创新特别奖

2009年北京市奥运工程落实三大理念优秀勘察设计奖

2011年第一届中国风景园林学会优秀风景园林规划设计奖一等奖

2011年欧洲建筑艺术中心绿色优秀设计奖

总平面图

福州海峡文化艺术中心景观设计

Landscape Design of Fuzhou Strait Culture and Art Center

建设地点：福建 福州

项目规模：210 000平方米

设计时间：2015年

设计单位：中国中建设计集团有限公司城乡与风景园林
　　　　　规划设计研究院

设计团队：吴宜夏、吕宁、张檬、刘艳、牛梦媛

摄　　影：Aurelien Chen、李鑫、林熙

　　本项目的设计灵感来源于"茉莉花"，景观设计表达了福州地区的典型景观特征，同时也体现了现代景观设计中的环境保护理念，旨在"为普通使用者提供非凡体验"。

崂山区滨海步行道景观设计

Landscape Design of Coast Pedestrian Road in Laoshan District

建设地点：山东 青岛　　　　　　　　　项目规模：全长33.4千米（一期长约9千米）

设计时间：2018年　　　　　　　　　　项目状态：建成

设计单位：中国中建设计集团有限公司城乡与风景园林规划设计研究院

设计团队：吴宜夏、潘阳、刘春雷、潘昊鹏、梁文君、袁帅、萨茹拉、李鹏飞、王万栋、宋扬、王京星、刘佳慧、李敏、丁芹、张聪

摄　　影：Aurelien Chen、李鑫

获奖情况：2019年IFLA国际风景园林师联合会亚太地区文化景观类优秀奖

　　本项目秉承连通空间、提升功能、重拾乡愁、保护生态的设计理念，贯通青岛前海岸线，串联沿线公共资源，形成完整的城市开放空间网络，为游客和周边居民提供了一个集旅游观光、健身休闲于一体的滨海带状公园。项目为青岛沿海景观整合、休闲旅游需求提供了强有力的支持，对提升滨海空间的活力和价值有着重要的示范和借鉴意义。

山东青岛浮山总体景观提升规划设计

Overall Landscape Promotion Planning and Design of Fushan in Qingdao, Shandong Province

建设地点：山东 青岛　　　　　　　项目规模：3 364 000平方米

设计时间：2016年—2017年　　　　项目状态：建成

设计单位：中国中建设计集团有限公司城乡与风景园林规划设计研究院

设计团队：吴宜夏、潘阳、潘昊鹏、袁帅、梁文君、萨茹拉、王万栋、刘佳慧、李敏、王京星、
　　　　　李鹏飞、宋扬、解希玲

摄　　影：Aurelien Chen、李鑫

获奖情况：2019年IFLA国际风景园林师联合会亚太地区公园和开敞空间设计类荣誉奖
　　　　　2019年英国景观行业协会（BALI）国际奖
　　　　　2019年度中国风景园林学会科学技术奖规划设计二等奖

　　设计本着保护先行、突出生态的原则，结合景观手法实施了大规模生态修复。规划设计共涉及休闲广场、生态看台、登山步道等60多个项目。浮山生态公园的建设，构建了中国北方城市山地雨洪管理的样板，同时打造了城市密集居住区的休闲核心。

秦皇岛市板厂峪特色小镇规划设计

Planning and Design of Banchangyu Characteristic Town, Qinhuangdao

建设地点：河北 秦皇岛
用地面积：1 333 333平方米
设计时间：2017年
项目状态：建成
设计单位：中国中建设计集团有限公司城乡与风景园林规划设计研究院
设计团队：吴宜夏、潘阳、刘春雷、吕宁、王玮琦、张檬、潘昊鹏、陈瑞岐、庄媛、刘艳、
　　　　　杨英俊、郭斌正
获奖情况：2019年IFLA国际风景园林师联合会亚太地区社区类荣誉奖
　　　　　2019年度中国风景园林学会科学技术奖规划设计三等奖

京西百里峡艺术小镇规划设计
Planning and Design of Bailixia Art Town in the West Beijing

建设地点：河北 保定

项目规模：19.5平方千米

设计时间：2016年

项目状态：建成

设计单位：中国中建设计集团有限公司城乡与风景园林规划设计研究院

设计团队：吴宜夏、潘阳、刘春雷、吕宁、阎晶、潘昊鹏、张檬、刘彦昭、刘艳、孟庆芳、
　　　　　陈瑞岐、杨英俊、魏娟、赵锦

获奖情况：2019年北京市优秀工程勘察设计奖，园林景观综合奖一等奖
　　　　　2019年中国勘察设计协会优秀景观设计二等奖

　　百里峡艺术小镇，采取"设计施工总承包"方式，对一座灾后重建的失去特色的村落进行了重新的规划和设计。对遗留下来的老建筑、村路进行了保护和修整，对散落的太行民俗文化、文学故事、铁路文化进行了重新发掘和升华，对缺乏特色的山野景观进行了串联和提升，对大量混乱无序的自建房进行了改造和优化。

　　村落外围临河界面进行了色彩规划，独树七彩特色，高品质民俗壁画创作，营造艺术氛围。建设山水铁路景观走廊，激发生活与游憩情趣。取代低端旅游业态，复兴地方文化与导入创意文化双管齐下实现文旅融合，同时，通过新业态带动村民就业。

　　项目荣列国务院扶贫办精选的12个精准扶贫典型案例，真正实现了乡村"产业振兴、人才振兴、文化振兴、生态振兴、组织振兴"。

青岛市海尔路景观提升工程设计

Landscape Promotion Project Design of Haier Road in Qingdao City

建设地点：山东 青岛　　　　　　　　　　项目规模：全长4千米，总面积约239 000平方米
设计时间：2016年—2017年　　　　　　　项目状态：建成
设计单位：中国中建设计集团有限公司城乡与风景园林规划设计研究院
设计团队：吴宜夏、潘阳、潘昊鹏、袁帅、梁文君、李敏、萨茹拉、王万栋、刘佳慧、李鹏飞、
　　　　　王京星、宋扬
摄　　影：Aurelien Chen、李鑫
获奖情况：2019年北京市优秀工程勘察设计奖，园林景观综合奖三等奖

　　规划设计秉承"生态优先、以人为本"的设计理念，以构建全线生态景观系统作为规划结构骨架，打造低影响开发模式，提升了整个项目的生态效益及社会效益。建成后的海尔路由一条城市主干道华丽变身为集交通通勤、生态示范、市民休闲、科普教育于一体的城市复合绿廊。

御道口镇康熙饮马驿站建设项目
Kangxi Yinma Station Construction Project, Yudaokou

项目地点：河北 承德　　　　　项目规模：39 000平方米
设计时间：2017年　　　　　　项目状态：建成
设计单位：中国中建设计集团有限公司城乡与风景园林规划设计研究院
设计团队：吴宜夏、潘阳、刘春雷、潘昊鹏、袁帅、萨如拉、王万栋、赵锦、徐仕达、梁文君、李敏、刘佳慧、丁芹、李鹏飞

　　康熙饮马驿站位于御大线和围多线交叉口，是向北进入御道口森林草原风景区、塞罕坝国家森林公园的门户区域，是国家一号风景大道的重要服务节点，河北省第三届旅游发展大会带动区域旅游配套升级的核心引擎。康熙饮马驿站建设项目定位"盛世御道、皇家驿站"，设计提取皇家文化、八旗文化、军事文化、饮食文化、民俗文化、建筑文化为一体，以康熙生平大事为时间轴线串联，设计3大主题广场及24个主题院落。运用空间、材质、色彩、景观小品及情景雕塑，结合民宿、餐饮、零售、休闲娱乐、文化体验等多种功能，整体打造环境特色突出、文化气氛浓郁的特色文化旅游商业街区。

吴沅沅

职务： 中衡卓创国际工程设计有限公司副总建筑师

教育背景
1998年—2003年　重庆大学建筑与城规学院建筑学学士

工作经历
2002年　　　　　　四川省设计院实习
2003年—2005年　中国规划设计研究院北京围城建筑
　　　　　　　　　设计公司
2006年—2008年　深圳筑博工程设计有限公司
2008至今　　　　中衡卓创国际工程设计有限公司

主要设计作品
成都肖邦
融汇半岛大四期
融汇半岛六期
天津万通上北新新家园四期
重庆卓越磁器口项目
贵州都匀五星级酒店
保利椰风半岛
西安天地源
重庆亚太商谷四期
涪陵水磨滩旅游度假区
福州美凯龙商场
昆明美凯龙商场
重庆市西部汽车城总部基地
綦江清华同方电商城
达州红星国际广场
涪陵红星国际广场
北京城建龙樾生态城
重庆冉家坝华融现代广场
昆明爱琴海购物公园
重庆白象街
重庆融创·伊顿庄园
福州美凯龙购物公园
唐山凤城天鹅湖庄园
西宁红星美凯龙购物公园

获奖作品
重庆融创·伊顿庄园
荣获：2012年全国人居经典建筑-规划双金奖
　　　2015年金拱奖人居设计金奖
昆明红星宜居广场
荣获：2016年重庆勘察设计协会优秀工程设计三等奖
融创白象街
荣获：2018年重庆勘察设计协会优秀工程设计二等奖

地址：重庆市渝北区金通大道9号
　　　拓邦大厦B座
电话：023-65479301/67001875
网址：www.ecd.com.cn
微信公众号：中衡卓创（搜索微信
　　　　　　公众号"中衡卓创"）

 **中衡卓创国际工程设计有限公司**
ZhongHeng ZhuoChuang International Engineering &Design Co., LTD

　　中衡卓创国际工程设计有限公司是国内首家商业地产设计集成机构，同时也是一家综合性建筑甲级设计集团，具有国际化背景、业务面向全国。山地建筑、城市综合体、高端住宅、公共建筑、商业建筑以及城市规划等诸多领域均取得了卓越成绩，受到二十多家著名房地产大型企业以及政府部门等机构的广泛认可。

昆明爱琴海购物公园

Kunming Aegean Sea Shopping Center

项目业主：昆明红星美凯龙置业有限公司
建设地点：云南 昆明
建筑功能：商业建筑
用地面积：56 435平方米
建筑面积：344 754平方米
设计时间：2012年—2014年
项目状态：建成
设计单位：中衡卓创国际工程设计有限公司
主创设计：吴沅沅

　　昆明爱琴海购物公园在总体设计上秉持红星地产独特的双MALL城市综合体模式，家居MALL和商业MALL双核联动，借助一站式购物和体验式消费，引来强大人流，形成强大的商业聚集能力，在短时间内仅凭借一己之力就可形成城市核心商圈。

华融现代广场

Huarong Modern Square

项目业主：重庆华融两江置业有限责任公司

建设地点：重庆

建筑功能：商业建筑

用地面积：24 930平方米

建筑面积：288 607平方米

设计时间：2011年—2017年

项目状态：建成

设计单位：中衡卓创国际工程设计有限公司

主创设计：吴沅沅

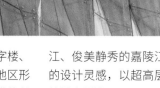

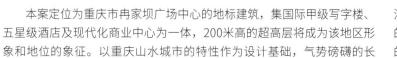

本案定位为重庆市冉家坝广场中心的地标建筑，集国际甲级写字楼、五星级酒店及现代化商业中心为一体，200米高的超高层将成为该地区形象和地位的象征。以重庆山水城市的特性作为设计基础，气势磅礴的长江、俊美静秀的嘉陵江，两江相互交融，犹如舞动的双龙，是本案建筑群的设计灵感，以超高层塔楼为主、两端裙楼为辅的构成，营造出俊秀挺拔的城市形象。

唐山凤城国贸项目

Tangshan Fengcheng International Trade Project

项目业主：唐山凤城房地产开发有限公司

建设地点：河北 唐山

建筑功能：商业建筑

用地面积：46 069平方米

建筑面积：451 820平方米

设计时间：2010年—2014年

项目状态：建成

设计单位：中衡卓创国际工程设计有限公司

主创设计：吴沅沅

凤城国贸项目位于河北省唐山市，本项目顺应独特的地域环境，通过精心的设计，将它和城市有机地结合起来，形成亲切、轻松、繁华、优美的城市综合体，从而激发该区域的活力和人气，给周围地块带来升值潜力，打造成为唐山旧城改造的标杆项目，形成区域性中心，为唐山市城市发展进程画上璀璨的一笔。

阳光城售楼部

Sunshine City Sales Department

项目业主：重庆东原创博房地产开发有限公司
建设地点：重庆
建筑功能：售楼部
建筑面积：3 000平方米
设计时间：2018年
项目状态：概念设计
设计单位：中衡卓创国际工程设计有限公司
主创设计：吴沅沅

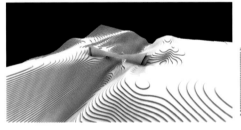  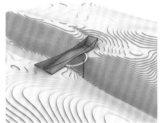 

项目建筑体量位于溪谷公园上方，连接溪谷公园两岸，将售楼部和展览馆相连接，建筑功能既可以相互统一又可单独使用。即使不通过售楼部内部依然可以通过建筑。项目可以从场地很远的地方看到，且建筑的观景视线特别优越。观光电梯将幽谷公园和观景平台相连接，在逛完公园美景后，可以上到观景平台俯瞰公园美景以及江景。

融创万达乐园小镇

Sunac Wanda Paradise Town

项目业主：重庆万达城投资有限公司
建设地点：重庆
建筑功能：商业建筑
用地面积：450 000平方米
建筑面积：112 000平方米
设计时间：2018年
项目状态：概念设计
设计单位：中衡卓创国际工程设计有限公司
主创设计：吴沅沅

夏基广

职务： 上海新外建工程设计与顾问有限公司总建筑师
　　　　苏州溯园六计建筑设计事务所有限公司创办人、设计总监
职称： 工程师

教育背景
1990年—1995年　天津大学建筑学学士

工作经历
2011年至今　上海新外建工程设计与顾问有限公司
　　　　　　苏州溯园六计建筑设计事务所有限公司

个人荣誉
2014年荣获光华龙腾奖——第十届中国设计业青年百人榜

主要设计作品
苏州东山国宾馆近返楼
荣获：住建部优秀设计三等奖
　　　江苏省优秀设计二等奖
　　　苏州市优秀设计一等奖
甪直中心幼儿园
荣获：江苏省优秀设计二等奖
　　　苏州市优秀设计一等奖
中国工艺文化城
荣获：苏州市2010年度十大楼盘
永新锦绣坊
昆山人才专墅
福如东海温泉酒店
太湖山庄
舟山文化创意产业园
临海桃花源

溯園六計
SUZHOU SUYUANLIUJI ARCHITECTS CO.,LTD

　　溯园六计建筑设计事务所有限公司位于历史悠久的文明古城苏州，在这座人文情怀和艺术气息兼备的城市，溯园六计一直致力于构建一种促进社会和城市文明的建筑师文化，主张沿着中国传统的文脉向前发展，不管过去、现在、还是未来，始终如一地坚持本土建筑文化的传承与创新。

　　作为发扬中国本土文化的实践机构，溯园六计常年致力于研究及发展中国传统文化尤其是江南吴文化建筑的研发设计，在文化创意产业、文化型精品酒店及度假村、旅游地产等创意型地产设计中颇有心得。

1. 专注中式建筑设计规划
中国建筑文化发展三趋势：理性、科技、文化回归。

　　苏州园林甲天下，溯园六计用建筑师眼光审视苏州园林、江南人居，尝试用专业建筑语言，解决居住建筑、公共建筑建设问题，可以传统、可以折中、可以新中式，因需而定，倡导骨子里的苏州建筑文化。

2. 专注一体化设计
《苏园六纪》生动展现了苏州园林的设计营造，古典园林的建设和现代建筑是相通的，溯园六计坚持建筑规划、景观、室内、幕墙、标识等一体化同步设计，溯园六计设计师要同步做好三项工作：本职设计和专项设计配合、施工后期服务、全程跟踪设计服务。

3. 专注设计平台建设
　　网络信息时代，帮业主找到最合适的设计团队，帮设计团队找到发挥自己专长的项目，专注建设专业设计平台是溯园六计工作重心。

4. 专注复合型人才队伍建设
　　为实现公司战略发展目标，溯园六计结合设计工作需要选用、培养专业复合型设计师队伍，用作品、服务赢取客户的信任。

地址：江苏省苏州市高新区邓尉路
　　　9号润捷广场北楼707室
电话：0512-68755080
传真：0512-68755082
网址：www.chsylj.com
电子邮箱：sylj@sylj.top

太湖山庄

Taihu Villa

项目业主：江苏省吴中集团
建设地点：江苏 苏州
建筑功能：旅游度假、别墅建筑
建筑面积：69 000平方米
占地面积：240 000平方米
设计时间：2013年
项目状态：建成

本项目位于苏州市太湖大道北侧，基地背山面水：北侧、西侧及东侧均与自然山体相连，南侧面向太湖，故名"太湖山庄"。居住环境优美，配套设施齐全，物业管理完善，是一片现代化、生态型的精品居住社区。

项目开发遵循全新的居住理念，并以本土传统吴文化为依托，将源自苏州园林的平面、立面构成作为基础，引入到全新的中式住宅中，形成一种宅园合一的可赏、可游、可居的建筑形态。

舟山文化创意产业园

Zhoushan Cultural and Creative Industry Park

项目业主：苏州微谷文化发展有限公司

建设地点：江苏 苏州

建筑功能：办公建筑

用地面积：74 332平方米

建筑面积：118 842平方米

设计时间：2016年

项目状态：建成

设计单位：上海新外建工程设计与顾问有限公司

　　　　　苏州溯园六计建筑设计事务所有限公司

设计团队：夏基广、金丽芳、杨八一、张耀芳、梅晓静、曹婵婵

本项目位于太湖之滨，坐拥浓厚的吴文化氛围。基地西北角是舟山核雕村，且北临太湖度假区主干道孙武路，故在基地内西北方设置独具江南风格的创意坊区，与核雕村形成呼应。东侧酒店包含了室内游泳馆、健身房、休闲吧、特色餐饮、多功能艺术展厅等休闲娱乐商务功能，以满足部分太湖游客、工艺品商及常驻居民的文体娱乐、商务生活需求。

根据文创园实际运营的具体要求，项目设计从规划方案阶段开始，建筑、室内、景观、幕墙、灯光、智能化、绿色建筑同步展开。各专业施工图均是在完成所有专项方案设计之后出图，并经BIM整合各项设计，设计精细，完成度高。

昆山人才专墅

Kunshan Talent Villa

项目业主：昆山阳澄湖科技有限公司

建设地点：江苏 昆山

建筑功能：别墅、高层居住建筑

建筑面积：340 000平方米

设计时间：2015年

项目状态：在建

设计单位：上海新外建工程设计与顾问有限公司

　　　　　苏州溯园六计建筑设计事务所有限公司

设计团队：夏基广、金丽芳、杨八一、张耀芳、

　　　　　梅晓静、曹婵婵

　　本项目在建筑单体上提炼中式元素，低层住宅采用现代中式风格，庭院采取独门独院、有天有地的标准设计，青年公寓、普通公寓、高级公寓采用现代手法整体运用黑白灰等色调进行设计。立面处理上，采用坡顶、体块、片墙、层层退台等处理方式，加之从古典中式建筑中提炼的白墙、青砖、灰瓦、木头、石作等传统材料，营造变化丰富的建筑外形。

99号
博士路

福如东海温泉酒店
Furu Donghai Hot Spring Hotel

项目业主：江苏钟山置业有限公司
建设地点：江苏 连云港
建筑功能：酒店建筑
用地面积：22 037平方米
建筑面积：11 278平方米
设计时间：2011年
项目状态：建成

该项目为改扩建工程，设计团队利用东海温泉稀有的自然资源，及"小松原"温泉品牌效应，融合了中日两国文化特色，在原有日式建筑风格的基础上，巧妙衔接新建区。新建区延续现代中式风格，辅以景观与装饰，打造出充满古典韵味的高档温泉会所。

项目以温泉养生、度假、休闲娱乐为主要设计思路，师法中国古典园林、日本古典园林，通过对景、框景、借景、藏景等一系列园林设计手法，使室内外彼此因"借"而互相渗透。设计结合现代人文理念，打造不同颜色、尺度的空间，使温泉养生融入到带有古典气息的中式园林中。

谢清诚

职务： 中国煤炭科工集团武汉设计研究院有限公司建筑
二院院长
谢清诚工作室主持人
中国煤炭科工集团武汉设计研究院有限公司资深
专家
中国勘察设计协会评优专家
职称： 教授级高级建筑师
执业资格： 国家一级注册建筑师

教育背景
1996年　中国矿业大学建筑学专业

工作经历
1996年至今　中国煤炭科工集团武汉设计研究院有限
公司

主要设计作品
中南财经政法大学文澜楼、文波楼、文泰楼、中原楼
中南财经政法大学逸夫图书馆
中南财经政法大学球类运动馆
武汉音乐学院新校区规划、主教学楼、图书馆
湖北荣星家具公司总部
科特迪瓦蓝色海岸、科特迪瓦水晶城、科特迪瓦大巴
萨姆开发区规划
庆阳市董志状元教学城
庆阳西峰天湖水景生态园规划
华能庆阳办公、生活、教育、培训基地
光山县中心商务区文化中心及文化广场
晏岗游客中心
晏岗文化中心
西安烽火数字技术有限公司产业园

个人荣誉
2000年　武汉市十佳"杰出青年岗位能手"称号
2001年　湖北省"青年岗位能手"称号
2003年　文澜楼荣获：湖北省优秀设计三等奖
2005年　逸夫图书馆荣获：部级优秀工程设计一等奖
教育部逸夫基金会授予的"十五届逸夫基金会
优秀项目"
2006年　"中央企业青年岗位能手"称号
2007年　中原楼、文波楼分荣获：湖北省优秀设计三
等奖
文泰楼荣获：部级优秀工程设计一等奖
2012年　部级优秀咨询成果一等奖
2013年　部级优秀咨询成果二等奖
2017年　部级优秀工程咨询成果一等奖
2017年　部级优秀工程设计一等奖

研究方向
　　1996年加入中国煤炭科工集团武汉设计研究院有
限公司，一直致力于建筑空间和环境创作。工作领域
涵盖建筑设计、室内外装饰设计、景观和规划设计和
设计咨询。在所有项目创作中始终践行"以人为本"
的原则，从使用者对建筑空间环境的体验出发，运用
技术和艺术手段塑造文化、和谐的建筑空间。

中国煤科
CCTEG

地址：湖北省武汉市武珞路442号
中煤科工集团武汉设计研究
院有限公司谢清诚工作室
电话：027-87717175
传真：027-87718575
网址：zmwhy.com.cn
电子邮箱：xqc2005xqc@163.com

　　中国煤炭科工集团武汉设计研究院有限公司成立于1954年，原煤炭工业部直属设计研究院，现隶属于国务
院国资委直管的中国煤炭科工集团有限公司，是国有独资企业。是持有煤炭行业综合甲级资质；市政行业（给水
工程、排水工程、道路工程、桥梁工程、城市隧道工程）专业甲级、建筑智能化系统设计专项甲级、铁道行业乙
级、公路行业（公路）专项乙级、建筑工程甲级资质；工程咨询【煤炭、建筑、市政公用工程（道路、桥隧、公
共交通、给排水、风景园林、环境卫生、热力）、公路水文地质、工程测量、岩土工程、生态建设和环境工程、
铁路】甲级资质；工程勘察设计甲级资质；电力行业（送电工程、变电工程）专业乙级、人防工程乙级、城市规
划乙级资质的大型综合性设计院。
　　公司的理念是：做一个项目，树一个样板，建一方信誉，交一方朋友，拓一方市场。
　　公司始终坚持管理创新、技术创新、诚信服务，为顾客创造最有价值的工程。

中南财经政法大学创新创业大楼

Zhongnan University of Economics and Law Innovation and Entrepreneurship Building

项目业主：中南财经政法大学
建设地点：湖北 武汉
建筑功能：公共建筑
用地面积：12 903平方米
建筑面积：30 000平方米
设计时间：2019年
项目状态：方案
设计单位：中国煤炭科工集团武汉设计研究院有限公司
主创设计：谢清诚

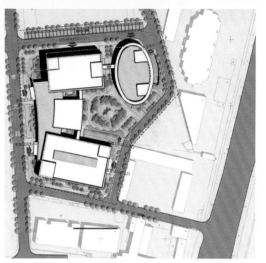

　　工程主体建筑地上12层，地下局部2层，建筑高度48.7米，属于小于50米的二类高层公共建筑。根据中南财经政法大学的学科特点，结合建筑本身所承载的功能需求，将建筑按功能分为几大部分，即创业孵化区、创业教育和创业苗圃、交流体验区、创业服务区，各个部分既能独立使用又能形成一定的联系。

　　规划设计时，将创业孵化区设置在一个体量中，并作为标志性形象，布置在用地北侧。结合用地的人流分析和出入口规划，将创业教育、创业苗圃、创业孵化三者功能相关联，利用成果展示、信息查阅服务、创业创新大讲堂以及共享交通空间等功能空间塑造一个弧形的连接体量，将南北一高一矮的两栋大楼连接在一起，形成了一个"E"字形的综合建筑。在保证三个功能分区明确的前提下，真正实现了"产、学、研"密切相结合。

中国平煤神马集团创新创业基地

China Pingmei Shenma Group Innovation and Entrepreneurship Base

项目业主：中国平煤神马能源化工集团有限责任公司
建设地点：河南 平顶山
建筑功能：公共建筑
用地面积：360 800平方米
建筑面积：981 406平方米
设计时间：2019年
项目状态：方案
设计单位：中国煤炭科工集团武汉设计研究院有限公司
主创设计：谢清诚

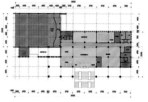

某学院图书信息大楼

Library and Information Building of a College

建筑功能：图书馆、信息中心　　　用地面积：6 303平方米

建筑面积：10 462平方米　　　　　设计时间：2016年

项目状态：即将竣工　　　　　　　设计单位：中国煤炭科工集团武汉设计研究院有限公司

主创设计：谢清诚

　　图书馆是在老图书馆旧址上新建的，馆址的东、北、西三面皆有宿舍，南面也被校园干道限定，用地狭小，新建的图书馆需有容纳650人的报告厅和两个200人以上的多功能厅，除满足80万册藏书的图书馆功能外，还包含3 000平方米的信息化中心的多功能用房。

　　建筑师在设计中通过大空间的竖向设置以及形体构图中的巧妙布局，既妥善解决了用地狭小与功能和空间要求多样之间的矛盾，也很好地契合了校园规划。建筑造型则体现了图书馆特色，彰显了该学院的独特个性。

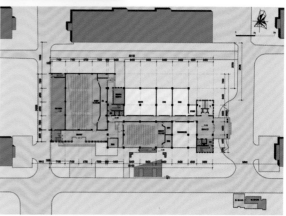

西安烽火数字技术有限公司产业园
Xi'an Beacon Digital Technology Co., Ltd. Industrial Park

项目业主：西安烽火数字技术有限公司

建筑功能：科研办公建筑

建筑面积：157 527平方米

项目状态：即将竣工

设计单位：中国煤炭科工集团武汉设计研究院有限公司

主创设计：谢清诚

建设地点：陕西 西安

用地面积：1 512 000平方米

设计时间：2016年—2017年

产业园选址于西安高新区长安通讯产业园内，规划上尊重和沿袭了西安古城传统肌理和文化脉络，细节上运用了中式院落的空间设计手法。园区从功能上主要包括生产和研发两个区，两大区在用地内东西向划分。按业主"分期投资、分期投产"的要求，园区一次规划、分两期实施。一、二期自北向南进行，整体及一期建成使用时，都能满足两大功能分区要求。

建筑立面为传统的三段式古典构图：深远的灰色大屋檐，黄土意向的陶板饰面，秦岭山脉的花岗石基座。利用建筑交通核等部位塑造的"古烽火台"意向，既体现了地方特色，也隐约地彰显了业主的独特个性，抒发了该公司"继承上一个五千年、传承下一个五千年"的豪迈情怀。

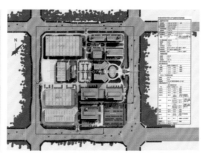

徐克翔

职务：广西城乡规划设计院建筑二所所长
职称：高级建筑师
执业资格：国家一级注册建筑师

教育背景
1989年—1993年　华中理工大学建筑学学士

工作经历
1993年至今　广西城乡规划设计院

主要设计作品
现代·国际
荣获：2009年全国优秀工程勘察设计行业建筑工程三
　　　等奖
　　　2009年广西优秀工程设计一等奖
都安县体育馆
荣获：2009年广西优秀工程设计二等奖
昊然风景
荣获：2013年广西优秀工程设计二等奖
金领公馆住宅楼
荣获：2013年广西优秀工程设计二等奖
梧州市红岭新区核心区——三祺城城市设计
荣获：2013年全国优秀城乡规划设计奖
　　　2013年广西优秀工程设计二等奖
梧州市职业教育中心——综合运动馆
荣获：2017年广西优秀工程设计一等奖
岑溪市文体中心
荣获：2017年广西优秀工程设计一等奖
梧州市图书馆
荣获：2017年广西优秀工程设计二等奖
广西康复医疗中心大楼
荣获：2017年广西优秀工程设计二等奖
南宁市民族艺术基地
荣获：2017年广西优秀工程设计二等奖

凤岭·麒麟堡
荣获：2017年广西优秀工程设计三等奖
新浦北县人民医院
荣获：2013年广西优秀工程设计一等奖
远辰·龙湾名郡3#、4#、5#楼
荣获：2017年广西优秀工程设计三等奖
梧州三祺城一期一组团
荣获：2017年广西优秀工程设计三等奖
贺州园博园
荣获：2019年广西优秀规划设计一等奖
贺州黄姚仙女湖乡村度假酒店
荣获：2019年广西优秀工程设计一等奖
南宁翡丽湾
荣获：2019年广西优秀住宅设计一等奖
南宁市明天学校
荣获：2019年广西优秀工程设计二等奖

广西城乡规划设计院

Guangxi Urban-Rural Planning Design Institute

　　广西城乡规划设计院创建于1959年，正式建院于1979年，隶属于广西住房和城乡建设厅的事业单位，是广西从事城市规划编制和工程设计的骨干单位。目前，持有城乡规划编制、建筑工程设计、市政工程设计、风景园林工程设计、工程咨询、施工图审查、工程监理、节能工程设计施工等8项甲级资质，土地规划编制、公共交通、环境卫生工程设计和旅游规划设计乙级资质以及旅游工程咨询丙级资质，是一家实力雄厚的综合性设计院。

　　设计院专业配备齐全，技术力量雄厚，拥有能力强、素质高的专业设计团队。设有规划所、规划研究所、风景园林旅游规划所、规划编研中心、道路桥梁所、道路交通所、环境工程设计所、电气与设备设计所、建筑设计所、绿建中心、装饰设计所、预算所、工程咨询所、综合设计所、贺州分院等20多个专业设计所；下设南宁葛东规划建筑设计咨询有限公司、广西南宁信达惠建设监理有限责任公司。现有在职职工450余人，各类专业技术人员400余人，其中，教授级高级工程师10人，高级职称120人，中级职称150人，国家各类注册师120余人，广西资深规划工作者、资深规划师、资深建筑师、优秀专家共50余人，香港规划师学会会员1人，香港工程师学会会员1人。

　　设计院始终秉承"团结、奋进、求实、创新"的精神，凭借雄厚的专业技术力量，立足广西、面向全国，不断在激烈的市场竞争中创先争优，为广西经济社会的可持续发展作出了应有的贡献。先后完成各类设计项目逾万

地址：广西南宁市东葛路30号
电话：0771-5863864
传真：0771-5863864
网址：www.gxupdi.com
电子邮箱：SCK@GXUPDI.COM

赖劲峰

职务：广西城乡规划设计院建筑二所设计总监
职称：高级建筑师

教育背景
2002年—2007年　武汉科技大学建筑学学士

工作经历
2007年—2019年　广西城乡规划设计院

主要设计作品
梧州市红岭新区核心区——三祺城城市设计
荣获：2013年全国优秀城乡规划设计奖
　　　2013年广西优秀工程设计二等奖
北部湾国际港务大厦
荣获：2015年广西优秀工程设计二等奖
梧州市体育中心——体育场
荣获：2017年广西优秀工程设计一等奖

广西康复医疗中心大楼
荣获：2017年广西优秀工程设计二等奖
凤岭·麒麟堡
荣获：2017年广西优秀工程设计三等奖
远辰·龙湾名郡3#、4#、5#楼
荣获：2017年广西优秀工程设计三等奖
梧州三祺城一期一组团
荣获：2017年广西优秀工程设计三等奖
岑溪市泽仁现代商贸物流城项目综合楼B、D区
荣获：2017年广西优秀工程设计三等奖
贺州黄姚仙女湖乡村度假酒店
荣获：2019年广西优秀工程设计一等奖
南宁翡丽湾
荣获：2019年广西优秀住宅设计一等奖

陆剑

职务：广西城乡规划设计院副总建筑师
职称：建筑师

教育背景
2003年—2008年　华中科技大学建筑学学士

工作经历
2008年至今　广西城乡规划设计院

个人荣誉
首届广西勘察设计协会优秀青年建筑师

主要设计作品
南宁翡丽湾北区一期
荣获：2019年广西优秀工程勘察设计一等奖
贺州黄姚仙女湖乡村度假酒店
荣获：2019年广西优秀工程勘察设计一等奖

岑溪市文体中心
荣获：2017年广西优秀工程设计一等奖
南宁市民族艺术基地
荣获：2017广西优秀工程设计二等奖
梧州市图书馆
荣获：2017年广西优秀工程设计二等奖
凤岭·麒麟堡
荣获：2017年广西优秀工程设计三等奖
梧州三祺城一期一组团
荣获：2017年广西优秀工程设计三等奖
远辰·龙湾名郡3#、4#、5#楼
荣获：2017年广西优秀工程设计三等奖
金领公馆·住宅楼
荣获：2013年广西优秀工程设计三等奖

项，承担了南宁市、柳州市、桂林市、梧州市、北海市、防城港市、来宾市等城市的总体规划、广西城镇体系规划、西江干流城市带规划、桂平西山国家风景名胜区总体规划、花山国家风景名胜区总体规划、南宁荔园山庄修建性详细规划、贺州园博园、富士康南宁科技园、玉林云天民俗文化世界、广西财政大厦、广西江滨医院康复大楼、广西水利水电学院、梧州市体育中心、南宁大沙田水厂、苍梧县污水处理厂、岑溪市生活垃圾处理厂、南宁凤岭北路工程、南宁市平乐大道、钦州五桥等一批重点项目的设计任务。设计院从2004年通过了ISO90010质量体系认证，实现了设计质量的规范化管理。先后荣获部级、省（自治区）级优秀规划设计、优秀工程设计、科技进步奖等奖项350余项；荣获自治区第二批"和谐单位"、全国建设科技进步先进集体、工程勘察设计行业实施信息化建设先进单位、广西优秀勘察设计院、广西区直机关文明单位、自治区直属企事业单位先进职工之家、全区住房城乡建设系统记集体二等功、全区城乡建设系统精神文明建设先进单位、全国建设系统企业文化建设先进单位等荣誉称号。

　　设计院始终坚持"质量第一、顾客至上、科技领先、开拓创新"的质量方针，竭诚为社会各界提供优质的设计和服务。

贺州园博园

Hezhou Garden Expo Park

项目业主：贺州市旅游投资发展集团

建设地点：广西 贺州

建筑功能：文化建筑

用地面积：969 300平方米

建筑面积：32 000平方米

设计时间：2016年—2017年

项目状态：建成

设计单位：广西城乡规划设计院

主创设计：范华、徐克翔、赖劲峰、陆剑

贺州园博园主场馆、长寿阁、南广场建筑群是2017年第十届广西（贺州）园林园艺博览会的主会场和重要功能用房。

设计秉承生态多样性与可持续性原则，对现有环境予以充分尊重，建立完善的生态系统，将建筑学与美学完美结合，展现广西在建筑建设领域取得的新成就。

设计体现了贺州传统建筑、自然风貌以及历史人文特征，以山水之灵、瓦屋鳞次栉比为设计概念，在建筑设计的形态上结合了中国传统建筑古朴雄浑的唐风元素以及参考了黎家大院严谨大气的对称手法，表达了黄姚印象，展现贺州的山水之灵、多元文化的民族之风。大挑檐、外回廊的设计，色调采用黑、白、灰、咖啡色这些传统色系，传统木构件结合玻璃幕墙、铝合金构件等现代建筑元素，虚实对比，点、线、面结合，整个建筑宏伟大气。

南宁翡丽湾

Nanning Feiliwan

项目业主：广西金川阳光城实业有限公司
建设地点：广西 南宁
建筑功能：住宅、商业建筑
用地面积：90 677平方米
建筑面积：83 904平方米
设计时间：2013年—2014年
项目状态：建成
设计单位：广西壮族自治区城乡规划设计院

翡丽湾北区一期是集商业与联排住宅为一体的大型居住类项目，是坐拥江景的高端住宅。场地高差在30米以上，设计商业、联排住宅面临巨大的高差处理问题，设计通过不同户型的错层组合搭配，错落布置，轻松化解高差问题的同时，使景观资源得以延伸并覆盖整个小区。

项目作为片区首个高端住宅小区，景观资源绝无仅有，北望邕江，户型方正开敞，拥有房前屋后花园，立面造型庄重典雅，花园郁郁葱葱，环境优美。一经投入市场，反响强烈，成为片区内同类型产品的标杆，一举夺得2014年广西联排住宅产品的销售冠军，为龙岗片区的发展发挥了积极的推动作用。

梧州市图书馆

Wuzhou Library

项目业主：梧州市城市建设投资开发有限公司
建设地点：广西 梧州
建筑功能：图书馆
用地面积：13 154平方米
建筑面积：10 976平方米
设计时间：2010年
项目状态：建成
设计单位：广西壮族自治区城乡规划设计院
主创设计：范华、徐克翔、陆剑、赖劲峰

　　本项目属于中型图书馆，位于梧州市红岭新区主要交通轴线——站前大道中段西侧中心广场南侧地块，设计藏书量100万册。

　　建筑设计引入立体绿化系统的理念，垂直绿化系统通过种植屋面与建筑退台和高低起伏的屋面有机结合，在使建筑与自然山水相互渗透、浑然一体的同时，保证了建筑的遮阳保温、绿色环保。水平系统则利用两个绿化中庭，配以形式多样的开敞楼梯，为读者提供雅致的阅览环境，丰富建筑的室内空间，并增加建筑内部的采光通风，实现生态节能。

　　建筑合理利用地形，将城市道路与湖面之间15米的高差采用退台设计，将优美湖景引入图书馆，与自然环境融合，错落有致。立面通过材质虚实变化，抽象出华丽钢琴的建筑立意，琴瑟和鸣，层峦叠翠，体现了现代建筑简洁时尚的艺术风格。

南宁市民族艺术基地

Nanning National Art Base

项目业主：南宁纵横时代建设投资有限公司

建设地点：广西 南宁

建筑功能：剧场、办公楼

用地面积：12 939平方米

建筑面积：30 187平方米

设计时间：2009年—2010年

项目状态：建成

设计单位：广西城乡规划设计院

主创设计：范华、徐克翔、陆剑、赖劲峰

南宁市民族艺术基地项目解决了南宁市目前尚无高等级专业艺术剧场的现状，填补了南宁市艺术专业剧院基地的空白。规划布局通过对单体建筑"内外"关系的科学定位，不仅实现了艺术基地的对外展示功能，也确保了内部用房之间便捷的联系与独立的工作环境。建筑立面造型现代、简洁、大方，同时融入民族元素，体现项目特有的艺术气氛和民族情怀。

剧场功能设计注重前瞻性和先进性，坚持高起点，满足观众厅声学、视线及复杂的舞台设备、灯光、音响、智能系统等工艺设计要求，为大型舞剧、歌剧、话剧、交响音乐会、戏剧及综艺晚会等各种演出举办提供了保障。

徐曙光

职务：舟山市规划建筑设计研究院院长
职称：高级建筑师、高级规划师
执业资格：国家一级注册建筑师

教育背景

浙江树人大学园林建筑专业
同济大学建筑设计进修班
浙江大学建筑学研究生课程班

个人荣誉

2005年荣获首届舟山市青年科技奖
2006年入选舟山市"111"人才
2007年入选浙江省"151"人才

主要设计作品

获奖作品

普陀山海鲜街
荣获：1998年"海山杯"优秀工程设计奖
舟山蜈蚣峙集散中心
荣获：2015年浙江省优秀工程勘察设计三等奖
舟山普陀区人民医院及中医院
荣获：2016年浙江省优秀工程勘察设计表扬奖
岱山新城客运中心
荣获：2018年浙江省优秀工程勘察设计二等奖
舟山明珠广场
荣获：2019年浙江省优秀工程勘察设计二等奖

城市设计

东港沿湖商圈城市设计
舟山东港纬十二路商业街
舟山临城科技园
舟山中央商务区（CBD）三期及城北商务区
岱山文化广场北面地块
岱山石油地块
岱山县老城区城市滨海区域
舟山海洋通信产业园

公共建筑

岱山海中洲广场
舟山保税港口岸联检综合大楼
舟山露亭开元名都大酒店2、3号楼
舟山希尔顿酒店
岱山职教园区
舟山保税区国际会展中心
舟山蓉锦商务楼
舟山商贸城
浙江兴业集团迁建工程
小干岛自贸服务中心
舟山海洋卫星通信大楼
朱家尖商务中心
定海工农路旧城改造综合体

住宅建筑

舟山临城绿岛华府
定海金塘金港嘉园
定海锦鸿雅苑
定海蓉浦公寓
舟山浙大安置小区
定海海城雅苑
舟山临城高云佳苑
舟山临城科创园区住宅小区
舟山临城胜山二期小区
舟山海洋科学城人才公寓
定海和平路安置小区
岱山海馨花园
岱山渔山新村
定海竹山门安置小区

舟山市规划建筑设计研究院是一家以工业与民用建筑勘察设计、城乡规划和市政设计为主的综合性勘察设计科研单位，持有国家建设部颁发的建设工程设计甲级资质、市政工程乙级资质、城乡规划编制乙级、工程勘察乙级资质、园林景观设计专项乙级资质、建筑智能化设计专项乙级资质、工程咨询丙级资质、工程测量丙级资质及浙江省建设厅颁发的建筑节能一类机构资质证书。设计水平及科研能力等方面均处于舟山区域领先地位。

设计院现有员工185人，其中教授级高级工程师1人、高级工程师40人、国家注册类工程师30人。近年来，主持设计的项目有大量的舟山本岛及岱山县等区域城市设计、岱山新城客运中心、小干岛自贸服务中心、保税港综合配套区工程、舟山希尔顿酒店、舟山普陀区中医院，新城连体超高层港航国际大厦（高度188米）、新城商业中心区规划及建筑方案、舟山海洋科技园区一期城市设计及沿港东路景观工程等一系列重大工程项目。尤其在办公、商业综合体、车站、码头、医院、学校、星级酒店等公共性较强的领域，为舟山新区建设创作了一大批佳作。

设计院将一如既往地秉承"设计永恒、价值无限"的设计理念，竭诚为优秀设计人才构筑施展才华的平台，以"科技强院、创业创新"为首要目标，遵循"服务第一、质量优先"的服务宗旨，努力为城市建设贡献出更多优秀的设计作品，为社会经济发展作出贡献。

地址：浙江省舟山市定海区临城街
道金岛路58号
电话：0580-2023677
传真：0580-2023677
网址：www.zssjy.com
电子邮箱：zsgroup@126.com

定海工农路旧城改造综合体

Dinghai Gongnong Road Old City Reconstruction Complex

项目业主：定海城区建设开发有限公司
建设地点：浙江 舟山
建筑功能：旧城改造、商业、居住建筑
建筑面积：195 195平方米
设计时间：2018年
项目状态：在建
设计单位：舟山市规划建筑设计研究院
主创设计：徐曙光、蔡永善、胡钫盈、郑凯跃

　　本项目位于舟山市定海区古城核心位置，用地被道路及城中河分为5个小而不规则的地块。本项目是旧城更新中，解决高密度区域和高容积率安置小区矛盾的一个优秀案例。从城市设计入手，突破道路、河道对建筑的限制，采用底下二层架空、适量的社区配套，还地于城市，减少对周边的压力，中央沿河还设置了城市广场，服务周边。三层采用适当大底板，相互沟通形成小区活动空间。地下两层整体连成大地下室，这样在原高密度区，把高容积率的小区安置，其空间、景观、交通、商业功能都与周边妥善衔接。

舟山商贸城

Zhoushan Commercial and Trade City

项目业主：舟山市港汇商贸城开发有限公司
建设地点：浙江 舟山
建筑功能：商业建筑
建筑面积：69 234平方米
设计时间：2013年
设计单位：舟山市规划建筑设计研究院
主创设计：徐曙光、俞周杰、刘瑜

　　本项目是由7幢相对独立的单体由室外挑廊连接而成的商业综合体。在长方形地块上，考虑内街空间会比较单调，将主入口广场以一个椭圆的形态布置在中心偏西的位置，作为控制性视觉中心，沟通内街周边6栋建筑；下面局部架空，使内街有分有合，呈灵动的空间组合；在地块四角设置人行广场，街道斜角引入，形成四通八达的活力街区。顶层部分挖空作为景观露台，满足休闲餐饮业态需求。建筑采用石材为主、局部玻璃幕墙点缀的设计语言，横向贯通空调百叶与竖向条窗对比的处理手法营造多样统一的形象。东西两端通过石材与玻璃面的长条网格状组合，与主体竖向条窗相呼应，其呈现的整体效果又与主体形成立面的对比美，增加了建筑的现代感，为营造活跃、时尚商业氛围起到了画龙点睛的作用。

岱山县老城滨海区域城市设计
Urban Design of Coastal Area of Old Town in Daishan County

项目业主：岱山县建设局
建设地点：浙江 舟山
规划面积：510 000平方米
设计时间：2011年
设计单位：舟山市规划建筑设计研究院
主创设计：徐曙光、胡钫盈、俞周杰、余瑜、刘舞墨

设计以"延续城市文脉、拥抱海湾生活"为理念，以"打造极具海岛风味、山海生态的现代都市"为终极目标。将原有的老城（古渔村）打造成转换轴心、转换城市功能、开发休闲旅游的新城。将原山外港口配套区打造为小"陆家嘴"，激发时代引擎。开发原石油地块为城市副中心，拓展城市纬度，带动两翼创意产业和旅游地产的发展，实现岱山城市功能的转型和提升。

东港沿湖商圈城市设计
Urban Design of Donggang Business Circle along the Lake

项目业主：普陀区建设局
建设地点：浙江 舟山
规划面积：150 000平方米
设计时间：2010年
设计单位：舟山市规划建筑设计研究院
主创设计：徐曙光、胡钫盈、俞周杰、余瑜、刘舞墨

项目用地围绕东港内湖这一核心景观资源，设计运用景观城市主义的手法，让城市自然化。通过内湖周边商业圈、环湖景观及五星级酒店的建设，展现生态城市、低碳城市的规划思想，强化前期规划中自然核心的概念。在这一理念的指导下，以东港新区"山、城、湖、海"构成关系为依托，将现代商业空间与自然环境相融合，以良好的景观提升整个商业圈的品质和活力，构建一个全新的水岸风情购物公园。

岱山职教园区
Daishan Vocational Education Park

项目业主：岱山县职业技术学校
建设地点：浙江 舟山
建筑功能：教育建筑
建筑面积：29 725平方米
设计时间：2014年
项目状态：建成
设计单位：舟山市规划建筑设计研究院
主创设计：徐曙光、俞周杰、刘瑜、郑凯跃

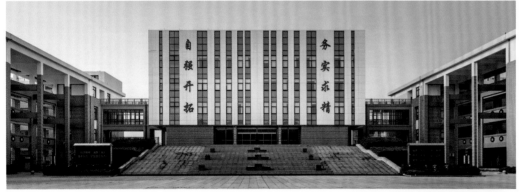

岱山县职业技术学校是全县唯一一所集学历教育与职业培训为一体的综合性中等职业学校。该项目分为两个校区：职业技术学校校区、职业成人教育中心和电大校区。职业技术学校校区建设内容包括：行政楼、教学楼、实训楼、实训车间、风雨操场、400米跑道运动场、食堂、宿舍，其中食堂及运动场馆与职业成人教育中心和电大校区共享。设计鉴于职教园区地理气候、建筑功能、建筑特色的目标取向，在建筑布局中，将中心主体建筑行政楼抬起，并结合南面开阔的入口广场，形成校区的视觉中心。建筑平面理性、方正、对称；建筑空间以"院落"为原型进行有机组合、套接，兼顾朝向、景观的综合平衡，塑造出优越的教育环境。

舟山希尔顿酒店
Zhoushan Hilton Hotel

项目业主：浙江丽笙东港大酒店　　　建设地点：浙江 舟山
建筑功能：酒店建筑　　　　　　　　用地面积：26 688平方米
建筑面积：96 945平方米　　　　　　设计时间：2010年
项目状态：建成　　　　　　　　　　设计单位：舟山市规划建筑设计研究院
主创设计：徐曙光、包雪维、蔡永善

　　本项目在总体规划上，充分展现基地的地域特性，突出项目与海的相互联系。设计将酒店辅楼及后勤服务楼布置于基地西侧，强调与西侧人工湖及商业的相互关联。酒店主楼设计为弧形板式建筑形体，酒店客房的弧形立面朝向海景资源及海岛佛国普陀山。酒店大堂抬升至二楼，形成与海相望的视觉关系，并结合入口景观布置，提升酒店在周边建筑中的非凡气势。

册子岛象牙湾渔归庄

Booklet Island Ivory Bay Yugui Village

项目业主：册子乡镇政府
建设地点：浙江 舟山
建筑功能：景观建筑
规划面积：17 440平方米
建筑面积：1 890平方米
设计时间：2009年
项目状态：方案
设计单位：舟山市规划建筑设计研究院
主创设计：徐曙光、俞周杰

　　本项目以美化海湾、构建海陆联动的舟山风景道为目的。采用传统与现代的精巧结合，理性与浪漫的优雅交织，技术与艺术的完美互动以及建筑与景观环境的和谐一致。总体方案以海螺自然的纹理为设计构思，模仿其优雅的弧线，灯柱按其内部曲线布置，点亮整个海平面。增设演艺台，提升海岛文化品位。单体以舟山特有古船"绿眉毛"为文化符号，采用现代的建筑语言，为游客提供古朴雅趣的水上休闲平台。同时洁净的张拉膜寓意着舟山这座生机勃勃的城市正扬帆起航，迈向崭新的未来。

岱山蓬莱山庄

Penglai Villa, Daishan

项目业主：岱山蓬莱山庄有限公司　　建设地点：浙江 舟山
建筑功能：酒店建筑　　　　　　　　建筑面积：13 050平方米
设计时间：2007年　　　　　　　　项目状态：在建
设计单位：舟山市规划建筑设计研究院　主创设计：徐曙光、陈叶挺、董红刚

　　本项目自然环境独特，四条山脊自然延伸，形成朝向东、南、西三个方向的山坳。在山坳交集之处，触手可及的海上千岛海景和摩星山景，是这个项目最重要的环境要素，建筑的布局充分考虑和利用这一得天独厚的自然资源。设计为了充分表达当地的海洋文化，建筑造型采用新古典主义的创作手法，以民居的造型配合适当的现代构件组合来涵盖实用的功能。采用完全现代的空间手法，与环境沟通、对话，从而使这个建筑有明确的文化定位。希望在这省级风景区摩星山边创造出极具海岛山地风情的度假酒店形象。

新城公交总站
Xincheng Bus Terminal

项目业主：舟山公共交通有限公司
建设地点：浙江 舟山
建筑功能：交通建筑
建筑面积：4 313平方米
设计时间：2007年
项目状态：建成
设计单位：舟山市规划建筑设计研究院
主创设计：徐曙光

公交总站是城市功能的重要组成部分，连接着城市的脉络，是人流最为集中的场所之一，承载着一个地方的精神和文化。本方案以务实的态度着重解决人流和车流的关系，以人本主义的精神，设计一座高效、舒适、安全、经济的现代化交通枢纽大楼，充分体现舟山的场所精神。本案立足新现代主义的丰富内涵，用流畅的造型寓静于动，用金属和玻璃铸就的机器记载着城市的分分秒秒，演绎着时间、空间和交通的城市交响。

普陀旅游集散中心
Putuo Tourism Distribution Center

项目业主：普陀旅游集散中心有限公司
建设地点：浙江 舟山
建筑功能：交通、酒店建筑
建筑面积：39 000平方米
设计时间：2007年
项目状态：方案
设计单位：舟山市规划建筑设计研究院
主创设计：徐曙光

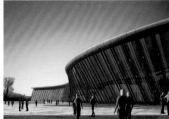

本项目结合场地条件，以山、海形态为蓝本。一期车站水平方向以弧面展开；二期综合楼沿山势拔地而起，以退台形式与山体形成呼应。两者又以中心庭院相互分割，形成视觉上相互依靠、平面上功能独立的布局形式，为一、二期项目的有序建设做好准备。俯瞰建筑犹如一架钢琴的形象，从透视角度，一如腾飞的雄鹰，搏击长空。而排开的客房、景观阳台和候车厅钢柱，如一排琴键，奏响东港的《蓝色多瑙河》。

许屹中

职务：汉嘉设计集团股份有限公司第一工程设计研究院院长
职称：高级建筑师
执业资格：国家一级注册建筑师

教育背景
1995年—1999年　青岛理工大学

工作经历
2003年至今　汉嘉设计集团股份有限公司

主要设计作品
杭州滨江区商业步行街C、D区（杭州星光大道一期）
荣获：2011年全国优秀工程勘察设计三等奖
华联钱江时代广场
荣获：2012年浙江省优秀工程勘察设计一等奖
　　　2013年全国优秀工程勘察设计三等奖
浙江大学医学院附属儿童医院
荣获：2016年浙江省优秀工程勘察设计一等奖
　　　2016年杭州市优秀工程勘察设计一等奖
　　　2017年全国优秀工程勘察设计二等奖
香港大学浙江研究院
荣获：2017年浙江省优秀工程勘察设计一等奖
　　　2017年全国优秀工程勘察设计三等奖
青山湖科技城育才小学
杭州星光大道商业综合体
江苏张家港曼巴特购物中心
杭州绿地中央广场
杭州临安杭临轻轨科技城站配套大厦
杭州大搜车研发中心大楼
千岛湖汽车客运北站

汉嘉设计集团股份有限公司
HANJIA DESIGN GROUP CO., LTD

　　汉嘉设计集团股份有限公司是我国具有一定品牌影响力的民营建筑设计企业。自成立以来，一直专注于建筑设计及装饰景观市政设计等相关领域的业务开拓和发展。公司荣获"中国十大民营建筑设计企业"称号（《建筑时报》，2011年）、"浙江省建设工程类产值规模企业勘察设计类企业"第四名（浙江省住建厅，2013年）、"中国工程设计企业60强"（ENR/《建筑时报》，2014年）等，公司还被列为浙江省服务业重点企业（浙江省人民政府办公厅，2014年）。公司于2018年5月在创业板成功上市，证券代码300746（汉嘉设计）。

　　作为国内领先的一家设计企业，公司历经20多年的业务拓展，已形成范围广、门类全、精品多的产品优势。公司及下属公司取得了建筑行业（建筑工程）甲级资质、风景园林工程设计专项甲级资质、工程勘察专业类（岩土工程）甲级资质、市政行业（道路工程、给水工程、排水工程、桥梁工程）专业乙级资质、城乡规划编制乙级资质、浙江省施工图设计文件审查资质（房建一类）、浙江省民用建筑节能评估资质（一类）。公司建筑设计产品门类齐全，可承担建筑工程相关的全程设计业务。历年来公司项目相继获得了"全国工程勘察设计行业奖""中国土木工程詹天佑奖""建设部部级城乡建设优秀勘察设计"及"浙江省建设工程钱江杯奖（优秀勘察设计）"等

地址：浙江杭州市湖墅南路501号
电话：0571-89975110
传真：0571-89975110
网址：www.cnhanjia.com
电子邮箱：hj-zp@cnhanjia.com

陶娅

职务： 汉嘉设计集团股份有限公司第一工程设计研究
院总建筑师

职称： 高级建筑师

执业资格： 国家一级注册建筑师

教育背景

1992年—1996年　武汉大学

工作经历

2000年至今　汉嘉设计集团股份有限公司

主要设计作品

浙江省肿瘤医院二号病房楼

荣获：2016年浙江省优秀工程勘察设计三等奖
　　　2017年全国优秀工程勘察设计二等奖

杭州银泰城（购物广场、富强商业广场）

荣获：2016年浙江省优秀工程勘察设计二等奖

浙江大学医学院附属儿童医院

香港大学浙江研究院

平湖市市民健身中心

杭州市全民健身中心

杭州临安杭临轻轨科技城站配套大厦

未来科技城国际教育园区

杭州绿地中央广场

于普馨

职务： 汉嘉设计集团股份有限公司第一工程设计研究
院副总建筑师

执业资格： 国家一级注册建筑师

教育背景

1995年—1999年　青岛理工大学

工作经历

2012年至今　汉嘉设计集团股份有限公司

主要设计作品

香港大学浙江研究院

青山湖科技城育才小学

青山湖国际商务中心

临安大园新城小区

台州东方美地小区

融创英特学府

平湖滨江万家花城

杭州江南春中学

千岛湖润枫东润府

几百项行业专业奖项。目前，公司已发展成为我国建筑设计行业内具有齐全的设计资质、全程化的产业链和完备产品线行业优势企业。

　　作为国内技术领先的一家设计企业，公司依托优秀人才和团队，持续进行艺术创新和技术创新结合的探索，创造出一批精品工程。公司始终紧跟建筑技术的革新，进行"建筑节能设计和研究""建筑智能化设计和研究""高烈度区结构抗震设计和研究"等各种专业技术的应用和前瞻研究，参与编纂了《浙江省基坑工程技术规程》《浙江省建筑地基基础设计规范》《浙江省消防技术疑难问题操作指南》等多项建筑设计技术标准。公司领先的技术能力有效提升了公司的产品质量，已经发展成为客户中有口碑、行业内有品牌的行业优势企业。

　　作为机制灵活的一家设计企业，公司认为创意是建筑设计的灵魂，技术是建筑设计的保障，人才是建筑设计的根本。公司始终致力于建立一个创新、高效、有活力的体制，充分发挥每一个人的潜能。目前，公司已发展成为拥有多层次、专业化梯队人才群和灵活高效运营机制的行业优势企业，拥有员工1 400多名，其中国家注册工程师有200多名。

杭州大搜车研发中心大楼
Hangzhou Dasouche R&D Center Building

项目业主：杭州大搜车汽车服务有限公司

建设地点：浙江 杭州

建筑功能：办公建筑

用地面积：20 119平方米

建筑面积：128 007平方米

设计时间：2018年—2019年

项目状态：待建

设计单位：汉嘉设计集团股份有限公司第一工程
设计研究院

设计团队：许屹中、严寅、吴红波、于普馨、
居丽慧、瞿东侠、姜剑峰、寿杭祥

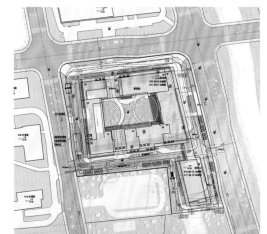

本项目旨在打造最适合大搜车的现代化、综合性的场所。项目设计将"以人为本"作为出发点，通过连续公共空间的打造，为大搜车所有员工提供舒适愉悦的全新体验。

一方面互联网企业核心资源是人才，为优秀的员工提供更为优良的工作环境，是吸引人才，留住人才重要的手段；另一方面人性化、舒适的工作环境对提升员工的工作状态，提高企业运行效率具有非常显著的重要作用。故而以人为本，创造现代化、生态化的研发场所成为本次设计的出发点。

项目以人为本为出发点，设计了一条从建筑内院为起点，沿着建筑外围盘旋而上直至最高屋顶的"慢行步道"，将地面室外景观空间、各个楼层、屋顶景观空间紧密联系，成为一个连续的整体。沿着这条步道布置健身房、游艺室、台球室等丰富的配套设施和绿化景观，充分利用了项目所在的空间，创造员工交流工作、休息娱乐的场所。

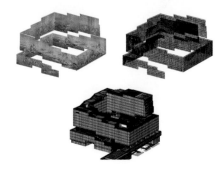

将中国山水长卷进行像素化处理，提取立面肌理，并将其运用到立面设计中，形成变化丰富的建筑语言。

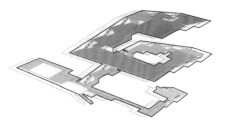

路线一自入口灰空间，沿主楼盘旋而上，直通至顶层屋面。路线二自内院沿裙房拾级而上，到达南侧报告厅。两条路线将所有室外空间自下而上串联在一起的同时，打通了各层之间的联系。

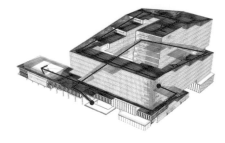

沿连续的室外空间，布置公共配套功能。每个楼层均有自己的共享功能空间，将办公与配套有机融合在一起。

香港大学浙江研究院

Zhejiang Research Institute, University of Hong Kong

建设地点：浙江 杭州

建筑功能：教育建筑

用地面积：33 360平方米

建筑面积：31 541平方米（一期）

设计时间：2012年—2015年

项目状态：建成

设计单位：汉嘉设计集团股份有限公司第一工程设计研究院

设计团队：许屹中、于普馨、陶娅、沈鹏强

体量　　　　　　　　分层　　　　　　　　对话

　　简洁纯粹的形体，内部营造丰富的空间变化，从而创作有自我特性、文化趣味的作品。

　　利用实验室屋顶形成内向院落，面向优美山景，成为自由交流的活动平台，其中点缀下沉院落（实验室的采光通风天井）。形成开放、半开放、私密的空间。

青山湖科技城育才小学

Yucai Primary School of Qingshan Lake Tech City

建设地点：浙江 杭州
建筑功能：教育建筑
用地面积：33 430平方米
建筑面积：33 862平方米
设计时间：2014年—2016年
项目状态：建成
设计单位：汉嘉设计集团股份有限公司第一工程设计研究院
设计团队：许屹中、吴红波、于普馨、陆礼龙、陆怡儒、姜剑峰、严寅

　　本项目位于浙江省杭州市临安区。临安地处浙江省西北部、中亚热带季风气候区南缘，属季风型气候，温暖湿润，光照充足，雨量充沛，四季分明。设计师希望建筑在符合江南采光通风透气需求的同时，让建筑形式更富含时代性、文化性，成为一座具有现代感与人文关怀的地域特色学校，让学校不仅在建筑功能上与社区进行配合，而且在建筑形式上成为开发新区景观中强有力的表现节点。

　　设计师崇尚连续性室外校园活动空间，起始点布置科技楼和报告厅，形成入校广场，其次是三幢教学楼与教工宿舍形成的三处庭院，庭院与开放的连廊强调了连续性的公共空间，成为校园中充满活力的动感元素。设计中既要使得每个区域相对独立，还要保证它们之间紧密联系，连续性的校园庭院则成了连接每个区域的纽带。孩子们的许多活动都放到了这个连续性的庭院里，庭院与庭院之间空间通过局部架空来进行过渡，力求在平面的尺度中寻求空间的变化，营造出灵动而不失理性的校园空间。

浙江大学医学院附属儿童医院滨江扩建工程

Riverside Extension Project of Children's Hospital Affiliated to Medical College of Zhejiang University

建设地点：浙江 杭州

建筑功能：医疗建筑

用地面积：61 001平方米

建筑面积：130 500平方米

设计时间：2009年—2014年

项目状态：建成

设计单位：汉嘉设计集团股份有限公司第一工程设计研究院

设计团队：崔光亚、许屹中、陶娅、李永东、王斌、曾颉婷

建筑外层表皮肌理采用仿生构造，以蜂巢的基本单元为母体，进行排列衍生和组合，一个个小蜂巢象征着培育小生命的空间。整个立面以暖白色为主色调，在若干蜂巢内侧刷上具有生命力的绿色，使的建筑表皮肌理更加丰富，局部采用渐变、退晕的手法，增加了建筑的趣味性、可识别性。

浙江大学医学院附属医院滨江扩建工程位于杭州滨江区，南临平安路，东临规划支路，北临滨盛路，西临信诚路，地块西北角为已建成的浙江省疾病控制中心。本医院按照现代化三级甲等综合性儿童医院的标准进行设计。总体规划按照一次规划、二次实施的原则设计，医院建成后将服务于整个浙江省及相邻省份。

结合现代医院管理的实例，设计师引入了地下商业街的概念。在细节处理上打破传统地下商业的做法，结合本项目公共绿地沿南侧平安路设计一个开放式地下广场，下沉广场和平安路之间用草坡过渡，将阳光引入商业街，为医院营造出一个没有车流，相对比较独立的休息、用餐、购物的公共场所。

青山湖国际商务中心

Qingshan Lake International Business Center

建设地点：浙江 杭州

建筑功能：办公建筑

用地面积：70 932平方米

建筑面积：341 000平方米

设计时间：2017年—2018年

项目状态：在建

设计单位：汉嘉设计集团股份有限公司第一工程设计研究院

设计团队：于普馨、许屹中、姜剑峰、曹俊峰、夏永金、沈鹏强、周子凯

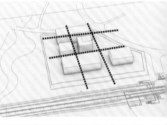

整个建筑形体分为两大组成部分，西侧建筑围合成一个内向型的景观广场，高层两两组合，形成相对安静私密的场所。南面大楼分成东西两个大空间办公单元，在建筑外部朝向科技大道作为入口广场和公共活动开放空间。

各个功能体块或者有韵律地排列，或者嵌套穿插，界面虚实变化，表达着丰富而统一的建筑形象。

山水立方——简洁完整的几何图形：新建建筑充分尊重原有建筑的平面肌理，采用简洁的几何体块来组织整体功能，立意山水立方，达到东方意境的极简表达。

传统中式的文化内核引导下的院落空间——打造一个以院落为基础的中轴对称式空间形态，并适当穿插传统的文化元素，利用现代的建筑工艺处理手法诠释传统文化空间。

杭州星光大道商业综合体

Hangzhou Star Avenue Commercial Complex

建设地点：浙江 杭州

建筑功能：商业建筑

用地面积：26 386平方米

建筑面积：113 491平方米

设计时间：2010年—2016年

项目状态：建成

设计单位：汉嘉设计集团股份有限公司第一工程设计研究院

合作单位：凯里森建筑设计事务所

设计团队：许屹中、严寅、陆燕杰、章倩倩

本项目地处杭州市滨江区钱塘江边，在杭州这个历史文化名城和旅游胜地的钱塘江畔，打造中国内地首条文化艺术的星光大道。以品牌产品和明星效应推动城市的发展，丰富城市的文化。该城市综合体项目涵盖写字楼、娱乐中心、百货商场、精品超市等多种物业形态，与项目周边建筑共同形成大型购物中心和文化艺术娱乐的目的地。

本项目的建筑风格紧扣现代意味和时代特征，采用现代的材料和横向流畅的设计手法，既注重形式的美感，也注重细部的推敲和材质的精心选择，强调光影、景观、颜色、质地以及绿色环保的理念。总的来说，设计师的目标是力求创造一个生动、有机、生态、和谐、独具特色的综合体项目，形成集购物、餐饮、娱乐、文化及居住为一体的高品质环境和轻松绿色的公共场所，以体现深层次的文化内涵。

杨劲松

职务：中机中联工程有限公司建筑创作与技术研究院
　　　副院长、创作研发中心主任
　　　十合舍青年建筑师论坛创始人
职称：教授级高级工程师

教育背景
1995年—2000年　重庆大学建筑学学士

工作经历
2014年至今　中机中联工程有限公司

个人荣誉
重庆十大青年建筑师
重庆五一劳动奖章获得者
重庆市优秀青年建筑师

主要设计作品
重庆鲁能泰山七号营销展示中心
荣获：鲁能集团建筑设计一等奖
　　　中机建筑设计工程公司优秀创意二等奖
　　　第13届金盘奖入围
珠江国际·銮嘉码头
荣获：重庆市优秀工程勘察设计奖
重庆湖广会馆历史文化街区
遂宁莲花国际会展中心
越南政治与行政学院
重庆北辰悦来社区文化中心
重庆哈罗国际艺术展示中心

朱欣

职务：中机中联工程有限公司创作研发中心副主任
　　　十合舍青年建筑师论坛创始人
职称：高级工程师

教育背景
2000年—2004年　四川美术学院环境艺术专业学士

工作经历
2004年至今　中机中联工程有限公司

个人荣誉
重庆市优秀青年建筑师

主要设计作品
解放碑时尚文化城
巴中龙湖1号
金辉沈阳天鹅湾
重庆旅游总部基地18号地块
宜宾远达天际上城双子灯塔项目
巴中恩阳宇亿文锦帝都项目

周强

职务：中机中联工程有限公司创作研发中心主任助理、
　　　建筑院副总建筑师
　　　十合舍青年建筑师论坛创始人
职称：高级工程师

教育背景
2000年—2005年　中国人民解放军后勤工程学院建筑学
　　　　　　　　学士

工作经历
2005年至今　中机中联工程有限公司

主要设计作品
陈独秀旧居修缮方案设计
荣获：2014年重庆市优秀工程勘察设计三等奖
禅县汉正广场
重庆融侨城四期
重庆经开区企业服务中心
哈尔滨花园街
重庆阳光100慈云寺老街一期
海南龙栖湾新半岛一期127地块

谢桦

职务：中机中联工程有限公司创作中心运营总监
　　　十合舍青年建筑师论坛创始人
职称：高级工程师

教育背景
1995年—2000年　重庆建筑大学建筑学学士

工作经历
2000年—2004年　中国城市规划设计研究院
2004年至今　中机中联工程有限公司

个人荣誉
重庆市优秀青年建筑师

主要设计作品
重庆市社会主义学院
重庆医科大学大学城校区
永川行政会议中心
重庆中国摩
重庆鲁能泰山7号3期

前身：机械工业第三设计研究院。
组建：1964年组建于天津，落户重庆北碚。
迁址：上世纪80年代迁至重庆九龙坡区石桥铺。
重塑：2013年10月正式更名为"中机中联工程有限公司"。
　　　同年"中机建筑设计工程公司"成立。
现状：隶属于世界500强企业，中央大型企业集团——中国机械工业集团有限公司。
中机建筑设计工程公司是中机中联工程有限公司对民用建筑行业设计品牌的重塑，既是贯彻国务院关于推
进国有企业改革和国资委关于企业改制的要求、落实国机集团发展战略的实践，也是企业全体员工锐意创新、
开拓进取做出的选择，更是设计院转型升级、做真做实、做大做强的发展之路。

地址：重庆市九龙坡区渝州路17号
电话：023-61539809
传真：023-61539809
网址：www.cmtdi.com
电子邮箱：service@cmtdi.com

中机中联
CMCU

邹洪骏

职务： 中机中联工程有限公司创作一部经理
执行项目负责人
职称： 工程师

教育背景
2004年—2009年　重庆交通大学建筑学学士

工作经历
2009年至今　中机中联工程有限公司

主要设计作品
重庆永川区茶山竹海红灯笼商业街
荣获：2011年重庆市优秀城乡规划设计三等奖
珠江太阳城A-1-2区
荣获：2016年重庆市优秀工程勘察设计一等奖
重庆市永川茶山竹海金盆湖度假酒店
哈尔滨上和园著
郫县汉正广场
宜宾新世纪购物广场
武胜体育公园规划设计、体育馆方案

肖成

职务： 中机中联工程有限公司创作二部经理
职称： 工程师

教育背景
2010年—2011年　英国巴斯大学建筑工程学环保设计
专业硕士

工作经历
2011年至今　中机中联工程有限公司

主要设计作品
重庆经济开发区服务中心
协信长沙天骄华城
协信昌州古城二期
河南开封民族综合商贸城
武胜体育中心
中航里城湖广会馆及东水门历史文化街区
鲁能泰山七号三期

李城旻

职务： 中机中联工程有限公司创作三部经理
职称： 工程师

教育背景
2011年—2013年　香港大学城市可持续发展硕士

工作经历
2009年—2011年　美国阁朗芙工程咨询有限公司
2011年—2013年　澳大利亚HASSELL设计公司
2013年至今　　中机中联工程有限公司

主要设计作品
重庆棕榈泉湖滨商业（棕榈岛）
重庆北辰悦来售楼部
重庆上邦国际花园H组团
重庆协信哈罗小镇
重庆西永C97文创公园

郑施展

职务： 中机中联工程有限公司国际投标部经理
职称： 工程师

教育背景
2012年—2013年　英国利物浦大学建筑学硕士

工作经历
2009年—2012年　中建国际迪拜公司
2014年至今　　中机中联工程有限公司

主要设计作品
迪拜Skycourts商住综合体
阿布扎比City of lights综合办公楼
重庆轨道10号线高架长河站
重庆鲁能泰山七号社区能量中心
重庆中心营销中心
重庆哈罗国际生活艺术馆
重庆鲁能美丽乡村总体规划
重庆鲁能美丽乡村核心首开区建筑设计
贵州赫章韭菜坪悬崖酒店

江琴

职务： 中机中联工程有限公司规划策划部经理
职称： 高级工程师

教育背景
2008年—2011年　西南交通大学城市规划与设计硕士

工作经历
2011年至今　中机中联工程有限公司

主要设计作品
国立中央图书馆旧址修缮
荣获：2015年中机中联工程有限公司优秀工程成果奖三
等奖
重庆南滨路转型升级发展策划
四川天府阳光医养健康产业园总体概念控制性规划设计
协信多利北碚静观台农园项目概念策划设计
鲁能重庆江津美丽乡村整体和首开区总体规划
鲁能重庆合川胜地项目总体规划
鲁能重庆合川胜地涞滩首开区策划及概念规划

重庆哈罗国际艺术展示中心

Harrow International Art Exhibition Center, Chongqing

项目业主：协信地产
建设地点：重庆
建筑功能：文化建筑
用地面积：2 300平方米
建筑面积：1 800平方米
设计时间：2018年
项目状态：建成
设计单位：中机中联工程有限公司
主创设计：杨劲松、郑施展
参与设计：朱迪、张书剑、杨玉桥

哈罗公学渊源与英式风尚是项目的设计背景，因此，设计深入研究英伦文化和英式建筑，发掘其文化属性中的特征——矛盾中共存，新旧对比与融合，扎根于深厚沉淀中的现代演绎。基于此，设计舍弃了传统意义的风情仿造，而是用现代的手法解构英式建筑。

首先，建筑结合高差采用吊层设计，不张扬，但与生态环境和谐共处；其次，建筑采用现代体量穿插手法，打破室内和室外空间的局限，充分利用穿梭动线、露台空间营造丰富的空间体验。并且，设计进一步解构传统英式中的砖、拱等元素，在立面的设计中大量采用新材料、新工艺，破除传统的模式化。

北辰悦来壹号售楼部

Beichen Yuelai No.1 Sales Center

项目业主：重庆北辰两江置业有限公司
建设地点：重庆
建筑功能：商业建筑
用地面积：4 279平方米
建筑面积：3 228平方米
设计时间：2018年
项目状态：建成
设计单位：中机中联工程有限公司
主创设计：杨劲松
参与设计：李城旻、邱先立、朱琳、邓云飞

　　本项目地块隶属渝北区悦来生态城，位于中央公园与蔡家板块之间，西依嘉陵江，东靠麓山郊野公园，距江北国际机场8千米，火车北站10千米，离解放碑商圈18千米，毗邻寸滩保税港区。

　　售楼部前期作为售楼处使用，后期则作为商业中心。设计难点在于北

侧坡地容易让建筑淹没在地块之中，首开的建筑如何对后期的商业形成良性的影响。重庆这座城市的地域性极强，山城之名不仅在于这座魔幻城市的复杂地形，更在于每个在雾都生活的人都是这个奇幻之都的缔造者。设计师希望用设计追溯这座城市的足迹，为悦来新区注入新的魅力。

重庆湖广会馆历史文化街区

Huguang Guild Hall Historical and Cultural District, Chongqing

建设地点：重庆

建筑功能：商业、住宅、文化建筑

用地面积：41 287平方米

建筑面积：77 941平方米

设计时间：2015年

项目状态：在建

设计单位：中机中联工程有限公司

主创设计：杨劲松、肖成

参与设计：王勇、陈秋宇、叶莎、马凯诗、白娟、张瑞

　　湖广会馆历史文化街区位于渝中区下半城，街区始于秦汉，兴盛于明清，完整保留了明末清初的会馆建筑群，是明清商贸繁荣和明代戴鼎筑城的见证之地。2002年，被公布为重庆市历史文化街区。

　　根据《重庆市主城区传统风貌保护与利用规划》，结合主城区传统风貌保存状况和相关区政府已经开展的保护与利用工作。坚持对优秀历史建筑按"原基底位置、原面积、原高度、原风貌"修缮，对传统风貌建筑按"原地上面积、原高度、原风貌"修复，对已损毁的按"原式样、原材料、原工艺"进行恢复，对其他建筑按照整体风貌要求进行整治的保护与恢复原则。

珠江国际·銮嘉码头

Pearl River International Liujia Wharf

项目业主：重庆珠江实业有限公司

建设地点：重庆

建筑功能：商业建筑

用地面积：24 628平方米

建筑面积：47 388平方米

设计时间：2012年

项目状态：建成

设计单位：中机中联工程有限公司

主创设计：杨劲松

参与设计：朱欣、周强、邹洪骏、郭源媛、朱琳

珠江国际是集风情商业、城市影院、超高层办公、精品酒店、SOHO公寓为一体的复合型滨江商业建筑。銮嘉码头是珠江国际的风情商业街部分，该部分功能主要以私家菜馆、风情酒吧街、城市会所、精品酒店、格调书吧、艺术画廊、陶艺工坊、休闲咖啡等业态为主。

项目的设计初衷就是要打造成为重庆的地标性建筑，建筑风貌选择重庆开埠时期建筑风格和巴渝建筑风格结合，为的是在当下城市大拆大建的风潮下，为这个拥有悠久历史的城市保留一些的记忆。

寻找重庆老建筑的历史痕迹，将坡屋顶、木结构、吊脚楼、青砖墙、烽火山墙、西式门头等建筑细节用现代主义手法进行重新解读，形成中西合璧的建筑风貌，既延续了城市记忆的精神，又进行了风格的创新。

重庆鲁能泰山七号营销展示中心

Chongqing Luneng Taishan No.7 Marketing Exhibition Center

项目业主：重庆鲁能开发（集团）有限公司
建设地点：重庆
建筑功能：展览展示、办公建筑
用地面积：7 350平方米
建筑面积：28 873平方米
设计时间：2016年
项目状态：在建
设计单位：中机中联工程有限公司
主创设计：杨劲松
参与设计：邹洪骏、郭源媛、陈伟、罗飞

本项目位于重庆中央公园旁，交通便利，景观资源良好，地理位置优越。项目地块位于住宅区和规划中的公园之间，是连接住宅区和体育公园之间的纽带。在对项目的周边现状和环境进行研究之后，对人行流线的规划中，期望人流可以通过穿行建筑内部到达体育公园或住宅区，从而形成一个连贯和完整的流线。

项目未来会转变为整个片区的社区商业中心，服务于周边的住宅小区、学校轻轨站等，由社区商业中心辐射整个社区。项目二至三层的架空公园是体育公园的延展，将城市空间和城市绿地渗透至项目中。

杨晓

职务： 湖南省建筑设计院有限公司
建筑与技术研究院执行院长、设计总监
杨晓设计工作室主持建筑师
职称： 研究员级高级工程师
执业资格： 国家一级注册建筑师
一级注册结构工程师

教育背景
1991年—1995年　同济大学建筑学学士
1999年—2002年　湖南大学硕士
2019年至今　　　湖南大学博士

工作经历
1995年至今　湖南省建筑设计院有限公司

个人荣誉
2019年"达实杯"第四届中国十佳医院建筑设计师
2018年湖南设计（技术创新类）年度人物

主要设计作品
长沙黄花国际机场
湖南省博物馆改扩建工程
湖南长沙世茂广场
九龙仓长沙国际金融中心
长沙市轨道交通第二控制中心
晟通梅溪湖国际总部中心二期
泰富重装集团天津临港工业园企业总部
汕头市澄海区人民医院异地（整体）搬迁新建工程
桃江县人民医院南院区
浙江湖州鑫达医院
荣获：2019年"达实杯"中国十佳医院建筑设计方案
湘雅常德医院
荣获：2012年全国优秀医院建设优秀项目入围奖
2018年中国最美医院
2018年湖南省优秀优秀工程设计三等奖
双牌水电站防汛调度中心
荣获：2018年湖南省优秀工程设计二等奖
长沙黄花国际机场T2航站楼

荣获：2013年全国优秀工程勘察设计二等奖
2012年湖南省优秀工程设计一等奖
中南大学图书馆
荣获：2013年湖南省优秀工程设计一等奖
中南大学实验楼
荣获：2012年湖南省优秀工程设计三等奖
中南大学综合教学楼
荣获：2011年全国优秀工程勘察设计一等奖
湖南省群众艺术馆
荣获：2011年全国优秀工程勘察设计三等奖
中南大学新校区艺术楼
荣获：2015年全国优秀工程勘察设计一等奖
2011年湖南省优秀工程设计一等奖
中南大学新校区教学楼
荣获：2010湖南省优秀工程设计一等奖
韶山毛泽东文艺馆
荣获：2009年全国优秀工程设计二等奖
2009年湖南省优秀工程设计一等奖
安提瓜和巴布达板球场
荣获：2008年湖南省优秀工程设计二等奖
湖南中南大学湘雅医院图书馆
荣获：2008年湖南省优秀工程设计三等奖
湖南长沙贺龙体育场
荣获：2006年全国优秀工程设计铜奖
2005年湖南建设部优秀勘察设计二等奖
2005年湖南省优秀工程设计一等奖
湖南省长沙市周南中学新校区
荣获：2006年湖南省优秀工程设计二等奖

建筑思想
　　杨晓先生作为团队的主创建筑师，一直坚持立足本土的建筑创作，关注建筑与城市的连续性，关注建筑的地域性特征；通过深入实践，表达源自内心对建筑的热爱；深入研究设计方法，在每一个项目之中，都坚持寻找最优设计策略，以期展开与自然环境、城市文脉的对话；力图为建筑、城市环境、业主和建筑相关者创造最大价值。

湖南省建筑设计院
HUNAN PROVINCIAL ARCHITECTURAL DESIGN INSTITUTE
湖南省城市规划研究设计院
HUNAN PROVINCIAL URBAN PLANNING AND DESIGN INSTITUTE

　　湖南省建筑设计院有限公司、湖南省城市规划研究设计院（以下简称HD）成立于1952年7月，前身为湖南省建筑设计院，是一家管理体系健全、技术实力雄厚、设施装备完善的大型综合性设计研究企业。是全国建筑技术创新先进企业、湖南省高新技术企业。获得商务部第一批授予对外经营权、湖南省海外领事保护重点服务单位。连续多年荣获省市"守合同重信用单位"称号，并荣获国家"守合同重信用企业""全国建筑设计行业诚信单位"及省"诚信经营示范单位"荣誉称号。60多年来，HD完成设计和工程总承包等各类项目12 000余项，业务遍及国内24个省（直辖市）、澳门特区以及海外42个国家。

　　HD有在职职工1 450余人，其中全国工程勘察设计大师1人，湖南省工程勘察设计大师4人，高级职称270余人，中级职称500余人，一级注册建筑师、一级注册结构工程师、注册规划师、注册设备工程师及注册电气工程师170余人。同时拥有注册监理、造价、岩土、咨询师等专业注册人员70余人，全院专业技术人员占在职职工总数的90%以上。

　　HD始终以设计精品工程为己任，以保持技术领先为目标，荣获国家和省部级科技进步奖、优秀工程设计及咨询奖400多项，自主知识产权32项，自主研发科技成果92项，主持、参编各类国家、行业以及湖南省技术规范标准60项。

　　HD将肩负"构筑时代，设计未来"的使命，致力于向社会提供高品质的技术和工程管理服务，最大限度地满足客户的需求。

地址： 湖南省长沙市岳麓区福祥路65号
电话： 0731-85166229
　　　 0731-89662566
传真： 0731-85163176
网址： www.hnadi.com.cn
电子邮箱： office@hnadi.com.cn
　　　　　 pm@hnadi.com.cn

长沙黄花国际机场T2航站楼

T2 Terminal Building of Changsha Huanghua International Airport

项目业主：湖南省机场扩建工程建设指挥部
建设地点：湖南 长沙
建筑功能：交通建筑
建筑面积：260 000平方米
设计时间：2006年
项目状态：建成
设计单位：湖南省建筑设计院有限公司
合作设计：阿特金斯顾问有限公司
设计负责人：杨晓

　　黄花国际机场T2航站楼气势宏伟、大气磅礴、动感强烈，配合两端独特的飞翔设计，灵动地勾勒出现代空港建筑的行业特征。"三湘潮涌、千帆竞渡"，设计结合湖湘文化，取"三湘四水"之意象，展"千帆竞渡"之美妙画面，体现"山水洲城"的绿色城市构想。

　　项目按"IATA"C类标准设计，半岛式构型、地上3层、地下2层，建筑高度39.9米，年旅客吞吐量1 520万人次，机位数22个。项目设计难点在于异形外立面、功能复杂、跨度大、社会影响重大、绿色环保节能、大型钢结构场馆，工程屋顶钢筋长度达600多米，其中结构最长400多米不设结构缝。主桁架最大跨度为60米，其他跨度大部分为24米。并进行了超长结构预应力关键技术研究、表面风压风洞试验大跨度屋面结构风振响应分析等大量科研项目。

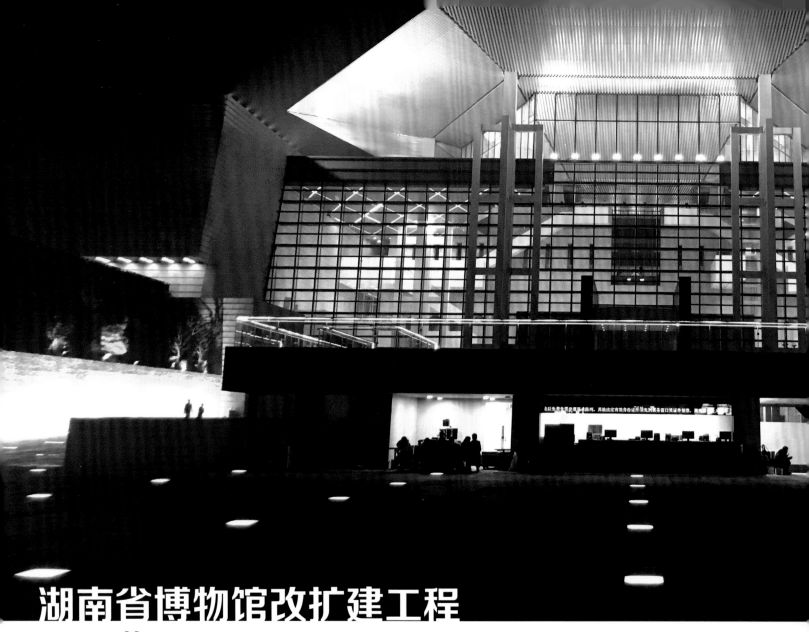

湖南省博物馆改扩建工程

Hunan Museum Renovation and Extension Project

项目业主：湖南省博物馆

建设地点：湖南 长沙

建筑功能：文化建筑

用地面积：51 000平方米

建筑面积：91 252平方米

设计时间：2011年

项目状态：建成

设计单位：湖南省建筑设计院有限公司

合作设计：矶崎新工作室（Arata Isozaki & Associates）、中央美术学院

设计负责人：杨晓

湖南省博物馆是国家首批一级博物馆、中央和地方共建的8个国家级重点博物馆之一，是湖南省代表性的文化窗口。馆址位于长沙市烈士公园西北角，西临东风路，北临德雅路。项目设计借鉴传统文化元素"鼎"来体现它的重要地位，设计创意为"鼎盛洞庭"，取国之重器"鼎"的神态，展示洞庭之水凝固成"鼎"的梦幻形象，用跨时空的建筑语言诠释湖湘文化的传承与发展，昭示湖湘大地的繁荣与昌盛。

　　博物馆南北宽118米，东西长232米，建筑高度38.5米。建筑包括地下、地上和大屋顶3个核心功能空间，共设置6个主要功能楼层，局部设有夹层。主要的展示空间中，特展厅设在负一层；马王堆核心展区位于负一层到二层；专题展览布置在二层。

　　博物馆内部流程组织合理，空间精妙，智能设施先进，人性化程度高，建成后社会反响良好，是当代国内代表性的博物馆建筑。

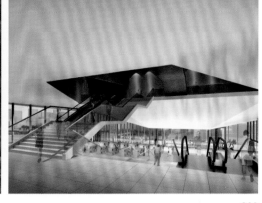

湘雅常德医院

Xiangya Changde Hospital

项目业主：常德市经济建设投资集团有限公司

建设地点：湖南 常德

建筑功能：医疗建筑

用地面积：153 400平方

建筑面积：420 000平方米

设计时间：2011年

项目状态：建成

设计单位：湖南省建筑设计院有限公司

设计负责人：杨晓

本项目是一所集医疗、教学为一体和以小综合、大专科为特色的大型医院。有着完备、流畅、高效的医疗流程。建筑设计，延续百年湘雅文脉，融入地域风貌，取意流畅的建筑形态，采用"湘雅红"陶板与玻璃、遮阳金属格栅为外立面主要材料，在太阳山与柳叶湖之间形成"青山、绿水、红房"的大地景观。设计关注城市与建筑在尺度、车行及人行空间、景观各方面的连续性，营造与城市共生的建筑综合体。空间设计，以医护人员行为特征与当地人群认知特点为基础，考虑到环境与心理、环境与行为的关系，塑造人性化的"景随人行"的院内环境。

湖南长沙世茂广场

Changsha Shimao Plaza, Hunan

项目业主：长沙世茂投资有限公司

建设地点：湖南 长沙

建筑功能：商业、办公建筑

用地面积：16 073平方米

建筑面积：22 3347平方米

设计时间：2014年

项目状态：建成

设计单位：湖南省建筑设计院有限公司

合作设计：捷得建筑师事务所公司

设计负责人：杨晓

    建筑设计受中国传统山水画的启发，将景观、水、岩石的竖向力度与层叠的肌理相结合，裙房部分设计成厚重的城市景观。塔楼的体型、高度与气势，宛如中国画中引人入胜的"主峰"，配合巧妙布置从天而降的中心"大瀑布"，壮观的造型一气呵成，极具震撼力与标志性。建筑立面时尚、现代，隐含地域特色，挺拔中富于变化，比例协调，耐人寻味。

    项目包含商务办公、商业、停车等城市功能模块，通过合理分配及组合利用，建立便捷高效的系统。建筑按照5A智能写字楼标准设计，结合地铁经济、本地域内的商业模式及业态，创造具有强烈生长力及可适应性的高档复合商业模式，建筑识别度高，是一座城市地标性建筑。

浙江湖州鑫达医院

Zhejiang Huzhou Xinda Hospital

项目业主：湖州鑫远投资有限公司

建设地点：浙江 湖州

建筑功能：医疗建筑

用地面积：92 045平方米

建筑面积：168 949平方米

设计时间：2016年

项目状态：在建

设计单位：湖南省建筑设计院有限公司

设计负责人：杨晓

　　本项目采用柔畅飘逸的弧线，一气呵成地将各个建筑串联在一起，总体布局自东向西呈现出动感的姿态。以"绿谷"作为整体方案的基础概念，一开始就对整体景观进行考量，通过从东南往西北方向的轴线以及南北方向的轴线营造一系列的视线通廊和景观。

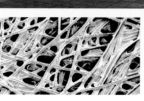

恽爽

职务： 北京清华同衡规划设计研究院有限公司
副院长、详细规划研究中心主任
职称： 教授级高级工程师
执业资格： 国家一级注册建筑师
注册城市规划师

教育背景
1993年—1998年　清华大学建筑学学士
1998年—2001年　清华大学建筑学硕士

工作经历
2001年—2003年　北京清华城市规划设计研究院设计师
2003年—2010年　北京清华城市规划设计研究院详细
规划研究所所长
2010年至今　　　北京清华同衡规划设计研究院有限公
司副院长、详细规划研究中心主任

社会任职
中国城市规划学会城市设计学术委员会委员
中国城市规划学会青年工作委员会委员
教育部生态规划与绿色建筑重点实验室核心成员
北京城市副中心控制性详细规划副总规划师
北京城市更新与规划实施学术委员会首席专家
北京城市规划学会第五届理事会常务理事
北京工业大学空间规划与治理研究中心学术委员会委员

主要设计作品
河北雄安新区启动区城市设计国际咨询
河北雄安新区昝岗组团分区规划
北京城市副中心总体城市设计和重点地区详细城市设计
中国贵安生态文明创新园
三山五园历史文化景区保护提升规划
运城市总体城市设计
荣获：2017年全国优秀城乡规划设计奖三等奖
　　　2017年北京市优秀城乡规划设计奖一等奖
石家庄市东南片区城市设计和重点地区控制性详细规划
荣获：2017年全国优秀城乡规划设计奖三等奖
　　　2017年北京市优秀城乡规划设计奖二等奖

南阳卧龙综合保税区规划设计
荣获：2017年北京市优秀城乡规划设计奖三等奖
庆阳市棚户区改造分区规划及一期用地修建性详细规划
荣获：2017年北京市优秀城乡规划设计奖三等奖
中关村软件城（大上地地区）发展建设规划
荣获：2015年全国优秀城乡规划设计奖二等奖
　　　2015年北京市优秀城乡规划设计二等奖
平谷新城总体城市设计及重点地区详细城市设计
荣获：2015年北京市优秀城乡规划设计三等奖
邳州市城区控制性详细规划
荣获：2015年徐州市优秀城乡规划及城市测绘设计二
等奖
广州南沙新区总体概念规划国际咨询
荣获：2013年全国优秀城乡规划设计二等奖
　　　北京市第十六届优秀工程设计二等奖
中关村国家自主创新示范区（海淀北部部分）总体空
间形态研究及核心区城市设计及控制性详细规划
荣获：北京市第十六届优秀工程设计二等奖
唐山曹妃甸新城起步区控制性详细规划
荣获：2011年全国优秀城乡规划设计三等奖
　　　2011北京市优秀城乡规划设计一等奖
长春西部新城核心区（暨高铁站前区域）修建性详细
规划
荣获：2011年北京市优秀城乡规划设计二等奖
汶川县城修建性详细规划
荣获：2009年全国优秀城乡规划设计——灾后重建规
划一等奖
　　　北京市支援灾区优秀灾后重建规划设计评选一等奖
汶川县城整体风貌控制研究
荣获：2009年全国优秀城乡规划设计——灾后重建规
划三等奖
　　　北京市支援灾区优秀灾后重建规划设计评选二等奖
长春整体城市设计
荣获：2009年全国优秀城乡规划设计三等奖
　　　北京市第十四届优秀工程设计一等奖

地址： 北京市海淀区清河中街清河
嘉园东区甲1号楼16层
电话： 010-82819000
传真： 010-62771154
网址： www.thupdi.com
电子邮箱： lvtao@thupdi.com

北京清华同衡规划设计研究院有限公司是清华大学下属的全资国企，是清华控股旗下以城市研究、城乡规划设计咨询与人居环境工程技术研发为主业的成员企业，拥有城乡规划、土地利用规划、建筑设计、风景园林、文物保护勘察设计、旅游规划等多项专业资质。依托清华大学的综合学科与产业优势，清华同衡致力于开展国家与地区宏观发展政策研究以及具体的人居环境建设工程的技术研究与实施，为国家部委、各级政府部门、企业等提供研究和咨询服务。

清华同衡植根于清华大学的学术研究环境，一直坚持城乡规划工程实践与科研、教育相结合的"产学研一体化"发展思想，积极拓展城乡规划相关学科的研究领域，通过十余年的企业化发展，逐渐形成了自己的综合优势、核心业务和服务特色。清华同衡始终坚持专业所的发展架构，60多个业务部门跨专业协同、6个地方分院进一步强化深入研究与服务，广泛参与中国城镇化进程的政策研究、规划落地与技术创新。

清华同衡将规划设计与科研成果转化为支撑城乡发展的源动力，持续以规划和技术回报社会，并积极投身社会公益事业，主动承担清华人"家国天下"的行业使命和社会责任。

北京城市副中心控制性详细规划（街区层面）（2016年—2035年）

Regulatory Detailed Planning of Beijing Vice-Center (Block Level) (2016-2035)

项目业主：北京市人民政府

建设地点：北京

建筑功能：行政办公、文化创意、生态居住

用地面积：155 000 000平方米

设计时间：2016年—2019年

项目状态：在建

设计单位：北京清华同衡规划设计研究院有限公司
　　　　　北京市城市规划设计研究院
　　　　　上海同济城市规划设计研究院等

规划建设北京城市副中心，是千年大计、国家大事。深入落实《京津冀协同发展规划纲要》，深入实施党中央、国务院批复的《北京城市总体规划（2016年—2035年）》，北京市组织编制《北京城市副中心控制性详细规划（街区层面）（2016年—2035年）》。北京城市副中心规划建设工作历时3年，于2019年初正式进入实施建设阶段。

作为北京新两翼空间格局的重要一翼，北京城市副中心不但承载了疏解人口、优化格局和空间拓展的诉求，更是京津冀协同发展的重要支撑。规划站在新起点、面向新时代，落实世界眼光、国际标准、中国特色、高点定位的要求。坚持专家领衔，广聚国内外顶尖人才；坚持部门合作，协同推进规划编制；坚持区域协同，统一规划、统一政策、统一标准、统一管控；坚持公众参与，广泛征求民意；坚持科学决策，全市上下团结一致，保障规划决策水平。

作为国家战略的落脚点，副中心的规划建设无疑具有重要示范意义。以建设"国际一流和谐宜居之都示范区、新型城镇化示范区、京津冀区域协同发展示范区"为目标，副中心控规编制秉承三大理念：坚持生态优先的营城理念，促进城市与自然和谐共生；坚持以人民为中心的发展理念，更加关心人的感受；坚持建设新时代的精品城市，把城市副中心建设成为新时代城市建设发展的典范。同时，规划从三大方面进行技术创新：强化刚性管控，推动城市空间精细化管理；强化柔性引导，整合城市设计和各专项规划；强化弹性预留，提高规划的动态调节能力。

作为整个详细规划工作的技术统筹核心专家，恽爽女士全程深入参与了副中心详细规划的编制工作，带领副中心详细规划团队，发扬"工匠"精神，精心推进，不留历史遗憾，努力实现一张蓝图干到底，把城市副中心打造成北京重要的一翼。

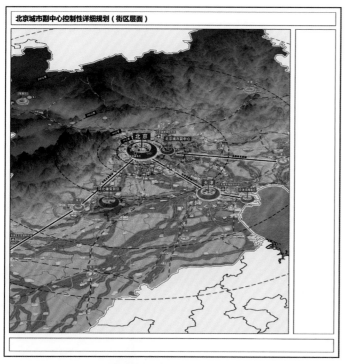

"一核两翼"空间格局示意图

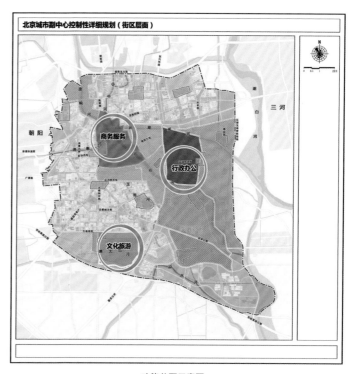

功能分区示意图

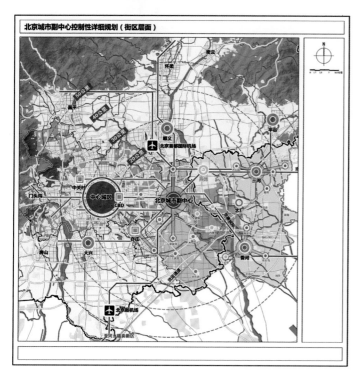

区域协同发展规划图

空间结构规划图

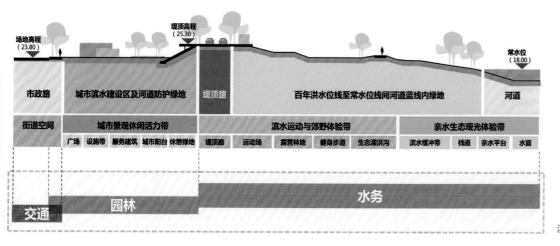

滨水空间一体化管控示意图

软件与信息服务业是大上地的主导产业

中关村软件园

国家级的龙头软件园区

上地信息产业基地

我国第一个以电子信息产业为主导，集科研、开发、生产、经营、培训、服务为一体的综合性高科技工业园区

中关村软件城（大上地地区）发展建设规划

Development and Construction Planning of Zhongguancun Software City (Greater Shangdi District)

项目业主：北京市海淀区北部地区开发建设委员会办公室

建设地点：北京

建筑功能：科研创新、居住休闲、商业服务

用地面积：31 000 000平方米

设计时间：2014年

项目状态：在建

设计单位：北京清华同衡规划设计研究院有限公司

设计团队：恽爽、郑筱津、刘巍、旷薇、毛羽、刘春雨、杜锐、唐婧、朱天、董晓莉、孙蕾、李铮、韩瑜、李公立、孔宪娟

优势空间　　一般空间　　机遇空间

　　从1991年上地信息产业基地建立开始，该地区的城市建设进入了加速发展阶段，到目前为止80%的区域已经建成，包含多个产业园区、院校、居住社区等，是典型的存量建设地区。规划着眼于建设"国家创新中心"的目标，从该地区作为典型的城市建成区的特点出发，坚持协同式规划、织补式规划、渐进式规划的基本出发点，在全面梳理地区发展历史和建设现状的基础上，提出了"产城互促"的发展思路以及基于存量空间资源优化实现地区综合竞争力提升的实施路径。

中关村软件城

- 以软件与信息服务业为主导的专业性国际化地区
- 世界大城市北京的产城融合示范区
- 科技创新、人文和谐的生态智慧区

国家级的软件与信息服务业创新基地

规划定位图

核心要点

发展定位	战略空间识别	空间结构重构

需求分析	产城融合路径	多元发展目标

大上地产城融合示范区

核心要点

分层次的思想统筹

分主体的任务分解	分时序的实施指引

以往新区建设 —— 增量土地为特征
大上地建设 —— 存量土地为特征

规划思维的转变——从以土地用途为核心 转向 以人的行为模式为核心
实施方式的转变——从统一规划分步实施 转向 统一思想分类实施

80%建成区
主体多元化

区域的存量土地特征图

自主更新方案　　　　　整体更新方案

空间结构

一核领衔，圈层辐射
八片联动，产城融合

- 资源有限性
- 主体的多元化
- 见缝插针式

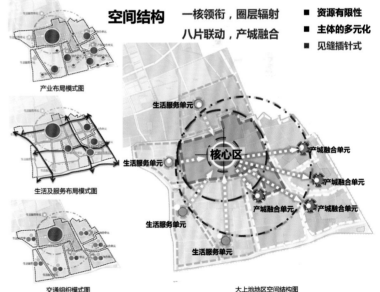

产业布局模式图
生活及服务布局模式图
交通组织模式图
大上地地区空间结构图

　　大上地地区位于北京市海淀区北部，紧临五环路和八达岭高速公路，总面积约为31平方千米，具有重要性、典型性和复杂性的多重特征。

　　1．协同式规划

　　面对大上地地区主体多元、建设情况复杂的特点，规划推动形成了编制与实施互动的协作平台——通过规划编制工作组和开发建设指挥部两个组织机构实现规划编制过程和规划实施过程的协作，充分尊重各利益主体意愿与诉求，协调各方利益实现共赢。

　　2．织补式规划

　　规划基于大上地地区已建用地比例较高、布局片段化的特征，结合实际因地制宜针对重点地区、重点问题及社会关系进行织补缝合，梳理完善城市各子系统，在片段更新中织补城市，以局部突破实现整体协调发展。

　　3．渐进式规划

　　规划采取渐进式的规划方式和综合提升方式。建立层次清晰的规划研究体系，宏观层面着重思路、中观层面侧重策略、微观层面倚重设计，并以后续的多个专项研究作为辅助支撑，制订翔实可行的行动计划，有计划、有步骤地逐步推进规划工作和建设工作。

　　规划在编制与实施过程中，清华同衡均作为责任规划单位，全程参与编制与长期跟踪服务。除了以往在规划编制过程中的技术服务与沟通协调外，本次规划尝试提供全时跟踪的综合服务，规划编制与实施形成良性互动，有利于地区发展思路的有效延续和逐级分解落实。

汶川县城修建性详细规划

Construction Detailed Planning of Wenchuan County

项目业主：四川省阿坝羌族藏族自治州汶川县规划建设局

建设地点：四川 汶川

建筑功能：行政办公、文化旅游、商业服务

用地面积：4 800 000平方米

建筑面积：2 688 900平方米

设计时间：2011年

项目状态：建成

设计单位：北京清华同衡规划设计研究院有限公司

设计团队：尹稚、袁牧、恽爽、于润东、郑瑞山、李汶、杨超、赵楠、韩瑜、王哂奇、李苏、袁昕、徐刚、陈北岭、张先武

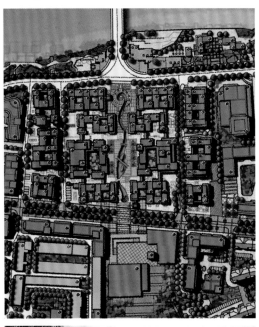

　　2009年，汶川地震灾后重建进入中长期恢复重建阶段。规划从实际出发，依据总体规划，采用"院长亲自带队主场办公"与"派驻挂职干部协助规划管理"相结合的工作方法，保障灾后重建在规划指导下科学有序地推进。

　　规划针对土地利用的可实施性、疏解人口的规划结构、城市公共安全与避灾避险体系、空间肌理与景观结构、公共服务与交通市政设施、羌族风貌特色六个方面展开设计并有所创新，力图将汶川县城建设成为"防灾减灾示范区"和"文化旅游名城"。自控制性详细规划与修建性详细规划编制以来，在各方面共同努力下，规划获得了良好的实施效果。

唐山曹妃甸新城起步区控制性详细规划

Control Detailed Planning for the Starting Area of Caofeidian New Town in Tangshan

项目业主：唐山市曹妃甸国际生态城管理委员会

建设地点：河北 唐山

建筑功能：生态居住、科技商务、商业服务

用地面积：18 502 300平方米

设计时间：2009年

项目状态：在建

设计单位：北京清华同衡规划设计研究院有限公司

设计团队：恽爽、高珊、董淑秋、杨丹丹、刘海琛、李永红、马靖宇、田昕丽、史杰楠、毕莹玉

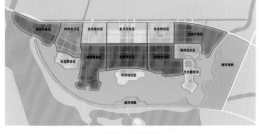

功能分区规划图

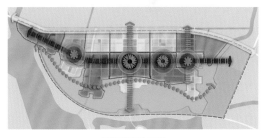

规划结构分析图

曹妃甸国际生态城选址位于唐山港京唐港区和曹妃甸港区之间，西距曹妃甸港区5千米，东距京唐港区25千米，距唐山80千米，距北京220千米。规划用地位于渤海之滨，现状多为盐田和虾池，生态条件较为脆弱。规划方案以最新生态技术指导设计和建设行为，在微观实现领域能够落实生态理念，重塑滨海生态环境，从绿色建筑、生态水处理和循环利用、生态能源的产生和利用方式等多种角度考虑，使曹妃甸国际生态城真正树立国际先进的生态城的形象，走上可持续发展之路。

为确保生态城市规划的有效实施，在控规成果中除了常规指标系统的控制要求外，同时提出了生态指标体系，为各项生态技术落地提供保证。通过对在街区层面技术可实施的定量要素进行赋值，并以此作为街区开发建设、准入管理及建设评价的科学管理依据。

张凯

职务：英国UK.LA太平洋远景国际设计机构大中华区总裁
　　　南京环洋远景建筑规划设计顾问有限公司董事长
　　　南京泛奥建筑规划设计顾问有限公司董事长
　　　南京/杭州当代投资有限公司董事

教育背景
华中科技大学建筑学硕士
东南大学建筑学博士

先后被评为
中国房地产协会专家委员会委员
亚洲建筑规划师杰出100强
中国建筑规划设计突出贡献人物
江苏建筑规划十大影响力人物
亚洲建筑规划设计风云人物
中房商协城市规划与建筑设计专业委员会委员

申丽萍

职务：英国UK.LA太平洋远景国际设计机构大中华区董事长
　　　南京环洋远景建筑规划设计顾问有限公司总经理
　　　南京泛奥建筑规划设计顾问有限公司总经理
　　　南京/杭州当代投资有限公司董事

教育背景
武汉大学城市规划学士
华中科技大学建筑学硕士
东南大学建筑学博士
美国康奈尔大学EMBA

先后被评为
中国房地产协会专家委员会委员
亚洲杰出建筑规划师
中房商协城市规划与建筑设计专业委员会委员
南京市六合区政协委员

崔晨旻

职务：英国UK.LA太平洋远景国际设计机构副总经理

教育背景
天津城市建设学院学士

主要设计作品
郑州市清华忆江南五期规划建筑设计
郑州张庄城中村改造项目规划建筑设计
新郑肖韩社区建筑规划设计
洛阳香榭里定鼎广场项目建筑规划设计

洛阳香榭里畔山兰溪居住项目建筑规划设计
郑州一生缘·翡翠谷综合旅游度假项目规划设计
平顶山湛河沿岸景观改造及城市设计
河南唐河和美国际综合商业居住项目建筑设计
盱眙帝景国际居住项目规划设计
淮安国华·御翠园居住项目建筑规划设计
淮安七星水岸居住项目建筑规划设计
宿迁东紫园居住项目建筑规划设计
泗洪星河上城居住项目建筑规划设计
海南塞维亚海岸

钱洪杰

职务：英国UK.LA太平洋远景国际设计机构设计部经理

教育背景
长沙理工大学工学学士

主要设计作品
郑州市清华忆江南项目控制性详细规划
邓州市湍北新区及行政中心区城市设计
清华大溪地项目控制性详细规划
清华大溪地项目修建性详细规划

邓州市湍北社区空间发展规划与详细规划
郑州张庄城中村改造项目控制性详细规划
马鞍山荷包山西侧地块修建性详细规划
新郑肖韩社区修建性详细规划
成都新客站片区城市设计
杭州长睦—皋亭城市综合体城市设计
洛阳道北A、C地块
海南塞维亚海岸
蚌埠市沈圩村城中村改造项目
扶沟中汇国际城

地址：南京奥体大街128号奥体
　　　名座大厦F座10楼
电话：025-84739678
传真：025-87763798
网址：www.ukladesign.com
电子邮箱：ukla2000@126.com

英国UK.LA太平洋远景国际设计机构是一家英国专业设计公司，旗下设计机构遍布英国以及中国香港、南京、上海和郑州。公司致力于城市与建筑的功能规划和空间设计，业务涵盖城市规划、建筑设计、景观设计、建设工程咨询等诸多领域。在设计的各个阶段，公司秉承"专业、创新"的宗旨，不断在设计作品上精益求精，近年来在实践中所展示的创造性能力、先锋的设计理念和不懈的探索精神得到了公众和学术界的广泛认可，为江苏规模最大的境外设计机构之一。

UK.LA的核心优势来源于其独特的多专业、多文化和国际型的设计团队以及对于对卓越设计的不懈追求和坚韧探索，根本宗旨是实现设计最优化的理念，将城市设计、建筑设计、景观设计、生态设计交会融合，自始至终将创造性、和谐性和超越性完美统一，作为一个完整的卓越的设计提供给客户。

在走向全球化的同时，UK.LA的团队在结合世界先进理念的同时融入中国本土的建筑元素和语汇，UK.LA公司一直重视与开发商和政府建立并发展伙伴关系，准确把握市场脉搏，在业务不断扩展的过程中以创新的设计和优质的服务，赢得了众多客户的信赖与支持。

格拉姆国际中心由意大利格拉姆集团和罗马市政府委托设计，是郑东新区唯一一家由外商独资开发的商业地产项目。

河南是中华文明的发源地，意大利是欧洲文明的摇篮，格拉姆国际中心在设计中希望体现出中国和意大利文化。项目采用超高层双字楼设计，并将哥特式风格及象征财富的钻石元素和中国文化中象征吉祥的莲花造型有机融合在一起，成为郑东新区一颗耀眼的明珠。

格拉姆国际中心
Gramm International Center

项目业主：意大利格拉姆集团、罗马市政府

建设地点：河南 郑州

建筑功能：办公建筑

用地面积：9 382平方米

建筑面积：88 660平方米

设计时间：2005年

项目状态：建成

设计单位：英国UK.LA太平洋远景国际设计机构

设计团队：张凯、申丽萍、崔晨旻、钱洪杰

郑州奥马综合商业居住项目

Zhengzhou Oma Integrated Commercial Residential Project

项目业主：郑州奥马置业有限公司　　建设地点：河南 郑州

建筑功能：城市综合体　　用地面积：224 000平方米

建筑面积：940 000平方米

设计时间：2013年

项目状态：方案

设计单位：英国UK.LA太平洋远景国际设计机构

设计团队：崔晨旻、张辉、钱洪杰、袁唯一

本项目位于郑州市二七生态文化新城运河新区内，城市主干道嵩山南路东侧。项目总体定位为郑州二七新城运河畔新兴大型综合商业居住综合体。设计通过"龙"形景观主轴贯穿基地，统领整体规划布局，再现中原文化精髓。

商业群体通过流动的建筑形体塑造地标性建筑群，通过生态、自然的购物环境及多个首层、立体化商业空间体系的打造，体现出新兴商业多元化、趣味化、生态化的特点。

居住群体内建筑单元通过景观轴线、底层透空视廊及景观步道系统联系成一个有机整体，结合人车分流的交通体系，营造出一个生态自然、健康舒适的人居环境。

晖色高楼祖玉笛一
孙太白燕宣窑千
手莱王隆徒雯廷
閘孙乃苦寂寥

论门富心
啓功书

窑湾古镇保护规划
Yaowan Town
Conservation Planning

项目业主：新沂市政府

建设地点：江苏 新沂

建筑功能：古城保护

用地面积：533 333平方米

设计时间：2010年

项目状态：建成

设计单位：英国UK.LA太平洋远景国际设计机构

设计团队：钱洪杰、崔晨旻、袁唯一

　　窑湾古镇是目前苏北地区在京杭大运河滨水古镇中保存最完好的一个。古镇形成于春秋战国时期，明清时达到鼎盛。古镇有发达的水系，分别是大运河、后河以及护城河，形成独特的半岛形态。窑湾古镇保护规划是在京杭大运河2013年申报世界历史文化遗产的背景下展开，本次规划充分考虑窑湾古镇在京杭大运河遗产中的地位——在保护窑湾特有的"镇前有后河，城在两湖中"的滨水古镇形态的同时，打造中国"苏北第一古镇"。规划方案从古镇文化史的发掘、古街区的复原、道路与环境的整治入手，在三条水轴、四大功能区、十三景观节点总体规划布局下，对重点建筑如江西会馆、山西会馆、教堂等进行修复。通过对大运河滨水景观打造，实现传承人文、历史名城环境，构建舒适、艺术的生活环境，营造开发、休闲的旅游环境，共创自然永续的生态环境的目标。

海南塞维亚海岸

Hainan Seville Coast

项目业主：儋州双联房地产开发有限公司

建设地点：海南 儋州

建筑功能：居住、度假建筑

用地面积：3 333 000平方米

建筑面积：820 000平方米

设计时间：2012年

项目状态：在建

设计单位：英国UK.LA太平洋远景国际设计机构

设计团队：崔晨旻、钱洪杰、张辉、袁唯一

本项目位于海南儋州白马井镇，距海口市135千米，面朝大海，具有得天独厚的景观优势。

地块分为居住与度假两个独立的功能板块。高档滨海社区与海上度假区这两个区域通过一条横贯东西的中央景观大道连为一体，由东向西的序列依次为商业步行街、会所、景观大道、湿地公园、沙滩游乐区、内港游乐区、百米海景酒店。

建筑造型及空间环境采用"经典地中海建筑风貌+拥景庭院空间+原生态景观环境"的模式，打造地域特色鲜明的休闲度假居住区。建设过程中，倡导生态节能和低碳环保的设计理念。推广生态技术应用，让项目成为儋州"低碳零排放示范社区"，在保护自然生态环境系统的同时，提升居住品质和舒适度。

徐州淮海科技城
Xuzhou Huaihai Science and Technology City

项目业主：徐州新盛集团　　　　建设地点：江苏 徐州
建筑功能：产业园　　　　　　　用地面积：208 000平方米
建筑面积：500 000平方米　　　设计时间：2018年
项目状态：方案
设计单位：英国UK.LA太平洋远景国际设计机构
设计团队：崔晨旻、钱洪杰、赵友鹏、曹进、王文治

　　徐州淮海科技城总体定位为国家东部地区智慧型产业示范基地、对接大长三角区域的产业转移基地、支撑淮海经济区的创新总部基地及服务徐州的创智产业基地。

　　规划从徐州地方文化吸收汉代里坊制和中国传统合院特色，结合现代智慧型办公空间形成传统文化与现代空间的有效结合。通过中央景观轴线的打造，串联南北地块，并打通面向奎河的景观视廊。建筑设计中引入立体交通和垂直绿化理念，打造具有现代气息的智慧型产业园区。

邓州建业森林半岛

Dengzhou Forest Peninsula

项目业主：邓州建业森林半岛置业

建设地点：河南 邓州

建筑功能：城市综合体

用地面积：160 000平方米

建筑面积：250 000平方米

设计时间：2016年

项目状态：在建

设计单位：英国UK.LA太平洋远景国际设计机构

设计团队：钱洪杰、王文治、曹进

　　本项目为河南建业集团和邓州市政府联合打造具有城市地标性质的商业综合体建筑。

　　规划商业综合体部分引入多首层的设计理念，通过引入架空、退台、连廊等设计手法，形成层层退台的建筑空间形态，步梯、扶梯的巧妙结合，高差的有序利用，形成多首层的设计理念。商业街进退有序，空间收放自如，形成了趣味性的购物空间和超强的购物体验。写字楼和大型百货商场作为商业综合体的组成部分，既丰富了业态，又形成了城市地标。

千頃蓮蔬十裡洲
滨居宜月更宜秋
鸦觅楼水高僧舍
鹤鹅巢雲名士楼
巷葡萄分飞鹭羽
荻崖花敞钓鱼舟
黄橙红柿紫菱角
不美人間萬戶侯

中建·柒号院

CSCEC·
HOUSE NO. 7

项目业主：	中建七局地产
建设地点：	河南 安阳
建筑功能：	住宅建筑
用地面积：	210 500平方米
建筑面积：	370 000平方米
设计时间：	2016年
项目状态：	在建
设计单位：	英国UK.LA太平洋远景国际设计机构
设计团队：	钱洪杰、王文治、袁唯一、曹进、吴永婷

本项目位于河南省安阳市东区核心区域，西邻安阳市人民医院，内有大型市政公园。规划以市场稀缺的花园洋房和类别墅产品打造安阳市最高端的别墅、洋房社区。规划设计从安阳地方文化入手，以中国传统中轴对称的手法展开，并创新性的吸收汉唐建筑特色，形成具有现代美感的新中式社区。景观设计中引入八坊七重院的概念，将中国传统文化和安阳地方文化相结合，在安阳掀起了一股学习中式文化的热潮，在为安阳带来一座高端新中式社区的同时，也很好地推广了中国传统文化。

张斌

职务：启迪设计集团股份有限公司副总裁
职称：高级工程师

教育背景
1999年—2004年　东南大学建筑学学士
2004年—2007年　南京大学建筑学硕士

工作经历
2007年至今　启迪设计集团股份有限公司

个人荣誉
2019年苏州市五一劳动奖章
江苏省青年建筑师学会青年建筑师分会委员
中国勘察设计协会建筑设计分会委员
中国海洋基金会海洋空间规划院副院长
江苏首批紫金文化创意优秀青年

主要设计作品
穿越——南城古镇城门博物馆
荣获：2014年第一届"紫金奖"建筑及环境设计大赛
　　　（职业组）一等奖，紫金奖铜奖
私人店制
荣获：2015年第二届"紫金奖"建筑及环境设计大赛
　　　（职业组）一等奖，紫金奖金奖（唯一）
江苏移动苏州分公司工业园区综合大楼
荣获：2015年江苏省绿色建筑创新奖
　　　2015年全国优秀工程勘察设计奖建筑工程三等奖
　　　2015年江苏省城乡建设系统优秀勘察设计二等奖
　　　2016年第十届江苏省土木建筑学会建筑创作奖
　　　三等奖
　　　2016年江苏省优秀工程勘察设计行业奖、建筑
　　　环境与设备专业二等奖
　　　2017年江苏省第十七届优秀工程设计二等奖
张省艺术馆
荣获：2015年江苏省优秀工程勘察设计三等奖
　　　2015年苏州市优秀工程勘察设计一等奖
道梦空间
荣获：2016年第三届"紫金奖"建筑及环境设计大赛
　　　（职业组）二等奖
苏地繁花中心
荣获：2015年苏州市优秀工程勘察设计二等奖
甪直中学新建校舍
荣获：2015年江苏省优秀工程勘察设计三等奖
白马涧生态区商业街
荣获：2015年江苏省土木学会建筑创作奖一等奖
江苏吴中大厦
荣获：2017年江苏省优秀工程勘察设计二等奖
苏州实验中学科技城学校
荣获：2019年江苏省优秀工程勘察设计二等奖

启迪设计集团股份有限公司
Tus-Design Group Co., Ltd.

　　启迪设计集团股份有限公司前身为创建于1953年的苏州市建筑设计研究院，2016年在深交所上市（股票代码：300500），2017年更名为启迪设计集团股份有限公司。

　　公司现已发展成为以苏州为中心，以北京、深圳、西安、武汉、合肥等为支点，辐射全国的建设科技技术服务公司。形成了以产业园、生态旅游、大健康三大版块为重心，并根据专业优势覆盖城市更新、公共建筑、文化体育、居住、轨道交通、景观园林、室内装饰、地下人防等其他业务领域。为客户提供包括策划、规划、设计、EPC（工程总承包）、PPP（政府与社会资本合作）、运维等在内的全产业链一体化集成服务。

　　公司拥有一支水平高、专业全的优秀团队，公司始终秉持"以人为本"的用人理念，坚持人才强企策略，不断加强人才引进和培养。目前公司已会聚了900余名优秀人才，其中包括各类"高、专、精"的行业专家和极富创意活力的年轻设计师。其中包括2名享受国务院政府特殊津贴专家，120余名国家一级注册建筑师、工程师，50余名教授级高级建筑师、高级工程师，11名江苏省"333工程"人才，120余名高级建筑师、高级工程师。

　　公司项目近10年来荣获多个国家金奖，500多项省部级以上奖项，工程项目获得广泛的社会认同。2011年成为江苏省首家建筑设计行业国家高新技术企业，2011年、2015年、2016年、2017年分别获得中国十大民营工程设计企业，2017年公司入选国家首批装配式建筑示范产业基地、首批全过程工程咨询试点企业。

　　公司积极参与国际项目，与美国、欧洲、日本等众多世界知名建筑设计机构建立了长期合作关系，已完成了众多具有代表性的项目作品。同时积极开展学术交流，邀请国内外知名专家学者来公司开展讲座，开拓视野，接受国际先进技术和理念，促进技术交流和学术互动。

　　根据国家的十三五发展规划，公司将在传承优秀发展经验的基础上，转变传统发展理念，抓住新的国家和地区发展动力，以内部创新、组织运营优化为基础，以核心产业为抓手，深入整合外部企、政、研资源，带动集团能力提升和区域市场的扩张。未来公司还将逐步强化投资规划能力，巩固设计优势，提升建造项目管理能力，延展运营的优势，构建基于投资、规划、设计、建造、运营一体化服务的核心竞争力。

地址：苏州工业园区星海街9号
电话：0512-65150100
传真：0512-65150132
网址：www.tusdesign.com
电子邮箱：service@tusdesign.com

江苏移动苏州分公司工业园区综合大楼

Industrial Park Complex Building of Jiangsu Mobile Suzhou Branch

项目业主：中国移动通信集团江苏优先公司苏州分公司

建设地点：江苏 苏州

建筑功能：办公建筑

用地面积：24 997平方米

建筑面积：85 696平方米

设计时间：2014年

项目状态：建成

设计单位：启迪设计集团股份有限公司

合作设计：JPW建筑设计事务所

设计团队：查金荣、蔡爽、戚宏、张明丽、张斌、
靳建华、赵宏康、陆建清、刘仁猛、
皇甫学斌、沈丽芬、殷文荣、周玉辉

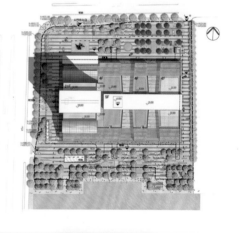

　　基地位于苏州工业园区金鸡湖东，办公大楼不仅体现了中国移动独特的文化个性，还与周边的招商银行、苏州工业园区规划展示馆等建筑相协调。

　　设计满足了中国移动各方面的功能要求，为中国移动的员工提供一个高质量的工作环境。建筑节能设计以树立"绿色"楼宇标杆为目标，在建筑南立面的天窗上安装光伏发电板，太阳能集热与建筑设计一体化。裙房建筑设计中，4个中庭为办公室提供了充足的自然采光和通风；裙房幕墙部分设计了具有绿色平台的双层幕墙系统。本工程的绿色建筑设计内容深刻理解了可持续发展理念，更好地推进中国移动的建筑节能工作。

苏州实验中学科技城学校

Science and Technology City School of Suzhou Experimental Middle School

项目业主：江苏省苏州实验中学科技城学校

建设地点：江苏 苏州

建筑功能：教育建筑

用地面积：101 285平方米

建筑面积：90 471平方米

设计时间：2014年—2018年

项目状态：建成

设计单位：启迪设计集团股份有限公司

主创设计：张斌

总平面图

本项目坐落于思古山南麓，内部地势较为平坦，经由设计团队精心规划设计，充分利用基地优越的自然景观条件，营造出自然、安全的校园环境。

"U"形布局注定了学校环思古山而行的单行长流线，为了实现空间的最高效用，教学区建筑呈聚落式环绕山水展开，并以"串葫芦"的方式，利用游廊将所有的建筑串起来。整个校园环始于学生、教师公寓，途经食堂、教学区、实验楼，终于国际部，游廊将这些相互独立的功能互相联系形成一个有机整体。"串葫芦"式的规划形成自由多中心布局，使山水景观通过游廊及建筑间的空隙渗透进入校园的各个角落。游廊成为大自然和使用者之间建立联系的重要角色，最大化地回应了校园的景观资源，增加了建筑与自然的对话。

白马涧生态区商业街

Commercial Street in Baimajian Ecological Zo

项目业主：苏州国家高新技术产业开发区枫桥街道办事处　　　建设地点：江苏 苏州

建筑功能：商业、展览、酒店建筑　　　　　　　　　　　　　用地面积：39 343平方米

建筑面积：64 880平方米　　　　　　　　　　　　　　　　　设计时间：2015年

项目状态：方案

设计单位：启迪设计集团股份有限公司

主创设计：张斌

设计团队：朱婷怡、罗芬兰

　　本项目位于苏州市高新区白马涧生态区内，拟建符合白马涧老街文化底蕴的商业建筑，为景区的旅游度假与居民周末休闲活动提供必要商业补充，也是自然景观与人文景观相互呼应的一个重要节点，以完成山水辉映的结构布局。

　　设计提取项目地域特征、挖掘当地文化内涵，最终提出了"无尽的山水"这一设计理念。设计师以"山""水"为主题，模拟白马涧地区的山路与水路，确定"天街"与"水街"两条主街，两主题街道如莫比乌斯环状相互连接，意为"无尽"，从而丰富商业街的人流动线。同时将白马涧地区的风俗文化、历史名人、著名景点以及特色手工艺串联在人流动线中，融入建筑及景观里，满足原有居民的归属感诉求，唤醒人们的本土情怀。

西园养老护理院

Xiyuan Nursing Home for the Aged

项目业主：苏州城投资产开发有限公司　　建设地点：江苏 苏州

建筑功能：养老院　　用地面积：19 947平方米

建筑面积：28 256平方米　　设计时间：2015年—2018年

项目状态：在建

设计单位：启迪设计集团股份有限公司

主创设计：张斌

设计团队：陈君、张胜松、朱一帆、谭超

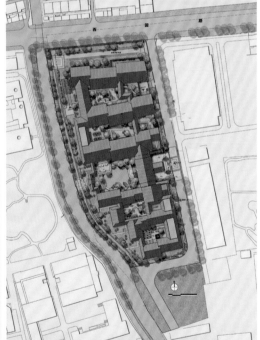

　　本项目位于苏州古城区，具有优良的城市人文和景观资源。设计取"紫气东来"之意，将主入口置于东侧，利用曲径通幽的手法接入城市次干道。公共配套设施沿主入口两侧设置，便于使用。养老区分设于主入口南北两侧，分区明确。

　　项目以"隐于古城、融于古寺"为设计理念，地块与西园古刹仅一墙之隔。西园古刹环境清修静雅，临闹市而无喧嚣，近尘寰而不污染，是巧妙融合佛教殿堂与苏州园林为一体的寺院。因此设计的总体布局在结合传统建筑的生长形态、建筑与庭院的空间比例的基础上进行城市肌理的织补，形成与西园寺融为一体的城市图景。

张会明

职务： 北京宗禹建筑设计有限公司总经理、首席建筑师
ZOE ARCHITECTS 执行董事、首席建筑师
职称： 高级工程师

教育背景
1997年—2001年　太原理工大学建筑学学士

工作经历
2001年—2012年　中国电子工程设计院
2012年至今　　北京宗禹建筑设计有限公司
ZOE ARCHITECTS

个人荣誉
2015年—2019年北京土木建筑学会理事
2017年—2019年《时代楼盘》杂志专家顾问
2018年重庆江津区决策委员会专家

主要设计作品
首届全国高速公路附属设施方案设计竞赛
荣获：2004年首届全国高速公路附属设施方案设计竞赛优秀奖
北工大软件园
荣获：2006年信息产业部优秀电子工程设计三等奖
德国SAP中国研究
荣获：2008年工业和信息部优秀电子工程设计二等奖
首都机场T3航站楼导航塔台
荣获：2008年工业和信息部优秀电子工程设计一等奖
2008年全国优秀工程勘察设计银奖

2009年中国建筑学会建筑创作大奖
2010年上海世博会沙特馆
荣获：2010年工业和信息部优秀电子工程设计一等奖
2011年全国优秀工程勘察设计建筑智能化一等奖
2011年全国优秀工程勘察设计建筑工程二等奖
2011年威海国际建筑设计大奖赛特别奖
上海国家软件出口基地
荣获：2010年工业和信息部优秀电子工程设计一等奖
2013年工业和信息部优秀电子工程设计二等奖
鸿坤金融谷
荣获：2018年欧洲国际建筑艺术节奖
2018年俄罗斯圣彼得堡设计周设计无限创新奖
2018年全国最佳产业园区金盘奖
鸿坤七星长安
荣获：2018年华北地区最佳公寓金盘奖

学术研究成果
《探究建筑空间组织方式》载《建筑学报》，2004年6月
《建筑秀场上的文化容器》载《建筑学报》，2010年5月
《探索软件园设计的生态学路径》载《建筑学报》，2005年1月
《建筑语言的再创造》载《建筑与文化》，2010年8月
《工业建筑遗产保护与文化再生研究》载《工程建设与设计》，2018年2月
《产业地产定位解码》主编，北京联合出版公司，2017年出版

林嵘

职务： 北京宗禹建筑设计有限公司设计总监
ZOE ARCHITECTS 董事、设计总监
职称： 高级工程师
执业资格： 国家一级注册建筑师

教育背景
1998年—2002年　天津大学建筑学学士
2002年—2005年　天津大学建筑学硕士
2018年　　　　　佛罗里达大学访问学者

工作经历
2005年—2012年　北京市建筑设计研究院
2012年至今　　　北京宗禹建筑设计有限公司
ZOE ARCHITECTS

主要设计作品
首届全国高速公路附属设施方案设计竞赛

荣获：2004年首届全国高速公路附属设施方案设计竞赛优秀奖
鸿坤金融谷
荣获：2018年欧洲国际建筑艺术节奖
2018年俄罗斯圣彼得堡设计周设计无限创新奖
2018年全国最佳产业园区金盘奖

学术研究成果
《探究建筑空间组织方式》载《建筑学报》，2004年6月
《建筑语言的再创造》载《建筑与文化》，2010年8月
《工业建筑遗产保护与文化再生研究》载《工程建设与设计》，2018年2月
《产业地产定位解码》副主编，北京联合出版公司，2017年出版

ZOE
宗禹国际
Landscape / Architect / Urban / Interior
PROMOTED FOR THIS FOUNDATION
专注做好每件事，创新未来发展

ZOE ARCHITECTS成立于美国巴尔的摩，发展于中国北京，在北京和上海设有办公室，是国际性著名建筑设计品牌。ZOE专注于产业地产建筑的设计研究，并对城市规划、产业园区、豪华住宅、城市综合体等提供专业的市场咨询和创意设计服务。

ZOE可提供从建筑市场研究、方案创意设计、施工图、管理运营咨询全流程集成服务。ZOE崇尚"国际化、专业化、一体化"的品牌精神。并以全球的视野、领先的专业技术，力求为业主提供最具创意的解决方案。

目前，ZOE在中国积累了丰富的实践经验，已完成逾2 000万平方米规划及建筑设计，并且这一数字还在不断增加。

地址：北京市海淀区杏石口路50号
中间建筑一区艺术家工坊141室
电话：010-62673152
传真：010-62673157
网址：www.u-zoe.com
电子邮箱：piblic@u-zoe.com

鸿坤金融谷

Hongkun Financial Valley

项目业主：鸿坤集团
建设地点：北京
建筑功能：办公建筑
用地面积：80 592平方米
建筑面积：145 158平方米
设计时间：2013年
项目状态：建成
设计单位：北京宗禹建筑设计有限公司
　　　　　ZOE ARCHITECTS
主创设计：张会明、林嵘、韩宁、贾晓燕、龚明、刘斐、刘艳艳

整体空间体块图

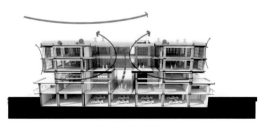

通风分析图

本项目位于北京市大兴区西红门地区，整体规划以"企业氧吧"为设计构思，打造宜人的公园式办公环境。园区示范楼地上3层，地下1层。办公为一个大体量的"盒子"，位于建筑二层及三层；一层空间通过8个功能不同的"小盒子"有序组合将办公功能大体量托起，内部通过中庭将各个功能有机组合。

项目以"绿色种源"为设计理念、"企业氧吧"为设计构思、"待得更久"为设计目标，通过对建筑环境丰富及城市功能多元氛围的积极营造来减轻工业化带来的"压抑、负重、枯燥与沉闷"。项目对人本关怀（近人尺度、舒适性、安全性）、智慧节能（主动性、互动性、可持续性）、形象展示（城市名片）三大因素进行了缜密考虑。白色盒子造型，简约摩登、动静结合，配以使用呼吸幕墙、地源热泵、覆土绿化等技术，树立了绿色三星建筑新典范。

鸿坤七星长安

Hongkun Qixing Chang'an

项目业主：鸿坤集团

建设地点：北京

建筑功能：公寓、居住建筑

建筑面积：57 000平方米

设计时间：2014年

项目状态：建成

设计单位：北京宗禹建筑设计有限公司
ZOE ARCHITECTS

主创设计：张会明、林嵘、韩宁、刘斐、刘艳艳、贾晓燕、龚明

本项目位于生态宜居的门头沟区。西面和北面被山体环抱，东侧与葡山公园隔路相望。新桥南大街从门前通过，通过阜石路、莲石路、长安街快速连接西二环至五环，轻松抵达城市核心商圈。本项目是一个改造项目。由于之前的建筑平面设计流线不合理、公摊大、出房率较低，在既不增加总建筑面积，又得提高出房率的情况下，设计师在改造过程中巧妙运用飘窗的设计手法增加室内的使用空间，把出房率提升了10%。重新设计了人流动线，激活了地下商业空间。全建筑采取Low—E节能玻璃和呼吸幕墙，设计合适的反射率和折射率，既增加了立面效果，又起到了很大程度的隔音作用。

张一宏

职务： 华汇工程设计集团股份有限公司杭州一鸿分公司
总经理

职称： 高级工程师

执业资格： 国家一级注册建筑师
国际注册城市规划师
国家注册咨询工程师（投资）

教育背景

1991年—1995年　河北煤炭建筑工程学院建筑学学士

工作经历

1995年—2002年　杭州市拱墅区勘察建筑设计所主任
建筑师

2002年—2004年　华汇工程设计集团股份有限公司分
公司经理

2004年—2018年　杭州一鸿建筑设计咨询有限公司董
事长

2018年至今　　　华汇工程设计集团股份有限公司杭州
一鸿分公司总经理

个人荣誉

浙江省杭州市滨江区政协委员

浙江省民建青年企业家委员会常务副主任

浙江省杭州市滨江区民建企业家联谊会副会长

主要设计作品

湘湖金融小镇

荣获：2017年全国优秀工程勘察设计"华彩杯"二等奖
2018年浙江省优秀工程勘察设计二等奖

长兴县画溪街道姚家桥村沿街立面提升改造工程

荣获：2017年湖州市小城镇环境综合整治优秀规划二
等奖

埭溪镇环境综合整治规划

荣获：2017年湖州市小城镇环境综合整治优秀规划
三等奖

菱湖镇环境综合整治规划

荣获：2017年湖州市小城镇环境综合整治优秀规划
三等奖

丁桥新城体育中心

荣获：2019年浙江省建设工程钱江杯奖（优质工程）

杭州滨江区西兴街道社区卫生服务中心及滨江区公共卫生
中心

荣获：2019年浙江省建设工程钱江杯奖（优质工程）

杭政工出[2010]5号地块新型节能材料生产基地工程

荣获：2019年浙江省建设工程钱江杯奖（优质工程）

杭州市滨江区浦沿街道卫生服务中心彩虹城分中心室
内装饰工程设计

荣获：2019年浙江省建设工程西湖杯奖（优质工程）

萧政储出［2011］37号地块

![华汇集团 HUAHUI GROUP 城市建设专家]

　　华汇集团 (www.cnhh.com) 始创于1977年，是以城市建设事业为发展领域，以工程设计咨询为核心，从事工程建设全过程服务和投资的平台企业。作为城市建设专家，华汇专注城市建设、致力价值创造、坚持以人为本。曾获中华人民共和国成立60周年全国"十佳民营勘察设计企业"表彰，2010年被认定为国家高新技术企业，两次入围"中国承包商和工程设计企业双60强"，五次名列"中国十大民营设计企业"。是中国勘察设计协会民营设计企业分会会长单位。

　　专注城市建设。华汇本着对城市发展的责任感和对建设事业的热爱，以国际视野与本土实践，成功服务全国三十多个省区上百个城市。业务涉及城市综合咨询、规划、建筑、市政、交通、景观、通信、旅游、能源环境、房地产等城市建设领域；形成了包括规划、策划、可行性研究及评估，勘察、设计咨询，项目管理、工程总承包及相关项目的投资（PPP）、建设、运营等系统服务能力。华汇已成为专注于中国城市建设可持续发展的综合性顾问咨询集团。

　　致力价值创造。华汇通过平台和生态圈打造，致力于内外部优势资源的整合，以专注、专业、专长为合作伙伴、客户、社会创造最大化价值。华汇拥有遍及城市建设各领域、各环节的建设管理人才和专业技术人才2 000多人，他们既有一直潜心于工程设计咨询的技术型专家，又有长期从事城市管理实践的领导和学者；同时与欧美日等地众多优秀专业设计咨询机构保持着广泛的合作。历年来完成的各类规划、咨询、工程设计中，获部、省、市级奖项300多项；取得专利60余项，其中发明专利近20项；在旅游规划、商业综合体、风景园林、文化建筑、老年建筑、项目管理、工程总承包等领域具有行业领先地位。

　　坚持以人为本。华汇针对科技型企业的人本经营特征，通过产权制度设计形成以"共同的企业、共同的事业"为核心价值观的企业文化，推行以产品事业部、项目内公司为载体的员工成长机制。华汇积极承担企业公民责任，发起成立了"浙江华汇建设美好生活基金会"，成为浙江省首家致力于城乡建设领域教育科研资助、绿色低碳环保宣传推广的公益组织。华汇正通过立德、立功、立言，为企业寻找价值支点，为社会传承精神财富。

地址：　浙江省杭州市滨江区滨盛路
　　　　1870号新世界·铂悦轩2407室

电话：0571-85084039

传真：0571-85819038

网址：www.cnhh.com

电子邮箱：1457332632@qq.com

杭州市滨江区西兴街道社区卫生服务中心及滨江区公共卫生中心

Xixing Street Community Health Service Center and Binjiang District Public Health Center in Hangzhou

项目业主：杭州市滨江区人民政府西兴街道办事处
建设地点：浙江 杭州
建筑功能：医疗建筑
用地面积：16 207平方米
建筑面积：35 530平方米
设计时间：2015年
项目状态：建成
设计单位：华汇工程设计集团股份有限公司
主创设计：张一宏

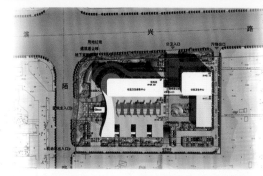

本项目设计坚持"以人为本"的设计原则。充分体现珍惜生命、尊重生命、以病人为中心，所有设计和规划都以患者及家属至上，为患者及家属提供舒适、人性化的空间。以医院为载体，以完善的医疗保险体制为后盾，以数字化医院为手段，改变传统的生病就医观念。满足多元化的居民健康服务需求，为西兴及周边地区提供优质的医疗服务。

先进的医疗建筑水平。采用先进的医疗设备、建筑系统和信息管理技术，强调医院内部的高效医疗服务。简洁的线条及多材质的组合使用，体现清新、温馨的建筑风格，构筑了颇具现代感的医疗建筑新形象。

城市中的花园医院。充分考虑基地的位置及特点，把基地营造成为花园式绿地，并将医院有机地融合于这个自然的绿化环境中，创造良好的城市景观，为病人、家属及医务人员创造独具地方特色的景观环境。

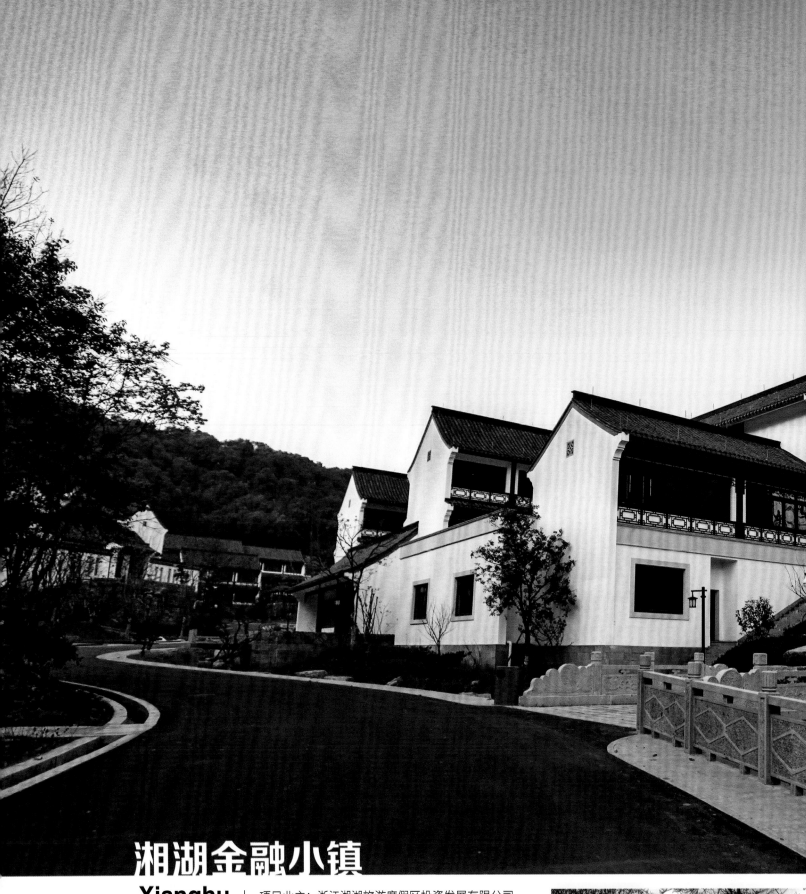

湘湖金融小镇

**Xianghu
Financial Town**

项目业主：浙江湘湖旅游度假区投资发展有限公司
建设地点：浙江 杭州
建筑功能：商业、办公建筑
用地面积：88 710平方米
建筑面积：21 456平方米
设计时间：2013年
项目状态：建成
设计单位：华汇工程设计集团股份有限公司
主创设计：张一宏

本项目规划面积约3平方千米，包括大小毛坞和金西两个区块。将以国家旅游度假区和5A景区建设为契机，建设成为中国"苏黎世湖区"。

1. 传承"商圣"文化，诠释现代风格。

项目用地在越王城山下，湘湖静水旁，越王城山因春秋时期越王勾践在此屯兵抗吴而得名，同一时期"商圣范蠡"尤为后人所铭记，因此设计理念以人文优先，创建科学理性与人文精神相结合的环境。在富有历史文脉的地段，通过传统空间形态的演绎，从而实现传统文脉与现代文化的共融共生。

2. 营造"水墨山水"之意境。

通过传统建筑与山水环境的融合，来打成体验"林泉既奇、营造又美、曲尽山居之妙"的构想。结合山势形成错落的建筑群，营造自然村落返璞归真的氛围。

萧政储出［2011］37号地块

Xiaozheng Reserve Land Block No.37 [2011]

项目业主：杭州明顺置业有限公司　　建设地点：浙江 杭州

建筑功能：办公建筑　　　　　　　　用地面积：10 686平方米

建筑面积：91 726平方米　　　　　　设计时间：2015年

项目状态：建成

设计单位：华汇工程设计集团股份有限公司

主创设计：张一宏、杨慧昕

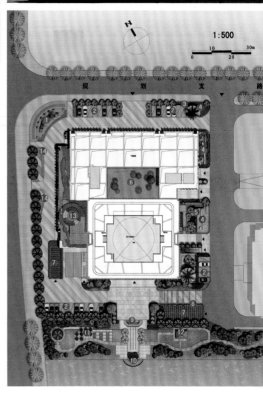

　　本项目位于萧山区钱江世纪城区块，地下3层，地上34层。建筑由一个150米高的超高层大楼从竖向控制全局，剩余地块商业性较弱的西南角沿道路交叉口紧贴商业裙房布置。在满足城市规划要求的前提下，在基地东北角设置20米×20米的开口作为基地的主要出入口，就近设置地下车库入口和二层、三层商业裙房入口。建筑整体向钱江二路紧靠，与B02-02号地块之间形成一个中心景观广场，作为与相邻地块的空间分割，也区分该地块办公与商业的独立功能。

　　商业裙房与道路交叉口紧密布置，底层商铺紧靠规划支路依次排开，只留满足人车进出口的通道宽度。二、三层餐饮娱乐入口置于商铺之后，基地右侧形成的场地条件及地下车库完全可以满足商业对于停车的需求。

长兴县画溪街道姚家桥村沿街立面提升改造工程

Elevation and Reconstruction Project of Yaojiaqiao Village along Street in Huaxi Street, Changxing County

项目业主：长兴县人民政府画溪街道办事处　　建设地点：浙江 湖州

建筑功能：旧城改造　　　　　　　　　　　　用地面积：16 800平方米

设计时间：2017年　　　　　　　　　　　　　项目状态：建成

设计单位：华汇工程设计集团股份有限公司　　主创设计：张一宏、孙孝峰、陈勇

兴姚路中央地段透视图

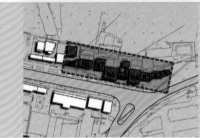

兴姚路主入口北侧

桥口中心商业透视图

　　本项目位于姚家桥集镇，画溪街道西部，是长兴通往林城和白阜的路经集镇。兴姚路东西穿集镇而过，集镇西侧又以长兴港为畔，集镇上的兴姚路和文卫路形成"T"字路网骨架，将整个集镇分为东南、西南和北部三个板块。

　　逐步利用集镇长兴港得天独厚的生态优势，将其改建成集充分融合地域文化、滨水河景，又集休闲、度假于一身的文化主题街区，增加整个城市的动感和灵性。通过增设路面绿化、铺装、景观小品、亭台等提高老街环境质量，增加老城居民的居住舒适感。

张益

职务： 珠海艺蓁工程设计有限公司总经理、总建筑师
职称： 高级建筑师
执业资格： 国家一级注册建筑师

教育背景
1983年—1987年　太原理工大学建筑学专业学习
1995年—1996年　清华大学建筑学院提高班学习
2011年—2014年　同济大学中意学院—米兰理工大学
　　　　　　　　设计管理硕士学习

工作经历
1987年—1989年　山西临汾市建筑设计院
1989年—1998年　化工部第二设计院
1998年—1999年　广东惠州学院土木系
1999年—2000年　深圳陈世民建筑师事务所有限公司
　　　　　　　　法国欧博建筑与城市规划设计公司
2000至今　　　　珠海艺蓁工程设计有限公司

个人荣誉
珠海市城乡规划委员会专家（第三届）
珠海市绿色专家库专家及市房屋建筑库第一批专家
中国勘察设计协会传统建筑分会理事、专家
《中国感应建筑学》"弘原文化"创始人

主要设计作品
珠海安广大厦
获奖：2014年度珠海市规划勘察设计行业协会优秀公
　　　共建筑设计一等奖
珠海金山大厦
获奖：2010年度珠海市规划勘察设计行业协会优秀公
　　　共建筑设计一等奖

深圳金证科技大厦
获奖：2010年度珠海市规划勘察设计行业协会优秀公
　　　共建筑设计二等奖
珠海京华奥园
获奖：2010年度珠海市规划勘察设计行业协会优秀规
　　　划勘察设计三等奖
珠海华业临海花园
获奖：2010年度珠海市规划勘察设计行业协会优秀规
　　　划勘察设计二等奖
珠海金鼎中学改扩建
获奖：2016年度珠海市规划勘察设计行业协会优秀教
　　　育建筑设计三等奖
珠海中安世纪广场
珠海京华假日湾花园
珠海汇达丰电力科技园
珠海大德世贸广场
横琴隆义广场
珠海奇泰国际金融中心
珠海格务海岸S4地块
珠海财富金融大厦
珠海星诚大酒店
珠海华发十字门销售中心
珠海横琴高级人才公寓
珠海电力房产湖畔新城项目
珠海弘业科技园
珠海国际双语学校
辽宁盘锦国际学校
珠海安广大厦
上海众森总部基地
珠海新茂智能口腔科技园
珠海广达商业综合体

珠海艺蓁工程设计有限公司
ZHUHAI EISEN ENGINEERING DESIGN CO.,LTD

　　珠海艺蓁工程设计有限公司创立于1993年，经建设部颁发了建筑行业(建筑工程)设计甲级资质。经建设部经贸部批准成立，是由美国艺蓁建筑工程顾问（中国）有限公司与湖南大学设计研究院合资经营的设计公司。

　　公司为珠海市勘察设计协会副会长单位，中国勘察协会传统建筑分会理事单位，目前拥有100人左右的设计团队，其中具有各专业国家注册师和高级职称十余名，另有来自各地的资深专家组成的顾问团队。除建筑设计团队外，同时拥有专业的室内与环境设计团队。另有长期合作的BIM、绿色、装配式、智能化策划设计团队，力求做到一站式、一体化综合设计管理服务。

　　公司的理念

　　"专注创造价值"是公司的口号。具有专注精神才能做好设计，具有创造力才能持续发展，探索中国式企业管理模式，使设计专才和骨干稳定持久，学习德国制造精益求精的"韧"性精髓。发现和提升项目的价值和附加值永远是公司努力的方向和目标。

　　除上述方向外，目前开始了对中华传统建筑文化的理论思想研究工作，并成立了"弘原文化"工作室，为客户进行文化战略设计服务，形成公司新的核心竞争力。

　　公司的客户

　　公司除了港、澳、台在珠海投资的客户外，大型国企的客户有珠海格力置业、华发股份、远大集团、万科房地产、珠海大横琴置业、深圳烟草集团、、珠海家和置业、珠海汇达丰集团、珠海高新、格力电器等；事业单位客户有电子科技大学（成都）、珠海一中、三中、实验中学、金鼎中学、万山岛、中山古镇等；著名民企客户有珠海金山软件、深圳金证股份、中珠置业、恒裕房产、钧策房产、华业集团、安雄置业、大德置业、家和园房产、广拓置业、中山建业、奇泰置业、日东房产、优特科技、隆义集团、欧普照明、广东三井汽配、中山龙的实业、新茂义齿、志达投资等。

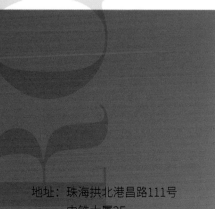

地址：珠海拱北港昌路111号
　　　中铁大厦2F
电话：0756-3229409
　　　266832　3370386
传真：0756-3229409
网址：www.archez.cn
电子邮箱：Eb@archec.cn

夏晓雪

职务：珠海艺蓁工程设计有限公司高级设计经理
职称：工程师

教育背景
2003年—2008年　西安建筑科技大学建筑学学士

工作经历
2006年—2008年　马青运建筑设计事务所
2008年—2010年　深圳建筑设计研究院
2010年—2013年　珠海市建筑设计院
2013年至今　　　珠海艺蓁工程设计有限公司

主要设计作品
珠海横琴高级人才公寓
建星装备物流园
致盛商贸物流中心

珠海奇泰国际金融中心
成都电子科技大学清水河校区宣邦楼
珠海江南岸（别墅区）
甘肃省科学院高技术产业园
珠海电力房产湖畔新城项目
珠海万科魅力之城
珠海格力海岸
珠海联邦制药厂办公楼
珠海金鼎中学
珠海宾馆别墅改造
陕西省肿瘤医院
陕西省测绘局主楼立面改造

利家宏

职务：珠海艺蓁工程设计有限公司高级设计经理
职称：工程师

教育背景
2002年—2006年　广东工业大学土木工程学学士

工作经历
2006年至今　珠海艺蓁工程设计有限公司

主要设计作品
珠海安广大厦
珠海大德世贸广场
珠海奇泰国际金融中心

横琴隆义广场
珠海中安世纪广场
珠海金山大厦
深圳金证科技大厦
九洲商贸中心
京华假日湾花园
珠海华发十字门销售中心
珠海广达商业综合体
珠海横琴高级人才公寓
珠海电力房产湖畔新城项目
珠海弘业科技园
珠海汇达丰电力科技园

潘艳卿

职务：珠海艺蓁工程设计有限公司高级设计经理
职称：工程师
执业资格：二级注册建筑师

教育背景：
2005年—2009年　华东理工大学公共环境艺术设计学士

工作经历
2009年—2011年　葛乔治设计咨询（上海）有限公司
2011年—2014年　上海方大建筑设计有限公司
2014年至今　　　珠海艺蓁工程设计有限公司

主要设计作品
珠海大德世贸广场
珠海奇泰国际金融中心
横琴隆义广场
珠海中安世纪广场
九洲商贸中心

珠海新茂智能口腔产业园
珠海横琴高级人才公寓
珠海电力房产湖畔新城项目
珠海中珠领域花苑
华润宁波东钱湖卡纳湖谷项目
江西恒茂溪霞项目
南昌新城国际办公中心
江西恒润赣江明珠项目
温州七都岛03-C-16地块
南通中南世纪花城

珠海中安世纪广场
Zhuhai Zhongan Century Square

项目业主：珠海市钧策商贸发展有限公司
建设地点：广东 珠海
建筑功能：办公、商业建筑
用地面积：20 077平方米
建筑面积：158 640平方米
设计时间：2015年
项目状态：建成
设计单位：珠海艺蓁工程设计有限公司

本项目位于珠海拱北旺地，南侧800米是珠海母亲河前山河，隔河有山，可观澳门，且为港珠澳大桥延伸段。

可谓观山、观水、观港澳，地理位置极佳。本地块南、西侧两面临路，南侧为主路。本项目为较典型的综合体，由四层商业裙楼和三座塔楼（南侧的办公塔楼、北侧的酒店和SOHO办公塔楼）组成，空间布局塔楼呈点、板组合，因此可使楼间距较大并使每座楼均可看到山河景观。

本项目注重该区域与城市整体、周边地区及建筑内部空间形态的营造，建筑群体富有极强的认知性，营造一个现代中国意向的建筑综合体。从城市周边功能业态出发，分析了基地的适度商业性，通过商业裙楼把办公与酒店等功能的高层建筑有机联系起来，促进互动式消费。本项目着力设计一个提升人文精神象征的城市标志，一个凝聚社会与自然活力的都市中心，一个生态节能、可持续发展的绿色建筑。立面设计方面，因塔楼高度仅100米，塔楼形体较为肥胖，需通过视错觉设计手法并赋予文脉和符号使之"得意忘形"。引入了中国传统的"万"字符号及"万字曲水"概念；因是三座塔楼，为增强其关联度，每个塔楼休均设置了二道水平带，似流水和电影胶片。竖向构件形成类似中国传统建筑的"直棂窗"，并采用中国红凹槽线贯穿主要横竖构件，也注重现代铝板与石材混搭来表现这一特点。

横琴隆义广场

Hengqin Longyi Square

项目业主：珠海横琴隆义国际投资有限公司　建设地点：广东 珠海

建筑功能：公共建筑　　　　　　　　　　用地面积：20 057平方米

建筑面积：60 803平方米　　　　　　　　设计时间：2016年

项目状态：建成　　　　　　　　　　　　设计单位：珠海艺蓁工程设计有限公司

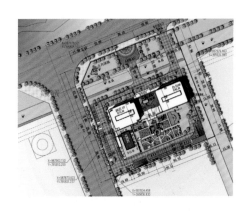

本项目建筑总高度为85.8米，裙楼设计11米高的欧式柱廊，隆重、气派、高雅，形成室内外的过渡灰空间，同时在连接东西两栋主楼，既形成了空间的和谐统一，又营造出空间的亮点。

中心内庭院，由办公、酒店、西面配套围合而成，形成半开半闭的中心休憩、向导、景观节点。

酒店、办公门前为长100米、宽50米的入口广场，既起到了聚集人流的作用，又与广场柱廊相结合，丰富酒店及办公入口空间。

本项目中，办公及配套物业占总建筑面积的48%，酒店及配套物业占49%，连廊配置物业占1.3%，多功能融合到一个综合体内，实现1+1大于2的放大效应，也更容易成为一个区域的经贸活动中心，而且拥有庞大的辐射作用。

珠海奇泰国际金融中心
Zhuhai Qitai International Financial Center

项目业主：珠海市奇泰置业有限公司　　建设地点：广东 珠海
建筑功能：公共建筑　　　　　　　　　用地面积：10 478平方米
建筑面积：78 551平方米　　　　　　　设计时间：2016年
项目状态：建成　　　　　　　　　　　设计单位：珠海艺蓁工程设计有限公司

本项目位于珠海保税区，建筑总高度为99.25米，裙房高11.05米。

本项目着力设计一个提升人文精神象征的城市标志。两栋主楼通过通高的竖向线条营造隆重、气派、高雅的气氛，塔楼顶部向外倾斜，像花朵绽放修正了因透视效果产生的立面视觉偏差。四角通过悬挑解放了角部，形成了良好的视野。同时裙房用横向线条连接南北两栋主楼，既形成了立面的和谐统一，又营造出立面的设计亮点。

办公空间应当本着人性化的原则，充分考虑人的行为能动和心理要素，进而设计出环境宜人、提高工作效率的优质空间。设计在建筑中引入中庭、边庭等不同尺度、不同围合界面的共享空间，结合景观绿化，为人们在工作间隙提供一处生动的休憩空间，增进人与人的交流，激发企业的凝聚力，构建和谐、高效的工作环境。

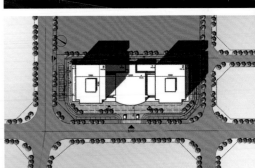

总平面图

格力花园

金鸡西路

格力研发中心
Gree R&D Center

项目业主：珠海格力电器股份有限公司　　建设地点：广东 珠海

建筑功能：办公建筑　　　　　　　　　　用地面积：36 205平方米

建筑面积：144 823平方米　　　　　　　设计时间：2019年

项目状态：方案　　　　　　　　　　　　设计单位：珠海艺蓁工程设计有限公司

　　本项目为格力研发中心工程，除了提升企业形象，还作为珠海的标志性建筑之一，是具有相对持久性的时代风貌、独特个性的有机生命体建筑。

　　树立与时俱进、科技前瞻的国际化、多元化工业集团的典范形象，格力作为一流的国际工业集团，坚守实体经济，坚持走自力更生、自主创新的发展道路。

　　作为格力企业精神的体现，企业办公研发楼应当不仅提供舒适的办公环境，同时也是低能耗、可持续的，创造一种与自然环境协调共生的绿色建筑。

　　从总体设计开始，就从珠海当地的区域气候条件出发，在形体布局上便充分结合风力、日照、景观等环境因素，设计一个舒适、高效、节能的场所空间。在深化设计中，选用适宜的建筑新材料、结构、构造，最终在建构的技术层面上实现绿色建筑的设计理念。

成都电子科技大学清水河校区宣邦楼

Chengdu University of Electronic Technology Qingshuihe Campus Xuanbang Building

项目业主：成都电子科技大学　　建设地点：四川 成都
建筑功能：教育建筑　　　　　　用地面积：7 097平方米
建筑面积：64 142平方米　　　　设计时间：2018年
项目状态：在建
设计单位：珠海艺蓁工程设计有限公司

本设计融合计算机语言："0"与"1"的组合，在匹配学校专业特质的基础上，赋予建筑浓郁的文化特性，建筑基于与校区原整体规划协调统一，与周边环境、建筑保持和谐共融，体现相应的学校特色的校园文化。

本项目为一栋综合性大楼，由正楼、副楼跟高层塔楼组合而成，北侧塔楼部分共18层，主楼为教育用房功能，中部正楼为教育用功能，南侧副楼为教育用房（配套办公）功能，相对中部正楼完全独立，塔楼部分设二层地下室。

项目将西侧的东湖巨大的景观节点融入，通过适度的室内空间镂空、退让、局部抬高形成文化大台阶，形成一梯到头豁然开朗的格局，将传统单体建筑与室外空间结合为一体。

建筑立面洋溢着西方端庄、典雅、和谐、理性的美感，塔楼为纯现代建筑，线条简洁明了，为了让外墙玻璃表面的线条流畅，墙面隐藏空调外机。

总体来说，整栋大楼庄严肃穆又不失精美，充满精致和人文的细节，这里将是一个集典雅、人文、殿堂感及高品质为一体的教、学、研综合性办公大楼。

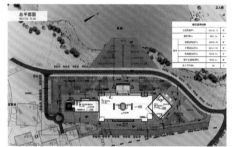

甘肃省科学院高技术产业园

High-tech Industrial Park of Gansu Academy of Sciences

项目业主：中国甘肃省科学院

建设地点：甘肃 兰州

建筑功能：公共建筑

用地面积：137 842平方米

建筑面积：223 845平方米

设计时间：2019年

项目状态：方案

设计单位：珠海艺蓁工程设计有限公司

本项目因场地整体高差较大，为了尽量平衡土方量，场地利用地下室和建筑首层来消化台地高差。并保留了部分高差较大的天然沟壑形成"谷底生态公园"，从而达到土方量最小化。

园区规划架构，曲线使场地南北两区呈咬合状态，并用生态圈将园区融合成整体。

"谷底生态公园"作为园区生态规划的标志性节点，不仅可以利用宽阔的谷地将科研区和生活区分隔，也可以通过玻璃栈道和"谷底生态公园"作为共享空间做到紧密融合。

沿街建筑在规划上采用灵动的曲线韵律，园区主要入口处形成导向迎合性的空间界面，营造出趣味空间，吸引周边人流，形成空间记忆点。创新孵化大厦和综合楼作为两个园区代表性建筑单体，形如"八字臂膀"的平面与退台空间相结合，创造新的"纳"字体验式研发交流空间。

立面上采用欧式元素和欧式文峰塔，成为整条临街人文轴的主要特征。园区内建筑立面设计采用多种建筑风格相融合，做到和而不同。

赵国华

职务： 上海交通大学规划建筑设计有限公司副总经理
城市开发综合设计研究院院长

职称： 高级工程师

执业资格： 国家一级注册建筑师

教育背景

1997年—2002年　天津大学建筑学学士

工作经历

2002年—2008年　华东建筑设计研究（总）院有限公司主创建筑师

2008年—2015年　上海浦东建筑设计研究院有限公司建筑二院院长

2015年至今　　　上海交通大学规划建筑设计有限公司副总经理

个人荣誉

上海浦东南路景观综合改造工程
荣获：第四届上海市建筑学会建筑创作佳作奖
　　　2011年度上海市优秀工程设计二等奖
　　　2011年度第一节上海市风景园林规划设计二等奖

低碳 彩虹谷 —— 山西吕梁离石区北川河片区修建性
详细规划
荣获：2011年全国人居经典建筑规划设计方案竞赛建筑、
　　　科技双金奖

"上海国际旅游度假区大客流情况下交通诱导与应急疏
散体系"研究
荣获：荣誉表彰

主要设计作品

北京奥运会奥运场馆 —— 曲棍球馆、网球馆方案设计
上海世博会世博协调区（浦东片区）综合提升设计
上海东郊国宾馆1号、3号楼建筑方案设计
上海迪斯尼特勤消防站
山东商河县市民服务中心与会议、档案中心
贵州凯里半岛清江文旅养生综合体
悉尼银谷灵隐文化旅游康养度假区
西悉尼空港新城规划设计
慈溪市鸣鹤风景区环白洋湖区域规划设计
山东宁津县东部新区总体规划设计
山东宁津县东部新区双创中心
上海交通大学海科院水下环境条件模拟实验室改造设计
山东省高唐县琉璃寺产业集聚区规划设计
山东平度奥体中心

公司： 上海交通大学规划建筑设计有限公司

地址： 上海市淮海西路55号6楼

电话： 021-52905051

传真： 021-52905052-809

网址： www.sjtudri.com.cn

邮箱： sjtuad@163.com

上海交通大学 规划建筑设计有限公司
SHANGHAI JIAO TONG UNIVERSITY

　　上海交通大学设计研究总院（上海交通大学规划建筑设计有限公司 SJTUDRI）成立于1985年，坐落于环境优美的上海交通大学徐汇校园内，是上海交通大学优秀科技产业之一，拥有国家建筑行业建筑工程甲级设计资质、城乡规划编制甲级资质、风景园林乙级设计资质、文物保护工程勘察设计乙级资质。通过了GB/T19001-2016/ISO 9001:2015质量管理体系认证。

　　公司依托上海交通大学"综合性、研究型、国际化"知名高校背景，拥有强大的科研力量、领先的技术优势和广泛的社会优势资源，同时又是上海交通大学各相关学院科研与实践结合的产学研平台。目前，公司下设六大研究中心，包括：交通研究中心、BIM+X研究中心、智能结构和先进材料研究中心、城市人工智能研究中心、设计与艺术研究中心、城市大数据建模和仿真研究中心。同时在环境与生态保护、新媒体传播、智慧金融服务等其他相关领域展开前沿研究。

　　同时，公司紧跟国家产业转型升级的大背景，整合资源，构建了若干在各专业领域具备领先优势的设计分院（建筑院、规划院、城市开发综合设计研究院、历史建筑保护研究院、建筑可持续发展研究院、文旅院等），形成了技术研发与设计咨询服务相互支撑、良性循环的整体架构，为打造适应行业变革，促进国内国际合作的顶级产学研平台奠定了坚实的基础。

山东宁津县东部新区双创中心

Shuangchuang Center in the Eastern New Area of Ningjin County, Shandong Province

项目业主：山东宁津经济开发区管理委员会

建设地点：山东 德州

建筑功能：办公建筑

用地面积：16 300平方米

建筑面积：51 884平方米

设计时间：2018年

项目状态：在建

设计单位：上海交通大学规划建筑设计有限公司

主创设计：赵国华

参与设计：张叶、顾祎琳、吴善金、吕康丽

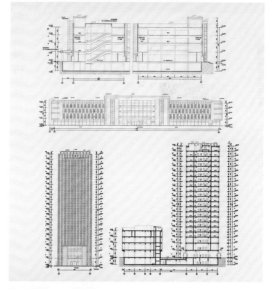

　　宁津县地处德州西北部，区域内交通便利，公路四通八达，多条省道及德滨高速穿境而过，济乐高速、京沪高铁东西并行，为加快对接京津冀、融入环渤海、沟通"长三角"创造了更加便利的交通优势。

　　双创中心大楼位于宁津东部新区，南面为阳光大街，北面为文创路，东侧为工业一路，西侧为华玉路。交通区位优势明显，场地平整，市政配套齐全，环境优美，建设条件较好。建筑层数为主楼20层，裙房4层。它的建成将有效改善宁津创新创业基础设施条件，也将成为东部新区建设的亮丽风景和城市地标。同时，双创中心作为经济开发区东区启动项目，将大大提升东区的形象，增强东区的吸引力，带动区域的整体发展。

山东宁津县东部新区总体规划设计

General Planning and Design of the Eastern New Area of Ningjin County, Shandong Province

项目业主：山东宁津经济开发区管理委员会

建筑功能：办公、商业、居住、厂房建筑

建筑面积：644 268平方米

项目状态：在建

设计单位：上海交通大学规划建筑设计有限公司

主创设计：赵国华

参与设计：张叶、顾祎琳、吴善金、吕康丽

建设地点：山东 德州

用地面积：14 200 000平方米

设计时间：2017年

　　本项目以产业园开发区建设为契机，强化城市绿网主题，建设城市中央公园、产业公园、乐活公园和健康公园，四个主题公园分列于城市的东南西北，以生态功能与城市功能完善为抓手，践行生态文明建设。依据东区开发区"科技产业链式集群共生循环"的总体发展理念，形成创意、活力、高效、共生、生态、低碳的核心产业衍生区，打造"科技研发孵化基地、生产衍生制造园区、商贸物流加工园区"。

悉尼银谷灵隐文化旅游康养度假区

Lingyin Culture Tourism and Recreation Resort In Sydney Silver Dale

项目业主：CYAN STONE PTY LTD　　建设地点：澳大利亚 悉尼

建筑功能：酒店、商业建筑　　　　　用地面积：2 400 000平方米

建筑面积：370 000平方米

设计时间：2017年

项目状态：策划

设计单位：上海交通大学规划建筑设计有限公司

主创设计：赵国华

参与设计：张叶、顾祎琳、吴善金、吕康丽

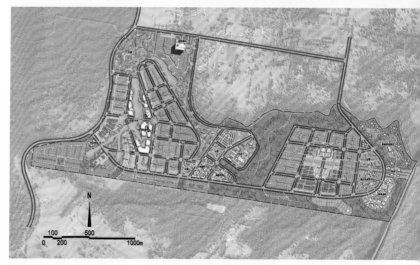

　　本规划充分利用生态、文化、政策优势打造集商业办公、文化娱乐、休憩休闲、商务会展、生态居住等于一体的综合性城市新区。同时，整合佛教寺院、禅修养生、度假医疗等功能，带动寺庙及周边建筑旅游、高端医养全产业链的发展，进行以宗教文化、慈善、医养、旅游等产业为核心的产品创新，促进佛教文化在全球的继承和弘扬，加深东西方文化交流发展，打造传统文化与现代建筑、养生度假功能相结合的区域开发范本。

慈溪市鸣鹤风景区环白洋湖区域规划设计

Planning Design of the Area around Baiyang Lake, Minghe Scenic Spot, Cixi

项目业主：慈溪市风景旅游局
建筑功能：旅游建筑
建筑面积：57 334平方米
项目状态：在建
主创设计：赵国华

建设地点：浙江 慈溪
用地面积：2 027 100平方米
设计时间：2016年
设计单位：上海交通大学规划建筑设计有限公司
参与设计：张叶、顾祎琳、吴善金、吕康丽

　　本项目位于鸣鹤 — 外杜湖风景区，上林湖 — 栲栳山风景区、里杜湖 — 五磊山风景区之间，距离慈溪市12千米。

　　基地内多个景点已进行开发建设，以鸣鹤古镇为主要旅游点，结合散落基地内的多个景点，初步形成一定规模的旅游态势。规划形成了六大功能片区，包括南部门户区、体育运动区、古镇旅游区、民宿体验区、养生度假区与主体建设区。功能复合，协同发展。本次规划力求打通古镇与白洋湖、湖西山的视线通廊，实现优美古镇的山水画卷新形象。

项目业主：平度市建设投资开发有限公司
建设地点：山东 青岛
建筑功能：体育建筑
用地面积：659 100平方米
建筑面积：93 884平方米
设计时间：2016年
项目状态：建成
设计单位：上海交通大学规划建筑设计有限公司
主创设计：吴建
参与设计：赵国华、杨友军、陆林军、李亮、
史健勇、顾祎琳、陈福熙、周峻、
窦荣海、高钢锋、艾兴勇

山东平度奥体中心

Olmpic Sports Center of Pingdu, Shandong Province

本项目为山东省2018年省运动会主办场地，位于青岛平度市，主要建设内容包含15 000座的体育场，7 000座的篮球馆及1 000座的游泳馆，同时设置中心广场、人民防空、公交站点等公共配套设施。

本设计综合"空间效益"理论，首先对建筑内部不同功能元素进行分析、组合与对比，形成对体育场馆功能组织模式的优化，并发展出兼具灵活性和效益型的"复合化"功能体系，同时功能体系的提升也引发了建筑面积的有效缩减，并衍生出"以小建大"的设计可能。其次结合体育建筑在奥运后的使用要求，将专业性与多功能性进行综合考虑，扩大了体育建筑的使用

功能，也为体育建筑日常性使用奠定基础，同时结合场地特征，对建筑的城市性与自然性进行挖掘，通过以上分析，推导出建筑空间形态的生成依据。

在总体层面，建筑群被三条轴线贯通，一为南北轴线，联系了体育场馆、中心广场及主要城市空间，形成基地与城市资源融合；二为东西轴线，联系了城市与现河，形成自然资源与城市资源的交流与互动；三为斜向轴线，与北部城市主要生活区联系，形成与周边居民日常活动的紧密结合。三条轴线形成对建筑群体以及城市空间体系的组织与联系，在此基础上布局不同室外活动空间，形成建筑的延伸并与周边环境融合。

周文

职务： 广东省建筑设计研究院副总建筑师
职称： 高级建筑师
执业资格： 国家一级注册建筑师

教育背景
1992年—1997年　华南理工大学建筑学学士
2002年—2006年　华南理工大学城市规划与设计硕士

工作经历
1997年至今 广东省建筑设计研究院

个人荣誉
2018年"深圳杰出建筑师"荣誉称号

主要设计作品
蛇口邮轮中心
荣获：2017年中国勘察设计协会"创新杯"优秀交通
　　　枢纽（BIM）应用奖
　　　2018年中国施工企业管理协会优秀设计一等奖
　　　2018年广东省土木建筑学会科学技术奖二等奖
昆明西山万达广场双塔
荣获：2017年全国优秀工程勘察设计二等奖
　　　2017年广东省优秀工程勘察设计二等奖
昆明西山万达广场文华酒店
荣获：2017年广东省优秀工程勘察设计二等奖
深圳中广核大厦
荣获：2016年中国施工企业管理协会优秀设计二等奖
深圳鲸山花园九期
荣获：2015年全国优秀工程勘察设计一等奖
　　　2015年广东省优秀工程勘察设计一等奖

许滢

职务： 广东省建筑设计研究院第五设计所总建筑师
职称： 教授级高级建筑师
执业资格： 国家一级注册建筑师

教育背景
1993年—1998年　湖南大学建筑学学士
2001年—2005年　华南理工大学建筑与土木工程硕士

工作经历
1998年至今　广东省建筑设计研究院

个人荣誉
2016年中国建筑学会青年建筑师奖

主要设计作品
广东省博物馆新馆

荣获：2011年全国优秀工程勘察设计一等奖
　　　2011年中国建筑学会建筑创作优秀奖
　　　2011年中国文化建筑范例工程
　　　2011年广东省优秀工程勘察设计建筑工程一等奖
　　　2011年广东省土木工程詹天佑故乡杯奖
粤剧艺术博物馆
荣获：2019年中国威海国际建筑设计人奖赛优秀奖
　　　2017年全国优秀工程勘察设计二等奖
　　　2017年全国优秀工程勘察设计园林景观一等奖
　　　2017年广东省优秀工程勘察设计建筑工程一等奖
　　　2016年广东省土木建筑学会科学技术奖二等奖
　　　2016年—2017年中国建设工程鲁班奖
暨南大学南校区体育馆
荣获：2019年中国威海国际建筑设计大奖赛优秀奖
　　　2019年广东省优秀工程勘察设计奖建筑工程二等奖
　　　2019年广东省土木工程詹天佑故乡杯奖

 广东省建筑设计研究院
Architectural Design and Research Institute of Guangdong Province

微信公众号：GDADRI

　　广东省建筑设计研究院（GDAD）创建于1952年，是中华人民共和国第一批大型综合勘察设计单位之一、改革开放后最早推行工程总承包业务的现代科技服务型企业、全球低碳城市和建筑发展倡议单位、全国高新技术企业、全国科技先进集体、全国优秀勘察设计企业、当代中国建筑设计百家名院、全国企业文化建设示范单位、广东省守合同重信用企业、广东省抗震救灾先进集体、广东省重点项目建设先进集体、广东省勘察设计行业最具影响力企业、广州市总部企业、现代工程建设设计运营服务商。

　　GDAD现有全国工程勘察设计大师2名、广东省工程勘察设计大师5名、享受国务院政府特殊津贴专家13名、教授级高级工程师77名，具有素质优良、结构合理、专业齐备、效能显著的人才梯队。

　　GDAD现有建筑工程设计、市政行业设计、工程勘察、工程咨询、城乡规划编制、建筑智能化系统工程设计、风景园林工程设计、建筑装饰设计、工程建设监理、招标代理、工程承包、施工图审查等甲级资质以及轨道交通、人防设计资质，立足广东、面向国内外开展设计、规划、勘察、咨询、总承包、审图、监理、科技研发等技术服务。

　　GDAD将继续秉承"守正鼎新，营造臻品"的核心价值观，发扬"绘雅方寸，筑梦千里"的企业精神，充分利用人才、技术、科研、创新和品牌的综合优势，为广大客户提供优质高效的服务，共同设计未来，成就梦想。

地址：广州市荔湾区流花路97号
院办公室：020- 86681575
　　　　　020-86676222
经营策划部：020-86681668
　　　　　　020-86681586
人力资源部：020-86681640
　　　　　　020-86664835
传真：020-86677463
网址：www.gdadri.com
电子邮件：gdadri@gdadri.com

陈超敏

职务：广东省建筑设计研究院机场设计所副总建筑师
职称：高级建筑师
执业资格：国家一级注册建筑师

教育背景
1997年—2002年　中南大学建筑学学士

工作经历
2002年至今　广东省建筑设计研究院

主要设计作品
广州科学城科技人员公寓
荣获：2011年广东省优秀工程勘察设计二等奖
　　　2011年中国建筑学会建筑创作优秀奖
　　　2015年全国优秀工程勘察设计一等奖
　　　2019年香港建筑师学会两岸四地建筑设计卓越奖

肇庆新区体育中心
荣获：2019年中国威海国际建筑设计大奖赛铜奖
　　　2019年广东省优秀工程勘察设计奖建筑工程一
　　　等奖
　　　2019年广东省优秀工程勘察设计建筑结构二等奖
　　　2019年广东省土木建筑工程詹天佑故乡杯
　　　2019年第十三届中国钢结构金奖
　　　2018年广东省建设工程优质结构奖

珠海横琴保利中心
荣获：2019年中国威海国际建筑设计大奖赛银奖
　　　2019年广东省土木工程詹天佑故乡杯奖
　　　2019年香港建筑师学会两岸四地建筑设计银奖
　　　2019年广东省优秀工程勘察设计一等奖
　　　2019年广东省优秀工程勘察设计建筑结构二等奖
　　　2019年广东省优秀工程勘察设计绿色建筑工程
　　　设计二等奖

关健斌

职务：广东省建筑设计研究院北京分院副总建筑师
职称：高级建筑师
执业资格：国家一级注册建筑师

教育背景
1994年—1999年　华南理工大学建筑学学士
1999年—2002年　华南理工大学建筑学硕士
2005年—2007年　英国谢菲尔德大学景观设计硕士

工作经历
2002年—2005年　广州珠江外资建筑设计院
2007年—2009年　英国Llewelyn davies yeang建筑师
　　　　　　　　事务所
2010年—2012年　广州瀚景建筑工程设计事务所
2012年至今　　　广东省建筑设计研究院

主要设计作品
万象天成（石家庄东方银座广场）
荣获：2013年广东省优秀工程勘察设计三等奖
保利高尔夫郡（水晶花园）
荣获：2014年广州市优秀工程勘察设计二等奖
智慧新城启动区之2、3、4区
荣获：2015年广东省优秀工程勘察设计二等奖
黄姚度假酒店
荣获：2019年广东省注册建筑师协会建筑设计二等奖

王昵

职务：广东省建筑设计研究院东莞分院副总建筑师
职称：高级建筑师
执业资格：国家一级注册建筑师

教育背景
1994年—1999年　南昌大学建筑学学士

工作经历
1999年—2003年　广州城建开发总公司
2003年—2008年　中信华南（集团）建筑设计院
2008年至今　　　广东省建筑设计研究院

个人荣誉
2018年中国建筑学会青年建筑师奖

主要设计作品
广州亚运馆
荣获：2011年全国优秀工程勘察设计一等奖
广州白云国际会议中心
荣获：2007年广东省优秀工程勘察设计三等奖
恩宁路历史文化街区房屋修缮活化利用项目
广州科学城综合研发孵化区BC区工程
荣获：2009年广东省优秀工程勘察设计三等奖
大学城广东外语外贸大学
赣州市儿童医院
华发广场
三水万达广场
绿地空港国际中心2#地块
绿地空港国际中心3#地块
鹤鸣洲温泉度假村

蛇口邮轮中心

Shekou Cruise Center

项目业主：招商局蛇口工业区有限公司

建设地点：广东 深圳

建筑功能：交通综合体

用地面积：42 614平方米

建筑面积：138 169平方米

设计时间：2014年—2016年

项目状态：建成

设计单位：广东省建筑设计研究院

合作单位：法国岚明建筑设计事务所、中南幕墙设计研究院等

设计团队：周文、陈雄、金钊、吴隆伟、卫文、浦至、何海平、徐晓川、
张伟生、李淼、邓邦弘、段琪峰、陈武、赵丹、曹卿

本项目位于深圳市南山区蛇口自贸区太子湾片区，作为深圳连通香港、走向世界的"海上门户"，建成集国际邮轮母港、港澳及国内高速客轮港于一体的口岸港务交通航站楼，是亚洲最大型、最新型的邮轮中心综合体，集海陆交通、口岸联检、服务、办公、商业配套于一体。邮轮中心立于太子湾的前端，与"山、城、海"时空对话。深圳作为改革开放排头兵叱咤风云的时代精神、"蛇口再出发"的创新理想和招商局深厚积淀的企业文化融入设计中，传承城市文脉与精神。

建筑整体形态呈三角形，充分体现建筑对城市、对地块的尊重：位于海侧的直角边服务于邮轮母港，另一边服务于高速客轮港，位于陆侧的斜边为中央大厅的主入口。建筑设计根据城市综合体理念，注重空间组织和动线设计。建筑形态设计灵感来源于"船首波"，船行激起浪花的形态得到巧妙的象征和体现，呈现出动感波浪形状的建筑造型，既和周边海域的景观融为一体，又形成了独特的艺术风格，同时蕴含了深圳改革开放乘风破浪、披荆斩棘的创业精神。

立面创意上引入海洋"珊瑚"的元素，五彩缤纷的珊瑚无规则肌理元素呈现给人一种自然优美的形态，使建筑形态极具识别性和独特性，建筑与海洋的有机结合得到进一步的体现，同时也给人带来建筑驶入海洋的联想。室内空间形态、细节设计、标识设计均延续应用了海洋元素，参数化控制的曲线层叠形态呈现出轻快的"轻浪、浅滩"的意境。

暨南大学南校区体育馆

Jinan University South Campus Gymnasium

项目业主：暨南大学、广州市重点公共建设项目管理办公室

建设地点：广东 广州

建筑功能：体育建筑

用地面积：14 023平方米

建筑面积：8 883平方米

设计时间：2016年—2017年

项目状态：建成

设计单位：广东省建筑设计研究院

主创设计：许滢、张文图

设计团队：李乾锐、过凯、徐巍、李村晓、王飞、蔡婉婷、
施晓敏、张旭

　　暨南大学南校区体育馆是校园新的文化标杆，在满足日常教学训练和承办体育赛事的同时，设计通过体育场馆开放式复合空间的演变，使其在校园与城市功能中的多元化场所意义得以体现、升温并持续发酵。设计体现暨南大学文化薪火相传的"扬帆"立意，结合因地制宜的场地利用策略，将教学、体育训练、文化活动及大型展演集会等多元功能融合。体育教学教室、学校集会会场及校际比赛场地三位一体的立体式空间组织，参数化模拟放样的外围护幕墙标准单元模块设计等一系列设计手法，使单一功能的校园体育场馆无论从功能渗透还是建筑性格演绎，都充满内敛的张力。

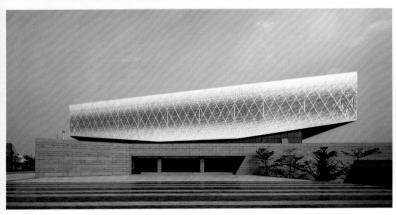

珠海横琴保利中心

**Zhuhai
Hengqin Poly
Center**

项目业主：珠海横琴保利利和投资有限公司

建设地点：广东 珠海

建筑功能：办公建筑

用地面积：77 260平方米

建筑面积：220 210平方米

设计时间：2014年—2015年

项目状态：建成

设计单位：广东省建筑设计研究院

合作设计：佐藤综合计画（日本）

设计团队：陈雄、郭胜、牟岩崇、陈超敏、谢少明

本项目位于珠海横琴新区，其办公建筑是功能完备的超甲级办公楼，设计执行绿色建筑三星级标准。

这是一个洁白光亮的立方体。横向百叶与玻璃幕墙共同构成适应地方气候的双层表皮系统，满足采光、遮阳、自然通风等功能。非均质的遮阳百叶、错位展开的空中露台、多样化的功能空间共同构成丰富多变的建筑立面。塔楼80米×100米×100米，采用带巨型转换钢桁架的框架剪力墙结构，实现"悬浮的空中立方体"。

建筑中央方形竖向天井与底层开放式架空层相结合，构筑"风之通道"。风沿绿丘而上，促进建筑的自然换气。绿化天桥、绿化屋面、绿化广场、山体共同形成一个绿意盎然的大地景观。这是一个因地制宜的绿色建筑，创造具有强烈识别性的横琴风格，是"新岭南建筑"的一次有益尝试。

智慧新城启动区之2、3、4区

Zone 2,3,4 of the Start-up Area of Smart New Town

项目业主：佛山源海发展有限公司

建设地点：广东 佛山

建筑功能：办公、商业建筑

用地面积：179 000平方米

建筑面积：650 000平方米

设计时间：2012年

项目状态：建成

设计单位：广东省建筑设计研究院北京分院

设计团队：江刚、彭庆、陈子莹、关健斌

智慧新城启动区作为佛山市高新技术开发区智慧新城的核心主轴，着力打造国内一流产业园区和国际一流智慧型产业集群。建筑功能包括研发中心、总部办公大楼及配套商业裙房等，是佛山市标志性的智慧型高新技术产业园区。

项目作为新型智慧型总部建筑群，集研发、办公、营销、金融、生活为一体，集优美的园区环境、完善的交通体系于智慧新城。建筑设计尊重智慧新城及启动区城市规划设计的核心概念，实现了"一轴一带两心"的设计构思，成为智慧新城的标志性场所。设计强调标志性与多样性的协调统一，多样化的塔楼造型有机组合及立面材料颜色、质感、纹理的对比与呼应，营造出现代、新颖的立面造型，具有时代特性。

恩宁路历史文化街区房屋修缮活化利用项目

Housing Renovation Activation and Utilization Projects of the Historical and Cultural Block of Enning Road

项目业主：广州市荔湾区旧城改造项目中心
　　　　　广州万科企业有限公司
　　　　　广州万恩产业投资有限公司
建设地点：广东 广州
建筑功能：商业建筑
用地面积：88 000平方米
建筑面积：72 000平方米
设计时间：2019年
项目状态：在建
设计单位：广东省建筑设计研究院

部分现状图

活化策略图

艺文探坊
西关人文
滨水慢里
灵感羊城
摩登天空

城市肌理图（纵方向）

城市肌理图（水平向）

　　恩宁路诞生于1931年，被誉为"广州最美老街"。恩宁路集西关骑楼建筑的精髓，恩宁路、龙津西路与第十甫、上下九步行街骑楼连接，成为全市最完整和最长的骑楼街，分布了十几处文物古迹。项目为恩宁路历史文化街区二期活化利用项目，共包括8个片区。

　　随着经济的飞速发展，片区的历史价值受到破坏性打击。大量有价值的民居、西关大屋和骑楼街被夷为平地。项目在原有场地文脉肌理的基础上，通过修缮、改造、新建等为老城区注入新的商业功能和新的活力，维持着该街区有形或无形的新陈代谢。

周亚东

职务：合肥工业大学设计院（集团）有限公司
　　　设计二分院院长
职称：高级建筑师
执业资格：国家一级注册建筑师

教育背景

1996年—2001年　安徽建筑大学建筑学学士

工作经历

2001年至今　合肥工业大学设计院（集团）有限公司

个人荣誉

安徽省土木建筑学会第二届青年建筑师奖

主要设计作品

合肥工业大学翡翠湖校区图书馆
荣获：住建部优秀工程勘察设计三等奖
　　　安徽省优秀工程勘察设计一等奖
合肥万科森林城B4区初级中学
荣获：教育部优秀勘察设计三等奖
　　　安徽省土木建筑协会建筑创作奖三等奖
合肥中加国际学校
荣获：安徽省优秀工程勘察设计三等奖
合肥工业大学智能制造技术研究院研发中心
荣获：合肥市绿色建筑优秀设计二等奖
　　　安徽省土木建筑学会建筑创作二等奖

中科院合肥物质科学研究院物质科学综合交叉实验研究平台
荣获：合肥市绿色建筑优秀设计一等奖
安庆市宜秀都市产业园一期
安庆临港开发区创新产业园
马鞍山怡园世家
景尚名郡
新西名阁
合肥万科城市公馆幼儿园
安庆市高新产业园A区
蚌埠市朝阳南路棚户区改造及廉租房
安徽省职业技术学院实训楼

学术研究成果

《浅谈小学校园室外空间环境设计》，《世界建筑》杂志，2015.01
《浅析公路客运枢纽公共空间设计》，《建筑知识》杂志，2015.02

建筑师从业十多年以来，一直致力于建筑设计及相关领域的工作和研究。主持或负责完成了近百项工程的设计和研究工作，同时也参与或主持完成了大量的方案创作，取得了优异的成绩，完成了一批具有社会影响力的作品。其中获得部级优秀勘察设计奖三等奖二项、省级优秀勘察设计奖一等奖一项、三等奖一项以及各类省市级奖若干项，杂志发表论文二篇。

合肥工业大学设计院(集团)有限公司
HFUT Design Institute (Group) Co., Ltd.

　　合肥工业大学设计院（集团）有限公司，是由成立于1979年的合肥工业大学建筑设计研究院于2017年12月整体改制而成，合肥工业大学全资企业。持有多项资质证书，包括：建筑行业（建筑工程）甲级、城乡规划编制甲级、工程咨询甲级、工程勘察专业类岩土工程甲级、工程勘察专业类工程测量乙级、劳务类（工程钻探）乙级、风景园林工程设计专项乙级、电力行业（变电工程、送电工程、新能源发电）专业乙级、市政行业（给水工程、排水工程、道路工程、桥梁工程）专业乙级、建筑行业（人防工程）乙级、环境工程（水污染防治工程、物理污染防治工程）专项乙级、机械行业乙级、水利行业（灌溉排涝、河道整治）专业乙级、水利行业（水库枢纽、引调水、城市防洪）专业丙级、公路行业（公路）专业丙级、旅游规划设计专业丙级以及压力管道GC（GC2、GC3）、GB（GB1、GB2）等；同时可承担建筑装饰工程设计、建筑幕墙工程设计、轻型钢结构工程设计、建筑智能化系统设计、照明工程设计和消防设施工程设计相应范围的甲级专项工程设计业务；并可从事资质证书许可范围内相应的建筑工程总承包业务以及项目管理和相关的技术与管理服务。

　　设计院现有正高级工程师26名、高级工程师91名、工程师135名，其中安徽省勘察设计大师8名、国家一级注册建筑师23名、国家一级注册结构师20名、国家注册城市规划师20名、国家注册咨询工程师（投资）13名、国家注册公用设备（给排水）工程师4名、国家注册公用设备（暖通空调）工程师4名、国家注册电气工程师4名、国家注册土木工程师（岩土）5名、国家注册造价工程师2名、国家注册人防工程师2名，60%以上专业设计人员具有博士或硕士研究生学历。1999年被建设部确认为全国76家骨干建筑设计单位之一。

　　设计院承接并完成的大量工程勘察设计项目中，曾多次获得国家和省、部级奖励，其中近三年获部级勘察设计奖项14项，省级奖项22项；近三年主编了3项国家标准、4项行业标准、13项地方标准，参编了3项国家标准、4项行业标准和6项地方标准。在全国建筑方案竞赛、投标中也多次获奖、中标。

　　为强化质量意识和提高设计水平，设计院定期对全体员工进行质量教育和技术培训，督促员工严格执行国家和地方有关的强制性规范、标准，精心设计，努力满足用户需求，防止和杜绝不合格品出现，保证合同履约，定期开展工程回访活动，不断改进服务质量，对工程全过程跟踪服务，对工程全面负责。1992年通过全面质量管理达标验收，2008年通过中国质量协会质量管理、环境管理和职业健康安全三项体系认证，取得质量管理、环境管理和职业健康安全三项体系证书。2009年通过安徽省高新技术企业认证评审。

　　设计院本着"为社会提供一流的建筑产品与服务"的宗旨，为社会提供更多、更好的高质量的建筑产品。

地址：安徽省合肥市屯溪路193号
电话：0551-62901599
传真：0551-62901599
网址：www.hfutadi.com.cn
电子邮箱：hfutadi@163.com

合肥工业大学智能制造技术研究院研发中心

Research and Development Center of Intelligent Manufacturing Technology Research Institute, Hefei University of Technology

项目业主：合肥工业大学智能制造技术研究院
建设地点：安徽 合肥
建筑功能：研发办公建筑
用地面积：643 000平方米
建筑面积：51 722 平方米
设计时间：2014年
项目状态：建成
设计单位：合肥工业大学设计院（集团）有限公司
主创设计：祁小洁、周亚东
获奖情况：安徽省土木建筑学会建筑创作二等奖
　　　　　合肥市绿色建筑优秀设计二等奖

　　该研发中心位于合肥市高新区，是智能制造技术研究院的标志性建筑。建筑地下1层，地上10层，主要功能是研发办公。研发中心是整个研究院的先期启动项目，既可以满足智能制造技术的研究办公功能，又能在工作之余为员工提供优质休憩空间。大片的延伸至建筑二层室外休息平台的绿坡，内院、屋顶及建筑内的花园，共同营造了一个绿色生态的研究机构。

　　个性鲜明的红色金属外墙延续了合肥工业大学老校区的传统色调，同时利用金属穿孔板的孔径变化赋予建筑丰富的光影效果。

合肥万科森林城B4区初级中学
Hefei Vanke Forest City B4 District Junior Middle School

项目业主：合肥万科瑞翔地产有限公司

建设地点：安徽 合肥

建筑功能：教育建筑

用地面积：35 000平方米

建筑面积：33 622平方米

设计时间：2014年

项目状态：建成

设计单位：合肥工业大学设计院（集团）有限公司

主创设计：周亚东、祁小洁

获奖情况：教育部优秀勘察设计三等奖

安徽省土木建筑学会建筑创作三等奖

本项目位于合肥万科森林城 B4 地块，属于森林城东入口公共服务集中区核心区域。主要功能包括教学实验楼、图书馆、风雨操场、地下车库等。解决场地局限性与建筑功能复杂性的矛盾、满足教学功能的同时，为校园提供充足的户外交流活动空间。场地景观与建筑设计融为一体，创造多层次室内外空间，营造建筑与环境和谐共生、富于活力的新型校园。建筑形态契合基地环境，以鲜明的造型及色彩创造区域内标志性的特色校园。

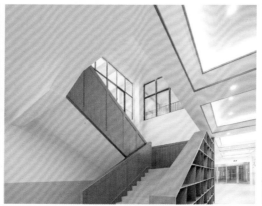

合肥中加国际学校
Hefei Sino-Canadian International School

项目业主：合肥中加学校、加拿大国际学校

建设地点：安徽 合肥

建筑功能：教育建筑

用地面积：100 062平方米

建筑面积：105 110平方米

设计时间：2012年

项目状态：建成

主创设计：周亚东

设计单位：合肥工业大学研究院（集团）有限
公司

获奖情况：安徽省优秀工程勘察设计三等奖

本项目位于合肥市高新区，是校园的核心建筑。建筑功能包括教学、地下餐厅、泳池及室内篮球馆。采用西式教育的教学综合楼，功能全面复杂。合理利用地下及内院空间布置大空间功能，普通教室环绕大空间布局，平面利用率高，交通便利。

大面积红色的实墙面和精致金属构件、玻璃幕墙形成强烈的视觉对比，构成了稳重大方、富有现代感的校园形象，建筑符合国际学校的形象和气质。

合肥万科城市公馆幼儿园

Hefei Vanke City Mansion Kindergarten

项目业主：合肥万科金湾地产有限公司
建设地点：安徽 合肥
建筑功能：教育建筑
用地面积：2 300平方米
建筑面积：2 875平方米
设计时间：2016年
项目状态：建成
设计单位：合肥工业大学设计院（集团）有限公司
主创设计：周亚东

本项目位于合肥万科城市公馆主入口景观街末端，南侧靠近匡河。项目用地为不规则狭长地形，建筑规模为9个班幼儿园。"儿童挥舞缎带"的形象是贯穿于方案设计的核心概念；从具象角度来说，缎带是整体建筑和景观的重要组织者，以柔软灵动的姿态，将方整的建筑棱角削弱、串联并有效地将其融入场地景观中。同时，缎带化身为墙体成为室内空间和流线组织的引导者，充分地将设计概念展开至方案的各个角落。

缎带在场地中有几个不同的作用：首先，它以矮墙形式分隔确认不同类型的活动场地；其次，它为场地景观的高差变化提供了良好的过渡和丰富的变化；再次，它为场地提供了良好的私密保护，确保了儿童游戏和玩乐的安全。

安徽省美术馆

Anhui Art Museum

项目业主：安徽省美术馆
建设地点：安徽 合肥
建筑功能：文化建筑
用地面积：15 600平方米
建筑面积：23 000平方米
容 积 率：1.47
设计时间：2012年
项目状态：方案
设计单位：合肥工业大学设计院（集团）有限公司
主创设计：周亚东、祁小洁、徐煜坤、杨怡

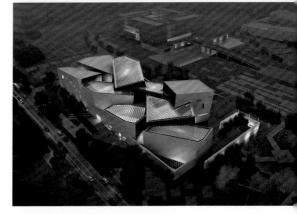

　　安徽省美术馆，坐落于合肥政务新区博物馆园区内，毗邻安徽省博物院和安徽省地质博物馆。将容纳来自徽州地区古今名家的书画、雕塑艺术作品，举办公共展览及进行内部学术研究。

　　美术馆的设计试图以现代的建筑设计手法完成对于传统徽派建筑空间品质和形式的再诠释，以简单的逻辑来孕育复杂的空间形式。通过将适宜功能尺度的9个体量在三维尺度上进行定位变化及穿插，来形成向内倾斜屋面所围合的多种不同内部庭院空间。内部复杂的空间关系为矩形的四面侧墙所规整，同时显现出其截面线条与传统建筑意向的吻合。整个过程通过三维建模的方式进行精确的定位和模拟，来寻求最贴切原始空间的尺度感和最适合现代功能的空间布局。历史被凝固于现代体量与立面轮廓之中。

朱飞

职务：新疆四方建筑设计院有限公司董事长
职称：高级建筑师
执业资格：国家一级注册建筑师
　　　　　国家注册咨询工程师

主要设计作品

乌鲁木齐市人民广场联合综合楼
荣获：2008年国家住房与城乡建设部优秀勘察设计三等奖
　　　新疆维吾尔自治区第十四届优秀工程设计一等奖
湖南省对口援建吐鲁番市二堡乡高昌民居项目
荣获：2011年全国优秀城乡规划设计三等奖
　　　2010中国人居设计竞赛规划设计方案金奖
　　　2011年新疆维吾尔自治区优秀城乡规划设计一等奖
　　　2012年中国民族建筑研究会——中国民族建筑保护传承创新奖
乌鲁木齐市米东区古牧地镇西工村安居富民项目
荣获：2016全国人居生态建筑、规划双金奖
乌鲁木齐市烈士陵园烈士事迹陈列馆
荣获：新疆维吾尔自治区第十八届优秀工程设计三等奖
乌鲁木齐总医院综合内科楼
荣获：2018年新疆维吾尔自治区优秀工程设计一等奖
库尔勒华凌国际
荣获：2018年新疆维吾尔自治区优秀工程设计三等奖

 新疆四方建築設計院有限公司
XINJIANG SIFANG INSTITUTE OF ARCHITECTURAL DESIGN

　　新疆四方建筑设计院有限公司成立于1993年1月1日，其前身是乌鲁木齐经济技术开发区建筑勘察设计院有限责任公司，2001年5月1日与乌鲁木齐市建筑设计院合并组建为乌鲁木齐建筑设计研究院有限责任公司，2009年11月2日重新成立为新疆四方建筑设计院有限公司。公司设有项目部、总工办、方案室、市政所、规划所、设计管理部、财务部、人力资源行政部等机构，下设工程总承包分公司、设计分院。具有建筑设计甲级、市政工程设计甲级、室内设计甲级、智能化设计甲级、工程总承包（建筑、市政）甲级资质、设计咨询甲级资质、城市规划设计乙级等资质。公司现有职工152人，其中国家一级注册建筑师5人、一级注册结构师4人、二级注册建筑师4人、注册城市规划师5人、注册公用设备（暖通）1人、注册公用设备（给排水)工程师5人、注册电气（供配电）工程师3人、注册造价工程师2人、注册咨询师9人，高级工程师29人、工程师53人、助理工程师52人，具有较强的高端人才优势。

　　公司在注重提高人才素质的同时，不断更新和完善技术装备，配置各种绘图机、彩色打印机、投影演示仪等设备，设置了内部局域网、计算机中心室等，真正做到了计算机出图率100%。建院以来，设计了大量的建筑作品，内容涉及宾馆、医院、游泳馆、音乐厅、幼儿园、中小学建筑、纪念性建筑、住宅、居住区规划、残疾人建筑等，涌现出许多优秀作品。同时，单位不仅能够完成BIM设计和装配式建筑设计，也可以完成在BIM体系下的装配式建筑工程拆分设计。

　　公司拥有一批优秀的设计人才，荣获国家住房和城乡建设部优秀设计三等奖2项，新疆维吾尔自治区优秀设计奖一等奖3项，新疆维吾尔自治区优秀设计二等、三等奖5项。单位将抓住国家西部大开发的机遇，强化具有地方、地域特色的精品设计。坚持"顾客第一、信誉第一、质量第一、服务第一"的原则，奉行原创设计，追求卓越梦想，努力为社会奉献更多、更好的设计产品。公司有一个梦，就是要闯出一条具有新疆地方文化、地域特色的原生态建筑理论和实践之路。

地址：新疆维吾尔自治区乌鲁木齐
　　　水磨沟区安居南路70号万向
　　　招商大厦13层
电话：0991-4614563
网址：www.xjsf1993.com

新疆准东开发区小学

Xinjiang Zhundong Development Zone Primary School

建设地点：新疆 准东
建筑功能：教育建筑
用地面积：43 904平方米
建筑面积：21 208平方米
设计时间：2016年
项目状态：方案
设计单位：新疆四方建筑设计院有限公司
主创设计：朱飞

总平面图

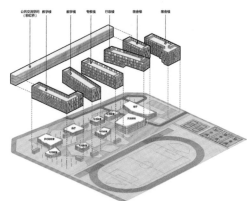
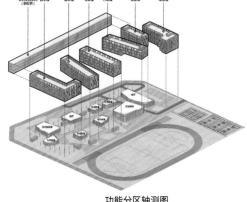

功能分区轴测图

本项目的设计理念为打破应试教育模式，提倡素质教育和启发式教育模式。为使小学生在课堂外能有更多的嬉戏玩耍和交流的空间，设计了许多展示空间和灰空间，在一层使绿地和架空层之间相互渗透，既提高了院落的视觉效果，又提供了交流空间。

乌鲁木齐总医院综合内科楼
Urumqi A General Hospital Comprehensive Internal Medicine Building

建设地点：新疆 乌鲁木齐

建筑功能：教育建筑

用地面积：20 825平方米

建筑面积：52 415平方米

设计时间：2008年

项目状态：建成

设计单位：新疆四方建筑设计院有限公司

主创设计：朱飞、刘玉坤

本设计内容为门诊和内科住院部。主要设计理念：将门诊和内科住院部垂直分区，探索一个护理单元合理的服务长度和服务床位；洁污分区及流线明确；合理布置不同人流入口。

新疆师范大学新校区艺术楼

New Campus Art Building of Xinjiang Normal University

建设地点：新疆 乌鲁木齐
建筑功能：音乐厅、美术馆
用地面积：5 641平方米
建筑面积：13 982平方米
设计时间：2017年
项目状态：在建
设计单位：新疆四方建筑设计院有限公司
主创设计：朱飞

总平面图

　　该设计反映了场地精神，既与周边环境景观相协调，又与已有建筑产生对话。运用"共享空间"的设计手法完美地使美术馆和音乐厅产生了新的空间交流。本项目是集建筑设计、室内设计、室外场地景观设计于一体的设计范例。

新疆艺术学院头屯河校区

Toutunhe Campus of Xinjiang Art Institute

建设地点：新疆 乌鲁木齐
建筑功能：教育建筑
用地面积：319 604平方米
建筑面积：205 900平方米
设计时间：2015年
项目状态：在建
设计单位：新疆四方建筑设计院有限公司
主创设计：朱飞

总平面图

　　该设计反映了地域文化和气候特征，以喀什砖雕为立面，反映地方艺术特色为宗旨。设计核心以依山而建体现了人与自然环境的关系，以自由布局的方式体现艺术学院人与人的关系，以主轴景观体现人与景观的关系。运用太阳能和风能技术，实现低碳的理念，将传统精神和现代气质相结合。

庄磊

职务： 浙江工业大学工程设计集团有限公司
建筑创新协同中心主任、副总建筑师
职称： 高级工程师
执业资格： 国家一级注册建筑师

教育背景
1992年—1997年　东南大学建筑学学士
2000年—2002年　浙江大学城市规划硕士

工作经历
1997年—2002年　杭州市建筑设计研究院建研所
2002年至今　　　浙江工业大学工程设计集团有限公司

主要设计作品
浙江省委党校综合大楼
荣获：2002年浙江省优秀工程勘察设计二等奖

杭州市政协大楼
荣获：2003年杭州市优秀工程勘察设计二等奖
恒生软件园
荣获：2005年杭州市优秀工程勘察设计二等奖
杭州广播电视大学
荣获：2007年浙江省优秀工程勘察设计三等奖
江阴国际软件园
荣获：2013年浙江省优秀工程勘察设计三等奖
龙泉东升小学迁建工程
荣获：2014年杭州市优秀工勘察设计三等奖
杭州银融商业综合用房
荣获：2016年浙江省优秀工程勘察设计三等奖
安吉凯蒂猫家园
荣获：2018年杭州市优秀勘察设计三等奖
江山市郎山游客中心及配套设施建设项目
荣获：2019年杭州市优秀工程勘察设计一等奖

陈弘

职务： 浙江工业大学工程设计集团有限公司
第一建筑设计研究院院长
职称： 高级工程师
执业资格： 国家一级注册建筑师

教育背景
1995年—2000年　浙江工业大学建筑学学士

工作经历
2000年—2001年　杭州市上城区建筑勘察设计院
2001年至今　　　浙江工业大学工程设计集团有限公司

主要设计作品
开元名都大酒店
荣获：2006年浙江省优秀工程勘察设计一等奖

青川县木鱼中小学
荣获：2010年浙江省援川抗震救工程设计特别奖
杭州丁桥高级中学
荣获：2011年浙江省优秀工程勘察设计三等奖
三门核电有限公司综合控制中心
荣获：2012年浙江省优秀工程勘察设计二等奖
庆春路38号地块商贸大楼
荣获：2015年杭州市优秀工程勘察设计三等奖
杭州市丁桥普通高级中学（浙江大学附属中学丁兰校区）
荣获：2017年杭州市优秀工程勘察设计三等奖
衢州西区金融大厦
荣获：2018年浙江省优秀工程勘察设计三等奖
浙江工业大学工程设计集团总部办公楼
荣获：2018年浙江省优秀建筑装饰设计一等奖

浙江工业大学工程设计集团有限公司
Zhejiang University of Technology Engineering Design Group Co., Ltd

地址： 杭州市潮王路18号浙江工业
大学博文园
电话： 0571-88320325
传真： 0571-88320731
网址： http://www.azut.cn

　　浙江工业大学工程设计集团有限公司成立于1987年，是一家以综合性工科大学雄厚师资及相关学科为依托，有较高的科研水平和先进的科研技术装备优势，集设计、EPC工程总承包、科研三位一体的工程咨询企业；集团现有各类专业技术人员800余名，其中国家一级注册建筑师、国家一级注册结构工程师等各类注册人员200余名。历年荣获国家及浙江省优秀勘察设计奖400余项以及省科学技术进步奖一、二、三等奖项。

　　公司先后入选浙江省工程总承包第一批试点企业、浙江省第一批建筑工业化示范企业，并先后被评为全国建筑设计行业首批"诚信单位"、中国建筑设计百家名院、浙江省勘察设计行业"企业文化建设优秀单位"、杭州市高新技术企业等荣誉称号。

顾国香

职务：浙江工业大学工程设计集团有限公司
　　　第二建筑设计研究院院长
职称：高级工程师

教育背景
1998—2001年　长春工程学院
2001—2003年　浙江工业大学建筑学学士

工作经历
2001年至今　浙江工业大学工程设计集团有限公司

主要设计作品
德清县武康中学
荣获：2013年浙江省优秀工程勘察设计二等奖
新疆阿克苏高级中学
荣获：2014年杭州市优秀工程勘察设计三等奖

浙江农林大学天目学院（暨阳学院）
荣获：2015年浙江省优秀工程勘察设计一等奖
天和·壹号茗苑
荣获：2016年杭州市优秀工程勘察设计三等奖
富阳市职业教育中心
荣获：2016年杭州市优秀工程勘察设计三等奖
兰溪市开发区企业服务中心与总部大楼
荣获：2018年浙江省优秀工程勘察设计二等奖
杭州学军中学海创园分校
荣获：2019年浙江省优秀工程勘察设计一等奖
杭州外国语学校新校园建设工程
浙江外国语学院小和山校区三期
浙江工业大学屏峰校区1-A区块
浙江工业大学德清校区
景芳三堡单元JG1206-54地块24班小学（钱江外国语实验学校）

李俊

职务：浙江工业大学工程设计集团有限公司
　　　第五建筑设计研究院副院长
职称：高级工程师

教育背景
2000年—2005年　浙江工业大学建筑学学士

工作经历
2005年至今　浙江工业大学工程设计集团有限公司

主要设计作品
杭州临安湍口众安氢温泉度假酒店
荣获：2016年浙江省优秀工程勘察设计一等奖
　　　2016年杭州市优秀工程勘察设计一等奖
　　　2017年全国优秀工程勘察设计三等奖

瑞安市客运中心
荣获：2017年浙江省优秀工程勘察设计一等奖
浙江大学紫金港校区理工农组团二
浙江省丽水中心
瑞安塘下中心区小学
永康市古山镇小城市培育试点综合开发一期（山水一品）
兴化长安玖号街区
遵义奥特莱斯商业综合体
遂昌湖山温泉养生岛
盐城半岛花园住宅小区

陈立

职务：浙江工业大学工程设计集团有限公司
　　　第一建筑设计研究院副院长
职称：高级建筑师

教育背景
2003年—2008年　长安大学建筑学学士

工作经历
2008年至今　浙江工业大学工程设计集团有限公司

主要设计作品
台州市社会福利院建设一期工程
中国人民银行杭州中心支行320工程
浙江龙盛集团研究院
余杭区社会福利中心
丽水市莲都区新青林小学

建德市新安江职业学校
西湖区蒋村单元XH0607-03地块12班幼儿园
西湖区蒋村单元XH0607-05地块18班小学
衢州市第四实验学校
临海市灵江中学（高中部）
丽水市水东公寓
丽水市水南公寓

江山市江郎山游客中心及配套设施建设项目
Jiangshan City Jianglangshan Visitor Center and Supporting Facilities Construction Project

项目业主：江山市旅游局

建设地点：浙江 江山

建筑功能：游客中心

用地面积：15 000平方米

建筑面积：6 696平方米

设计时间：2014年—2015年

项目状态：建成

设计单位：浙江工业大学工程设计集团有限公司

主创设计：庄磊

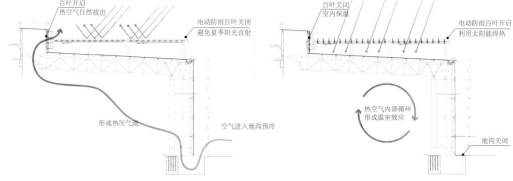

本项目用地处于江郎山脚下的田园之中，与著名的三片石遥相呼应。项目将丹霞地貌元素加以提炼，将建筑化整为零，使建筑像遗落在山脚田园之间的丹霞山石，山石通过玻璃阳光厅串联起来，高低错落。建筑外立面表皮采用模数30厘米的等高线，参数化的曲线设计，与江郎山的三片石遥相呼应。

建筑东西两个分区隔河相望环抱内庭院，将中国传统庭院文化与河道景观和谐地融于一体，也与周边的田园景色相得益彰。本案采用双层表皮设计，外表皮包裹整个建筑有很好的遮阳效果，双层表皮之间形成呼吸腔，每个阳光厅顶上设计了电动的遮阳百叶，能够智能地调节建筑内的光照，使建筑更加绿色节能。

西兴北单元中小学

The Middle and Primary School of Xixing North Unit

项目业主：杭州市滨江区教育局
建设地点：浙江 杭州
建筑功能：教育建筑
用地面积：58 573 平方米
建筑面积：111 877平方米
设计时间：2015年
项目状态：建成
设计单位：浙江工业大学工程设计集团有限公司
设计团队：陈弘、葛骏、陈一平、孙柯、韩雪、范菲
获奖情况：2019年杭州市优秀工程勘察设计二等奖
　　　　　2019年浙江省优秀工程勘察设计三等奖

　　本项目用地位于杭州市滨江区，滨和路以南，共联路以东，江汉路以北，西兴路以西。本项目规划设计为36班小学及36班中学，同时配建社会公共地下停车库。

　　本方案中学及小学主入口开向不同城市道路，形象面独立完整并顺势分流交通压力。采用"两环一轴，公共空间综合体承托教育功能体"的总体空间构成，学校下方公共空间综合体造型流畅自然，巧妙地利用4.5米

架空层及1.5米地下室覆土高度容纳了6米，4.5米，3米的多种层高关系，将门厅、报告厅、图书馆等功能空间结合为一体。上方教育功能体造型规则律动，屋面斜向中小学中心广场，空间导向清晰。项目采用象牙白色铝板幕墙为基调，结合局部深色及彩色铝板幕墙造型来体现项目清雅活泼的外在形象。

杭州学军中学海创园分校

Hangzhou Xuejun Middle School Haichuang Park Branch

项目业主：杭州市教育资产营运管理中心

建设地点：浙江 杭州

建筑功能：教育建筑

用地面积：141 500平方米

建筑面积：111 500 平方米

设计时间：2014—2015年

项目状态：建成

设计单位：浙江工业大学工程设计集团有限公司

设计团队：顾国香、胡伟民、吴仲、苗梁奇、申屠强、
袁凯丽、陆炜

　　建筑规划以"依托地貌，山水入园"为设计理念，利用古典园林的借景手法，将地块内主要自然山脉保留，并巧妙地借入校园，成为校园群体建筑的背景和规划主轴的对景。同时，依托基地内现有湿地水塘并加以改造，结合基地特征新设蜿蜒曲折的人工水体，使校园整体融入区域地景，与地区人文和自然景观结合成"天、地、人"合一的大生态环境，希望可

以熏陶学生"清醇之兴趣，高尚之精神"。

　　建筑设计采用中国古典建筑的围与合的手法，形成封闭、半封闭的大空间秩序，借鉴合院理念，单体建筑的围合与群体建筑之间的围合相得益彰，使校园的生活环境舒适、尺度亲切、氛围和谐。

杭州临安湍口众安氡温泉度假酒店
Hangzhou Lin'an Tuankou Pass Hotel Zhong'an Radon Hot Spring Resort

项目业主：杭州临安湍口众安氡温泉度假酒店有限公司
建设地点：浙江 杭州
建筑功能：度假酒店
用地面积：99 008平方米
建筑面积：57 600平方米
设计时间：2009年—2013年
项目状态：建成
设计单位：浙江工业大学工程设计集团有限公司
主创设计：李俊、季怡群

　　和风雅韵，养心天堂。杭州临安湍口众安氡温泉度假酒店是杭州临安湍口众安氡温泉度假酒店有限公司建设与管理的高级酒店，酒店将度假休闲、温泉洗浴作为酒店的核心定位，把临安特有的山水文化与巴厘岛文化结合起来，是消费者回归自然，引领该区域酒店消费的新模式。

　　作为一家按五星级标准建设的温泉度假酒店，该项目设计充分结合群山环绕、坡地临溪的自然地形地貌，合理进行总体布局，建筑依缓坡而建，结合基地自然梯度舒展有序而相对保持整体流线的集中，并形成丰富退台式、围合式建筑空间，解决了用地地形、规划控制条件与建筑平面使用功能及建筑体量之间的矛盾。建筑功能分区明确，尤其是将温泉洗浴与自然山体有效围合，室外泡池依山而建，隐于山林，有效解决泡池的私密感。

丽水市莲都区新青林小学

Xinqinglin Primary School in Liandu District, Lishui City

项目业主：丽水市莲都区农民新社区建设发展有限公司

建设地点：浙江 丽水

建筑功能：教育建筑

用地面积：37 000 平方米

建筑面积：26 717平方米

设计时间：2019年

项目状态：在建

设计单位：浙江工业大学工程设计集团有限公司

主创设计：陈立、陈弘、陈林锋

　　根据项目的理解与分析，设计师提出"多维空间、趣味书院、自由融合"的设计理念，空间组织上采用了"院落"这一中国传统建筑形式，借鉴传统书院的院落布局，提取传统形式的精髓，并运用了"双首层"的设计手法，创造现代自由式的院落布局，打造不同层次的校园空间。

　　造型设计秉承了现代简练的设计语汇，充分结合建筑功能，活泼灵动的造型契合了小学生的个性表达，教学楼立面上用错落的不同节奏的开窗造型，整体韵律取书册相叠的韵味，营造出浓郁的"书院飘香"氛围，彰显学府情怀，也为广大师生提供充满回味的书院空间。屋面绿化及活动空间的柔性边界通过不同材质的覆盖，增加了更浓郁的建筑形象，也减缓了对周围建筑的视线压迫。

邹勋

职务： 上海建筑设计研究院有限公司研究中心常务副
主任、总建筑师
职称： 高级工程师
执业资格： 国家一级注册建筑师
文物保护工程从业资格

教育背景
1999年—2004年　同济大学建筑学学士
2004年—2007年　同济大学建筑学硕士

工作经历
2007年—2013年　上海现代建筑设计集团历史建筑保护
设计研究院
2013年至今　　　上海建筑设计研究院有限公司

个人荣誉
2017年上海市青年岗位能手
2018年上海市"建设功臣"

主要设计作品
上海市历史博物馆新建工程
荣获：2017年上海市重点工程实事立功竞赛特色项目
　　　2019年上海市优秀工程勘察设计一等奖
　　　2019年上海市建筑学会优秀设计奖
上海养云安缦酒店古宅改造
荣获：2019年上海市优秀工程勘察设计一等奖
上海新城饭店装修修缮工程
荣获：2017年上海市优秀工程勘察设计一等奖
上海四行仓库文物保护工程
荣获：2015年全国十佳文物保护工程
　　　2017年上海市优秀工程勘察设计一等奖
　　　2017年上海市建筑学会建筑创作优秀奖
北京东路2号上海清算所修缮工程
荣获：2013年全国十佳文物保护工程
　　　2015年中国优秀工程勘察设计传统类二等奖
　　　2015年中国优秀工程勘察设计三等奖
　　　2015年上海市优秀工程勘察设计二等奖
上海铜仁路333号"绿房子"保护工程
荣获：2015年上海市建筑学会建筑创作一等奖

安徽名人馆新建工程
荣获：2015年上海市优秀工程勘察设计二等奖

课题研究
科技部十一五科技计划《重点历史建筑可持续利用与
综合改造技术研究》
住建部《历史建筑修缮技术规范》编制
上海市建交委调研课题《上海市传统民居调查研究》
上海市建交委调研课题《上海历史文化名镇保护与管
理研究》
上海人才发展资金资助课题《上海仓储类历史建筑保
护更新设计研究》
上海市建交委调研课题《上海市村民住房方案图集》

参与编写专著
《聚焦外滩——都市遗产的保护与再生》，同济大学出
版社，2015年
《绿房子》，同济大学出版社，2014年

专利
一种木构民居屋面构造，实用新型，2015年11月
一种木结构建筑内隔墙，实用新型，2015年11月
空斗墙体，实用新型，2015年5月

科研论文
《勿忘城殇——上海四行仓库的保护利用设计》载《建
筑学报》，2018年5月
《多元"活化"，苏州河西岸如何从封闭内向走向开放
共享——上海苏州河沿线近代仓储建筑遗产保护再利
用研究》载《H+A华建筑》，2019年4月
《上海传统村落现状调查与再利用思考》载《城市建
筑》，2015年4月
《传承历史，和谐再生——上海外滩浦发银行大楼塔楼部
分修缮工程研究》载《工业建筑》，2013年8月
《滨江多层仓库建筑改造研究——上海新华地块884仓库
改造概念设计分析》载《工业建筑》，2013年8月

丼 | CISA

上海建筑设计研究院有限公司（简称：上海院），原名"上海民用建筑设计院"，自1953年发展至今拥有
66年的辉煌历史、完成众多优秀设计作品和标志性建筑实例。上海院是一家具有国家勘察设计甲级资质，享有对
外经营权，中国成立最早、规模最大、影响力最大的综合性设计院之一。近年来，上海院继续秉承"精心设计、
勇于创新"的发展方向，借鉴国内外建筑设计公司的先进管理、经营理念，不断实践着自我完善、自我突破的
发展过程。上海建筑设计研究院在建筑遗产保护设计领域中硕果累累，承担了各类建筑遗产保护与再利用设计项
目，涵盖了传统木构与园林建筑、近代西式公共建筑、传统里弄建筑、近现代工业建筑等。经过多年的积淀与发
展，上海院的建筑遗产保护设计历程与国家、城市发展的各个时期紧紧联系在一起，留下了骄人的篇章。

近年来，随着上海城市发展进程，建筑遗产保护与再利用在城市发展中日益重要。为此，上海院成立了专项
设计团队，在中国工程设计大师唐玉恩女士和研究中心中青年建筑师邹勋领衔下，完成了外滩和平饭店北楼、外
滩华尔道夫酒店、四行仓库抗战纪念地、上海市历史博物馆、上海养云安缦酒店等一系列重要的建筑遗产保护与
再利用设计。

地址：上海市石门二路258号
电话：021-52524567
传真：021-52524567
网址：www.isaarchitecture.com
电子邮箱：isa@isaarchitecture.com

上海四行仓库文物保护工程

Preservation and Restoration Project of Joint Society Warehouse in Shanghai

项目业主：	百联集团置业有限公司
建设地点：	上海
建筑功能：	纪念馆、办公、商业建筑
用地面积：	4 558平方米
建筑面积：	25 550平方米
设计时间：	2014年
项目状态：	建成
设计单位：	上海建筑设计研究院有限公司
主创设计：	唐玉恩、邹勋、刘寄珂

西墙历史照片复原图

弹孔痕迹及破坏类型分析

针对不同破坏类型的修缮方法

四行仓库修缮项目由原四行仓库及原大陆银行仓库两座相连的仓库建筑组成。西部的四行仓库建于1935年，由通和洋行设计，原高5层、主要为钢筋混凝土无梁楼盖结构体系。这里是1937年淞沪会战中闻名的"四行仓库保卫战"的发生地。四行仓库于1985年9月被公布为抗日战争纪念地，1994年2月被列为第二批上海市优秀历史建筑，2014年4月调整为上海市文物保护单位，2019年被批准为全国重点文物保护单位。

这次保护与复原设计以尊重历史、真实性为原则，用多种方法查明西墙在抗战时的炮弹洞口位置，力求准确修复梁柱边的洞口并采取多种创新技术确保建筑安全；恢复南北立面历史原貌；恢复原中央通廊特色空间，改作中庭，其西侧设立"抗战纪念馆"，彰显抗战遗址历史意义；其余部分提高舒适度、作创意办公空间等功能使用。

上海市历史博物馆新建工程

Revonation Project of Shanghai History Museum

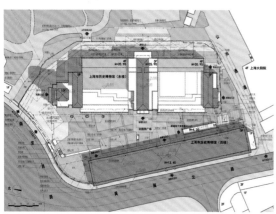

项目业主：上海市历史博物馆
建设地点：上海
建筑功能：博物馆
用地面积：10 330平方米
建筑面积：23 092平方米
设计时间：2016年
项目状态：建成
设计单位：上海建筑设计研究院有限公司
主创设计：唐玉恩、邹勋、刘寄珂

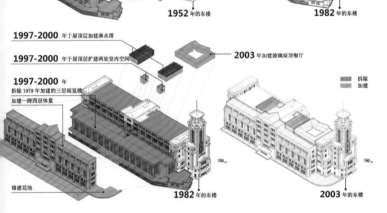

1951年-1952年, 二层东侧新增外墙,立面 与三层立面平齐,将原有 露台变为室内空间

1940 年代,大楼中段 屋顶的烟囱曾为了提高排烟效率 面被增高

加建

1951-1952年, 一层封堵有中央拱廊,将其变 为室内空间

1934年最初建设完工后的东楼

1952年的东楼

1979年, 四层西侧原有露台被封 堵,变为室内,五层整体加 建至原有五层坡屋顶的檐部

1980年代,烟囱又被重 新改回了原来的高度

拆除
加建

1979年, 拆除四层屋面女儿墙

1979年, 拆除原东侧部分看台 新建三层图书阅览楼

1952年的东楼

1982年的东楼

1997-2000 年于屋顶层加建淋水塔

2003 年加建玻璃屋顶餐厅

1997-2000 年于屋顶层扩建两处室内空间

拆除
加建

1997-2000 年
拆除1979年加建的三层阅览楼
加建一跨四层体量

修建花池

1982年的东楼

2003年的东楼

历年改扩建示意图

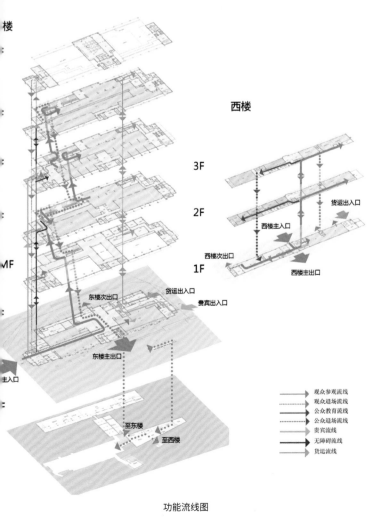

楼

西楼

3F

2F

货运出入口

西楼主入口

西楼次出口

MF

西楼次出口

东楼次出口

货运出入口

贵宾出入口

1F

西楼主出口

东楼主出口

主入口

至东楼

至西楼

观众参观流线
观众退场流线
公众教育流线
公众退场流线
贵宾流线
无障碍流线
货运流线

功能流线图

本项目位于上海市中心城区人民广场区域的西端,是20世纪二三十年代上海跑马总会大楼,上海市文物保护单位。整个建筑群由东楼(原跑马总会大厦)、西楼(原跑马总会行政办公楼)及两者间的庭院组成。这组建筑曾先后作为上海博物馆、上海图书馆、上海美术馆,是上海文化生活的重要场所,承载了几代上海市民的城市记忆。

此次工程对建筑群总体环境进行整治设计,以尊重各时期历史信息为原则,对东、西楼进行修缮和改建,慎重确定历史元素的保护、保留和恢复;同时兼顾建筑的可持续利用,提升建筑安全性和舒适性,满足现代博物馆的使用需求。两楼之间的庭院新建地下室及独立出入口,并设地下连廊,联通东、西楼及人防地下室。在保护为先的前提下,为历史建筑注入新的时代特征。

北京东路2号 上海清算所修缮工程

Renovation Project of Shanghai Clearing House, Beijing East Road No.2

项目业主：银行间市场清算所股份有限公司

建设地点：上海

建筑功能：办公建筑

用地面积：1 850平方米

建筑面积：12 920平方米

设计时间：2013年

项目状态：建成

设计单位：上海现代建筑设计集团、上海建筑设计研究院有限公司

主创设计：邹勋、唐玉恩、刘寄珂

该建筑在1994年2月被列为上海市第二批优秀历史建筑，1996年11月作为上海"外滩建筑群"的重要组成部分被国务院核定公布为全国重点文物保护单位。

方案秉承"保护历史、重塑功能"的设计思想，针对该全国重点文物保护单位的重点保护部位进行保护修缮设计；对其各年代加建部分、非重点保护部位的室内装饰进行价值评估，确定保护内容和整治办法。在文物建筑风格协调的基础上，合理布置功能以满足办公需求，有针对性采取加固措施提高结构安全，巧妙增加设备设施提升建筑舒适性，使得文物建筑在保护历史的前提下，满足现代使用要求。

上海养云安缦酒店古宅改造

Renovation of Ancient House in Yangyun Aman Hotel, Shanghai

项目业主：上海古胤置业有限公司　　　　建设地点：上海

建筑功能：酒店建筑　　　　　　　　　　用地面积：195 761平方米

建筑面积：9 414平方米　　　　　　　　设计时间：2013年

项目状态：建成　　　　　　　　　　　　设计单位：上海建筑设计研究院有限公司、KHA

主创设计：邹勋、唐玉恩、章雯　　　　　　　　　　　华东建筑设计研究院有限公司

　　本项目位于上海市闵行区马桥镇，建筑分为新建与传统民宅的移建两部分。移建部分是利用江西抚州地区传统民宅拆落架时的老建筑材料，通过拼装、组合在基地内移建而成的26栋单体建筑。这26栋建筑在基地中布置于26组相互独立的院落内，其中的14栋改为高端度假酒店使用，另12栋作为高端企业家会所式办公使用。

　　木构部分注重保护传统民居特色与重要空间，保留以天井为几何中心的空间组织模式。强调中心轴线对称，平面布局以公共空间居中，私密空间分居两侧。利用原空间特点和各重要构件，重构高档酒店的高端套房或会所办公平面，创造浓郁传统氛围。同时按现行规范及舒适性要求，新增大面积落地窗、透空砖墙，提升维护分隔构件的保温隔热、防火、隔音性能，尊重历史、新旧区分，实现新增部分与历史原物的可识别性。

上海铜仁路333号 "绿房子" 保护工程

Preservation Project of Green House, 333 Tongren Road Shanghai

项目业主：上海市城市规划设计研究院
建设地点：上海
建筑功能：办公建筑
用地面积：1 517平方米
建筑面积：1 200平方米
设计时间：2011年
项目状态：建成
设计单位：上海现代建筑设计集团
主创设计：唐玉恩、邹勋、崔莹

项目地处北京西路和铜仁路路口，西南角为上海市规划院大楼，西侧为建京大厦。建筑原名"吴同文住宅"，建成于1938年，邬达克设计，建筑4层，钢筋混凝土结构。原设计作为住宅使用，2003年该楼曾被出租，一、二层被改造为餐厅，同时有多处搭建，对建筑原有空间格局破坏非常严重。现产权归属于上海市城市规划设计研究院，修缮后将其作为"规划师之家"使用，综合有会议、接待、展示、办公室等多种功能，是上海市第二批优秀历史建筑。

在修缮保护设计中，充分挖掘其原设计现代派在立面用材构造设计中的特点，保留展示其多露台的水平式平面布局特征，妥善处理加固、消防器材等对建筑的影响。